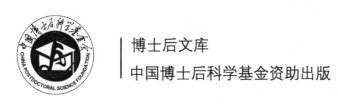博士后文库
中国博士后科学基金资助出版

置信规则分类方法与应用

焦连猛 著

科学出版社
北 京

内 容 简 介

本书面向复杂不确定环境下可解释分类的需求，重点阐述作者提出的置信规则分类方法体系及其在实际工程中的应用。全书主要内容包括不可靠数据鲁棒置信规则分类、面向大数据的紧凑置信规则分类、数据与知识双驱动的复合置信规则分类、精确且可解释的置信关联规则分类、面向高维数据的置信关联规则分类、面向软标签数据的置信关联规则分类等方面的理论进展，以及在编队目标识别、多框架融合目标识别、多属性决策融合目标威胁评估等实际问题中的应用。

本书可供不确定信息处理、可解释机器学习及相关领域的科研和技术人员阅读参考，也可作为人工智能、模式识别、系统工程等专业研究生的参考书。

图书在版编目(CIP)数据

置信规则分类方法与应用/焦连猛著. —北京: 科学出版社, 2023.3
(博士后文库)
ISBN 978-7-03-074047-2

Ⅰ.①置… Ⅱ.①焦… Ⅲ.①置信-研究 Ⅳ.①O212

中国版本图书馆 CIP 数据核字 (2022) 第 227406 号

责任编辑：宋无汗／责任校对：崔向琳
责任印制：师艳茹／封面设计：陈　敬

科学出版社 出版
北京东黄城根北街 16 号
邮政编码：100717
http://www.sciencep.com
北京凌奇印刷有限责任公司印刷
科学出版社发行　各地新华书店经销
*
2023 年 3 月第 一 版　开本: 720 × 1000　1/16
2024 年 1 月第二次印刷　印张: 13 3/4
字数: 277 000

定价: 135.00 元
(如有印装质量问题, 我社负责调换)

"博士后文库"编委会

主　任　李静海

副主任　侯建国　李培林　夏文峰

秘书长　邱春雷

编　委（按姓氏笔划排序）

王明政　王复明　王恩东　池　建

吴　军　何基报　何雅玲　沈大立

沈建忠　张　学　张建云　邵　峰

罗文光　房建成　袁亚湘　聂建国

高会军　龚旗煌　谢建新　魏后凯

"博士后文库"序言

1985 年，在李政道先生的倡议和邓小平同志的亲自关怀下，我国建立了博士后制度，同时设立了博士后科学基金。30 多年来，在党和国家的高度重视下，在社会各方面的关心和支持下，博士后制度为我国培养了一大批青年高层次创新人才。在这一过程中，博士后科学基金发挥了不可替代的独特作用。

博士后科学基金是中国特色博士后制度的重要组成部分，专门用于资助博士后研究人员开展创新探索。博士后科学基金的资助，对正处于独立科研生涯起步阶段的博士后研究人员来说，适逢其时，有利于培养他们独立的科研人格、在选题方面的竞争意识以及负责的精神，是他们独立从事科研工作的"第一桶金"。尽管博士后科学基金资助金额不大，但对博士后青年创新人才的培养和激励作用不可估量。四两拨千斤，博士后科学基金有效地推动了博士后研究人员迅速成长为高水平的研究人才，"小基金发挥了大作用"。

在博士后科学基金的资助下，博士后研究人员的优秀学术成果不断涌现。2013 年，为提高博士后科学基金的资助效益，中国博士后科学基金会联合科学出版社开展了博士后优秀学术专著出版资助工作，通过专家评审遴选出优秀的博士后学术著作，收入"博士后文库"，由博士后科学基金资助、科学出版社出版。我们希望，借此打造专属于博士后学术创新的旗舰图书品牌，激励博士后研究人员潜心科研，扎实治学，提升博士后优秀学术成果的社会影响力。

2015 年，国务院办公厅印发了《关于改革完善博士后制度的意见》(国办发〔2015〕87 号)，将"实施自然科学、人文社会科学优秀博士后论著出版支持计划"作为"十三五"期间博士后工作的重要内容和提升博士后研究人员培养质量的重要手段，这更加凸显了出版资助工作的意义。我相信，我们提供的这个出版资助平台将对博士后研究人员激发创新智慧、凝聚创新力量发挥独特的作用，促使博士后研究人员的创新成果更好地服务于创新驱动发展战略和创新型国家的建设。

祝愿广大博士后研究人员在博士后科学基金的资助下早日成长为栋梁之材，为实现中华民族伟大复兴的中国梦做出更大的贡献。

中国博士后科学基金会理事长

前　言

在复杂战场目标识别等数据分类问题中，不可解释的分类结果可能会带来无法预知的决策风险。与此同时，现实应用中所获取的数据呈现出越来越多的不确定性，主要包括获取的信息不充分造成的不精确性、信息缺失造成的不完备性，以及干扰欺骗造成的不可靠性。因此，研究面向复杂不确定数据的可解释分类方法具有重要的理论意义与应用价值。作为一种代表性的可解释人工智能方法，基于规则的分类（简称规则分类）是将规则挖掘思想融入数据分类过程中，所产生的规则库中的每条规则都是一个精炼的知识模块，从而可以提供易于用户理解的决策过程。然而，现有规则分类方法体系还不能很好地处理数据中存在的多种不确定性。作为传统概率理论的推广，置信函数理论为多种不确定信息的建模和推理提供了一套完善的理论框架。因此，为了更好地适应复杂不确定数据环境，在置信函数理论框架下开展基于规则的可解释分类方法研究具有重要的理论意义与应用价值。

作者长期从事置信规则分类方法与应用的研究工作，发现国内外鲜有系统、全面地介绍这方面工作的著作。对于广大对不确定信息处理及可解释机器学习有浓厚兴趣的学者，这本反映置信规则推理及其应用研究进展的专著将有助于拓展研究思路；对于长期在工程一线从事目标识别等实际应用工作的工程技术人员，本书也可作为相关应用领域发展动态的参考书，以便更新知识。

本书面向复杂不确定环境下可解释分类的需求，重点阐述置信规则分类方法体系及其在实际工程中的应用。本书共 10 章内容：第 1 章介绍本书的研究背景，以及置信函数理论、不确定数据分类问题和基于规则的分类方法等基础知识，并对相关研究工作进行总结；第 2 章介绍不可靠数据鲁棒置信规则分类方法，将传统的模糊规则分类方法拓展到置信函数框架下以更好地处理不可靠数据；第 3 章介绍面向大数据的紧凑置信规则分类方法，基于聚类技术实现紧凑置信规则库的构建以更好地应对大数据的挑战；第 4 章介绍数据与知识双驱动的复合置信规则分类方法，基于置信规则这一公共表达模型实现数据与知识这两类异构信息的有效融合；第 5 章介绍精确且可解释的置信关联规则分类方法，将置信规则结构与关联规则挖掘方法结合以获得精确性与可解释性的有效折中；第 6 章介绍面向高维数据的置信关联规则分类方法，通过自适应的前提划分和遗传规则选择以更好地应对高维数据的挑战；第 7 章介绍面向软标签数据的置信关联规则分类方法，基于包含复合类的不精确类关联规则结构实现不精确数据的建模与分类；第 8 章介绍基于置信规则推理的编队目标识别应用，根据编队中子目标的约束关系构建识别置信规则库，在此基础上实现编队目标推理识别；第 9 章介绍基于置信关联规则的多框架融合目标识别应用，利用一组关联规则集建立框架间的不确定关系，在此基础上实现多框架下目标融合识别；第 10 章介绍考虑可靠性与重要性的广义决策融合目标威胁评估应用，综合考虑客观的可靠性和主观的重要性，实现目标威胁的推理评估。相信本书的出版对于推动置信规则推理理论及应用的研究发展会有所裨益。

本书的出版得到了很多支持与帮助。感谢课题组的潘泉教授！潘老师把我引入了不确定数据分类及应用研究的道路，他的悉心指导和严格要求使我终身受益，在此深表谢意！同时，本书的出版得到了西北工业大学信息融合技术教育部重点实验室的程咏梅教授、梁彦教授、刘准钊教授、杨峰副教授等的支持与帮助，在本书出版之际，对他们表示由衷的感谢！此外，还要感谢法国 University of Technology of Compiègne 的 Thierry Denoeux 教授！Denoeux 教授是我在法国留学期间的博士生导师，他对本书中的部分研究工作给予了认真且严格的指导，提出了很多建设性意见，在此表示由衷的感谢！

本书的相关研究工作得到了国家自然科学基金重大项目（61790552）、国家自然科学基金面上项目（62171386）、国家自然科学基金青年科学基金项目（61801386）、中国博士后科学基金特别资助项目（2020T130538）、中国博士后科学基金面上项目（2019M653743）和陕西省重点研发计划项目（2022GY-081）等资助。本书的出版得到了中国博士后科学基金优秀学术专著出版项目的资助。在此一并表示感谢！

焦连猛

2022 年 12 月于西安

目　　录

第 1 章 绪 论

1.1 研究背景

随着网络和信息技术的发展，数据采集能力不断增强，如何从获取的大量数据中提取有价值的信息和知识已成为当前所面临的一个重要问题。分类作为一种重要的数据处理手段，旨在根据已知数据建立分类模型，用于分析预测未知数据的类别标签[1,2]。事实上，许多与决策有关的现实应用可以抽象为数据分类问题，如战场目标识别[3,4]、医学疾病诊断[5,6] 和网络安全检测[7] 等。在这些分类问题中，对未知数据分类准确与否（即精确性）是衡量所构建的分类模型好坏的重要指标之一。近年来，人们逐渐认识到可以理解的分类模型能够辅助决策者确定影响分类结果的关键因素[8,9]，这就使得分类结果的合理解释（即可解释性）成为当前智能决策领域重点关注的研究内容之一。对于普通用户而言，诸如深度神经网络、朴素贝叶斯等分类模型如同黑盒一般，给它一个输入，其反馈一个决策结果，用户无法分析其背后的决策依据以及所做出的决策是否可靠，这种不可理解的结果可能会给一些实际应用（尤其是安全敏感任务）带来无法预知的风险[10]。例如，受电子对抗等敌方干扰因素的影响，自动目标识别系统中可能会不定时地产生一些虚假报告，因而决策者难以根据不可理解的识别结果采取有效行动。因此，对可解释分类方法的研究具有重要的理论意义与实际应用价值。

基于规则的分类方法是通过从数据特征中提取规则来预测未知样本的类别，所产生的规则库中的每条规则都是一个精炼的知识模块，因而具有较好的可解释性[1]。除此之外，规则分类方法的性能可以随相关领域专家知识的引入而增强，因而被广泛应用于知识存储和推理决策[11,12]。基于关联规则的分类（简称关联规则分类）是通过将数据分类与关联规则挖掘理论相结合所发展出来的一种新型的基于规则的分类方法体系[13]。该思想自提出以来便受到广泛的关注，许多学者从基于其规则结构、规则挖掘算法等不同角度发展出了一系列关联规则分类方法，并已被应用于多种实际问题中[14-20]。作为一种先进的基于规则的分类思想，关联规则分类的优势在于它能够利用关联规则挖掘的全局性来提取其他基于规则的分类方法中所遗漏的一些重要规则[21,22]，从而可以取得更好的分类效果，这使得关联规则分类成为近年来数据挖掘与机器学习领域内的一个重要研究方向[23-26]。

由于外界环境干扰、传感器测量误差和预处理方法选择等因素的影响，现实应用中所获得的数据通常具有很大的不确定性，因而不确定信息的表示和处理一直以来都是数据分类问题中的研究重点[27-29]。对于复杂的数据分类问题，不确定性可能体现在分类边界不明确、数据类别不精确以及由此导致的单分类器结果不可靠等多个方面。例如，在对空中目标的类型进行识别过程中，某个分类结果给出"该目标类型为战斗机或轰炸机"，则这条信息就是不精确的。然而，现有基于规则的分类方法体系还不能很好地处理数据中存在的多种不确定性。为了开展不确定数据分类的研究，需要借助一套完善的可以对不确定信息进行建模和推理的理论框架。作为传统概率理论的拓展，由 Dempster[30] 和 Shafer[31] 提出的置信函数理论将传统概率理论中由单元素构成的辨识框架拓展到了包含单元素及其集合的幂集，并在该幂集下定义了证据的表示方式、证据间的融合以及相关运算。该理论不仅与随机集[32]、模糊集[33]、不精确概率[34] 等其他不确定信息处理理论有着密切的联系，而且已经在多种实际应用中得到了检验[35-39]。因此，针对复杂不确定数据分类问题，探讨如何在置信函数理论框架下开展基于规则的分类方法研究将是一项十分有意义的工作。

综上所述，在诸如战场目标识别等复杂数据分类应用中，通常存在着如下两个方面的关键问题：一方面，从用户需求角度来看，不仅要求分类结果是精确的，而且也要求该结果具有一定的可解释性；另一方面，从感知环境角度来看，现实应用中所获取的信息通常具有很大的不确定性。因此，十分有必要开展基于置信函数理论的规则分类方法研究，以更好地表征和处理数据中的多种复杂不确定性，并获得可解释的分类结果。

1.2 置信函数理论

置信函数理论（theory of belief functions）是以置信函数作为主要量化模型的数学理论的统称，起源于 1967 年的 Dempster 模型[30]。随后 Shafer[31] 将该模型推广并形成了一个比较完整的理论体系，因此又称为 Dempster-Shafer 理论。同时，由于该理论是基于证据（evidence）这一概念来对所获取的信息进行描述，因此也常常被称为证据理论。在四十余年间经过 Dubois 等[40]、Yager[41]、Smets 等[42-44]、Denœux[45] 的完善，置信函数理论逐渐发展成为一套应用广泛的面向不确定信息处理的理论框架。

1.2.1 证据的表示

在应用置信函数理论进行推理之前，首先需要将所获取的信息（通常称为证据）在置信框架下进行表示。一般而言，证据的表示基于以下三种基本的函数：mass 函数、置信函数和似真函数。其中，mass 函数提供了一种最基本和直观的表达置信的方式，而置信函数和似真函数则通常用来表达置信的不确定区间。下面将介绍这三种基本函数的定义、作用以及相互之间的关系。

1. mass 函数

在置信函数理论中, 定义了元素数目有限的互斥且完备集合 $\Omega = \{\omega_1, \omega_2, \cdots,$ $\omega_n\}$, 称为所研究问题的辨识框架 (frame of discernment)[31]。该辨识框架包含了对于该问题目前所能认识到的所有结果, 那么所关心的任一个命题都对应于 Ω 的一个子集。Ω 的所有子集构成的集合称为 Ω 的幂集, 表示为 2^Ω。辨识框架是基于置信函数理论进行推理的基础, 每个基本函数都建立在辨识框架的基础上。

定义 1.1 (mass 函数[31])　假设 Ω 为所研究问题的辨识框架, 如有集合映射函数 $m: 2^\Omega \to [0, 1]$ 满足下列条件:

$$\begin{cases} m(\varnothing) = 0, & \text{不可能事件的置信度为 0} \\ \sum_{A \subseteq \Omega} m(A) = 1, & 2^\Omega \text{ 中全部元素的置信度之和为 1} \end{cases} \tag{1.1}$$

则称 m 为辨识框架 Ω 上的 mass 函数, 也称为基本置信指派 (basic belief assignment)。

对任意子集 $A \subseteq \Omega$, 如果 $m(A) > 0$, 则称 A 为焦元 (focal element); $m(A)$ 称为 A 的 mass 值或基本置信指派, 表示该证据支持命题 A 本身发生 (即真实结果 $\omega \in A$) 的程度。需要注意的是, 这里 $m(A)$ 只代表分配给 A 本身的置信值, 并没有包含分配给 A 的真子集 $B \subset A$ 的置信值。分配给整个辨识框架 Ω 的置信值, 即 $m(\Omega)$, 称为全局不确定度。在定义 1.1 中, 空集被排除在焦元之外, 这对应于 Shafer 的封闭模型 (close-world assumption); 与之相对应的是 Smets 的开放模型 (open-world assumption), 该模型认为辨识框架是不完备的, 用 $m(\varnothing)$ 表征真实结果位于辨识框架之外的置信值。本书中所采用的是目前应用更广泛的封闭模型, 即认为辨识框架是完备的。

定义 1.1 的 mass 函数有一些特例, 这些特例刻画了不同类型的信息。下面列出了几种常见的特例。

(1) **绝对 mass 函数**: 这类 mass 函数只有一个焦元, 可以表示为 m_A, 其中 A 为其唯一焦元。其表征的是可以确定真实结果位于集合 A 中。

(2) **贝叶斯 mass 函数**: 这类 mass 函数的所有焦元都是单元素集合。在这种情况下, mass 函数就退化为经典的概率分布函数。

(3) **空 mass 函数**: 这类 mass 函数只有 Ω 这一个焦元, 可以表示为 m_Ω。其表征的是对于真实结果的完全未知, 因为在封闭模型中, 假设 $\omega \in \Omega$ 是恒成立的。

(4) **简单 mass 函数**: 这类 mass 函数最多只有两个焦元, 而且其中一个是 Ω, 可以表示为 A^ω, 其中 A 为除 Ω 之外的焦元, $1 - \omega$ 是真实结果位于 A 中的置信值。基于这一表示方法, 空 mass 函数可以表示为 $A^1 (\forall A \subset \Omega)$; 绝对 mass 函数可以表示为 $A^0 (\exists A \neq \Omega)$。

2. 置信函数和似真函数

在置信函数理论中，除了 mass 函数之外，还有两种重要的证据表示方式：置信函数（belief function）和似真函数（plausibility function）。

定义 1.2（置信函数和似真函数[31]）　假设 Ω 为所研究问题的辨识框架，m 为基于辨识框架 Ω 的 mass 函数，则置信函数 Bel 和似真函数 Pl 分别定义为

$$\mathrm{Bel}(A) = \sum_{B \subseteq A} m(B), \quad \forall A \subseteq \Omega \tag{1.2}$$

$$\mathrm{Pl}(A) = \sum_{B \cap A \neq \varnothing} m(B), \quad \forall A \subseteq \Omega \tag{1.3}$$

置信度 Bel(A) 表示给予命题 A 的全部置信程度，为属于 A 的所有子集对应的基本置信指派之和，其构成了该证据对于命题 A 支持的下限；似真度 Pl(A) 表示不反对命题 A 的程度，为 2^Ω 中所有与 A 的交集不为空的子集对应的基本置信指派之和，其构成了该证据对于命题 A 支持的上限。[Bel(A), Pl(A)] 构成了证据不确定的区间，表示证据的不确定程度。mass 函数 m、置信函数 Bel 和似真函数 Pl 这三种证据的表示方式之间是一一对应的，可以相互转换。

三种基本函数具有以下性质：

(1) $\mathrm{Bel}(A) \leqslant \mathrm{Pl}(A), \forall A \subseteq \Omega$。

(2) 置信函数 Bel 和似真函数 Pl 通过下面两式可相互转换：

$$\mathrm{Bel}(A) = 1 - \mathrm{Pl}(\overline{A}), \quad \forall A \subseteq \Omega \tag{1.4}$$

$$\mathrm{Pl}(A) = 1 - \mathrm{Bel}(\overline{A}), \quad \forall A \subseteq \Omega \tag{1.5}$$

式中，$\overline{A}$ 表示集合 A 相对于辨识框架 Ω 的补集。

(3) mass 函数 m 可以用置信函数 Bel 和似真函数 Pl 通过下面两式反演：

$$m(A) = \sum_{B \subseteq A} (-1)^{|A|-|B|} \mathrm{Bel}(B), \quad \forall A \subseteq \Omega \tag{1.6}$$

$$m(A) = \sum_{B \subseteq A} (-1)^{|A|-|B|+1} \mathrm{Pl}(\overline{B}), \quad \forall A \subseteq \Omega \tag{1.7}$$

式中，$|X|$ 表示集合 X 的势。

从上面置信函数和似真函数的定义和性质可以看出，mass 函数 m、置信函数 Bel 和似真函数 Pl 这三者之间是一一对应的。图 1.1 给出了三者之间的转换示意图。

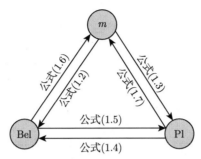

图 1.1　mass 函数 m、置信函数 Bel 和似真函数 Pl 三者之间的转换示意图

1.2.2　证据的组合

1.2.1 小节介绍了在置信函数框架下如何对所获取的证据进行表示。通常情况下，对于所研究的问题可以从多个途径得到描述该问题的多个证据。因此，需要将这些证据融合为一个最终的证据以供决策者进行决策。在本节中，将介绍一些常用的证据组合规则。这些规则的差异主要是基于以下两个方面的考虑：证据之间的相关性和证据的可靠性。

1. Dempster 组合规则

Dempster 组合规则是反映证据联合作用的最常用的一个法则。给定几个基于同一辨识框架 Ω 且来源于独立证据的 mass 函数，如果这些证据不是完全冲突的，那么就可以利用 Dempster 组合规则计算融合后的 mass 函数值，进而可进一步求出相对应的置信函数值和似真函数值。

定义 1.3 (Dempster 组合规则[31])　假设 m_1 和 m_2 为基于同一辨识框架 Ω 的 mass 函数，则二者基于 Dempster 组合规则的融合过程如下：

$$
(m_1 \oplus m_2)(A) = \begin{cases} 0, & A = \varnothing \\ \dfrac{1}{1 - \kappa} \displaystyle\sum_{B \cap C = A} m_1(B) m_2(C), & A \subseteq \Omega, A \neq \varnothing \end{cases} \tag{1.8}
$$

式中，

$$
\kappa = \sum_{B \cap C = \varnothing} m_1(B) m_2(C) \tag{1.9}
$$

矛盾因子 κ 量化了 mass 函数 m_1 和 m_2 之间的冲突。只有当两个证据不完全冲突（即 $\kappa < 1$）时，Dempster 组合规则才有效。由于 Dempster 组合规则满足交换律和结合律，因此公式 (1.8) 很容易推广到多个证据的融合。

2. cautious 组合规则

应用 Dempster 组合规则的一个重要前提条件是待融合的证据之间是相互独立的，然而在实际应用中这一前提条件有时很难满足。针对相关证据的融合问题，Denœux[45] 提出了如下的 cautious 组合规则。

定义 1.4 (cautious 组合规则[45]) 假设 m_1 和 m_2 为基于同一辨识框架 Ω 的 mass 函数，则二者基于 cautious 组合规则的融合过程如下：

$$m_1 \bigotimes m_2 = \bigoplus_{\varnothing \neq A \subset \Omega} A^{w_1(A) \wedge w_2(A)} \tag{1.10}$$

式中，w_1 和 w_2 分别为 mass 函数 m_1 和 m_2 规范分解[31] 的权重函数；$\wedge$ 表示取最小值运算。

和 Dempster 组合规则类似，cautious 组合规则同样满足交换律和结合律，因此，公式 (1.10) 很容易推广到多个证据的融合。此外，该组合规则还具有幂等性（即 $m \bigotimes m = m$），这一性质是一个合理的相关证据组合规则成立的必要条件。

3. 基于三角范数的组合规则

前面介绍的 Dempster 组合规则和 cautious 组合规则都可以写成基于三角范数的形式。公式 (1.8) 所示的 Dempster 组合规则可以写成与公式 (1.10) 类似的形式：

$$m_1 \oplus m_2 = \bigoplus_{\varnothing \neq A \subset \Omega} A^{w_1(A) w_2(A)} \tag{1.11}$$

即在 Dempster 组合规则中，是对权重 $w_1(A)$ 和 $w_2(A)$ 进行乘积运算；在 cautious 组合规则中，是对权重 $w_1(A)$ 和 $w_2(A)$ 进行取最小值运算。这两种运算符是公式 (1.12) 给出的 Frank 三角范数族[46] 的特例：

$$a \top_s b = \begin{cases} a \wedge b, & s = 0 \\ ab, & s = 1 \\ \log_s \left[1 + \dfrac{(s^a - 1)(s^b - 1)}{s - 1} \right], & \text{其他} \end{cases} \tag{1.12}$$

式中，$a, b \in [0, 1]$；s 为非负实数。当 s 在 0 到 1 间取值时，$a \top_s b$ 在 $a \wedge b$ 和 ab 间变化。

定义 1.5 (基于三角范数的组合规则[45]) 假设 m_1 和 m_2 为基于同一辨识框架 Ω 的 mass 函数，则二者基于三角范数的组合规则的融合过程如下：

$$m_1 \circledast_s m_2 = \bigoplus_{\varnothing \neq A \subset \Omega} A^{w_1(A) T_s w_2(A)} \tag{1.13}$$

式中，T_s 为 Frank 三角范数族；s 在 0 到 1 间取值。

显然，cautious 组合规则和 Dempster 组合规则分别是基于三角范数的组合规则在 $s = 0$（即 $\circledast_0 = \bigcirc\!\!\!\!\!\wedge$ ）和 $s = 1$（即 $\circledast_1 = \oplus$）时的特例。Dempster 组合规则假定待融合的证据是独立的，而 cautious 组合规则假定待融合的证据是高度相关的。基于三角范数的组合规则是二者的一个折中，在实际应用中可以根据证据相关程度的高低选择合理的参数值 s。

4. 其他组合规则

在前面介绍的组合规则中，假定待融合的证据都是可靠的。当然，可以对这些证据的可靠性进行不同的假设。例如，当其中有至少一个证据可靠时，Smets[43] 提出使用下面的 disjunctive 组合规则进行融合：

$$(m_1 \cup m_2)(A) = \sum_{B \cup C = A} m_1(B)m_2(C), \quad \forall A \subseteq \Omega \tag{1.14}$$

显然，disjunctive 组合规则同时满足交换律和结合律。与 Dempster 组合规则相比，disjunctive 组合规则是一种保守的证据融合方式，通常用于待融合的证据间高度冲突的情形。

作为 Dempster 组合规则和 disjunctive 组合规则的折中，Dubois 等[40] 定义了如下组合规则：

$$(m_1 \star m_2)(A) = \begin{cases} 0, & A = \varnothing \\ \displaystyle\sum_{B \cap C = A} m_1(B)m_2(C) + \sum_{B \cap C = \varnothing, B \cup C = A} m_1(B)m_2(C), & A \subseteq \Omega, A \neq \varnothing \end{cases}$$

$$\tag{1.15}$$

当证据间冲突为 0 时，该组合规则退化为 Dempster 组合规则；当证据间冲突为 1 时，其退化为 disjunctive 组合规则。在其他情况下，该组合规则提供了一种折中的融合结果。

除了上面介绍的组合规则外，针对 Dempster 组合规则在冲突证据融合时的问题，Yager[41]、Smets[42]、Lefevre 等[47]、Jøsang[48]、Smarandache 等[49]、孙全等[50]、张山鹰等[51,52] 纷纷提出了相应的通过改变冲突信息的分配方式的改进规则。尽管这些改进的组合规则能够有效地对冲突证据进行融合，但却不可避免地增加了计算复杂度，有些还丧失了 Dempster 组合规则的一些重要性质。在本书中，采取与 Haenni[53] 类似的观点，即 Dempster 组合规则在证据融合过程中所产生的一些不合理结果主要是由证据的不合理建模导致的。因此，应该将重点转移到如何基于所获取的信息对证据进行合理建模。如在对不可靠证据进行融合时，可以先采用 Shafer 折扣规则（将在 1.2.3 小节中介绍）对证据进行修正。经过修正后，证据间冲突能大幅度降低，从而可以使用经典的 Dempster 组合规则进行融合。

1.2.3 证据在辨识框架上的运算

在本节中将介绍证据在辨识框架上的两个重要运算操作：折扣运算和距离运算。前者用于对部分可靠的证据进行修正处理，后者用于分析两个证据间的不一致性。

1. 证据折扣运算

假定从某个信息源 S 获得了一个描述所研究问题的结果 ω 在辨识框架 Ω 上取值的证据。但是，该证据有时候并不是完全可靠的，如信息源 S 在工作过程中可能发生故障，或者信息是在恶劣的工作环境（高强度的噪声和干扰）中获得的。针对不完全可靠的信息，Shafer 提出了一种可靠性证据折扣运算。

定义 1.6 (Shafer 折扣运算 [31])   假设 m 为基于辨识框架 Ω 的 mass 函数，$\alpha \in [0,1]$ 为该证据的可靠度，则折扣后可获得如下新的 mass 函数 $^{\alpha}m$：

$$^{\alpha}m(A) = \begin{cases} \alpha m(A), & A \neq \Omega \\ \alpha m(\Omega) + (1 - \alpha), & A = \Omega \end{cases} \tag{1.16}$$

该折扣运算通常用于对已知可靠度的部分可靠信息源进行建模。当信息源 S 完全可靠时（即 $\alpha = 1$），折扣前后证据保持不变；当信息源 S 完全不可靠时（即 $\alpha = 0$），折扣后的证据变为空 mass 函数，表示对于真实结果完全未知，和其他证据融合时对融合结果没有任何影响。

2. 证据距离运算

假定 S_1 和 S_2 为描述同一问题的两个信息源，有时需要知道二者之间的不一致度。通常情况下，信息源之间的不一致度可以由它们相对应的 mass 函数之间的距离来刻画。Dempster 组合规则中的矛盾因子 κ 就是一种最基本的证据距离度量。而后，很多学者提出了一系列更为合理的距离度量 [54]。下面介绍一种置信函数理论中应用最广泛的距离度量：Jousselme 距离。

定义 1.7 (Jousselme 距离 [55])   假设 m_1 和 m_2 为基于同一辨识框架 Ω 的 mass 函数，则二者的 Jousselme 距离为

$$d_{\mathrm{J}}(m_1, m_2) = \sqrt{\frac{1}{2}(\overrightarrow{m_1} - \overrightarrow{m_2})^{\mathrm{T}} \boldsymbol{D} (\overrightarrow{m_1} - \overrightarrow{m_2})} \tag{1.17}$$

式中，$\overrightarrow{m_1}$ 和 $\overrightarrow{m_2}$ 是由 Ω 的 2^n 个子集所对应的 mass 值组成的列向量；$\boldsymbol{D}$ 是一

个 $2^n \times 2^n$ 的矩阵，每个元素 $D_{i,j} = \dfrac{|A_i \cap B_j|}{|A_i \cup B_j|}$，$A_i, B_j \in 2^\Omega$；系数 $1/2$ 是归一化因子，从而保证 $0 \leqslant d_{\mathrm{J}}(m_1, m_2) \leqslant 1$。

基于定义 1.7，可以将 d_{J} 写成下面更方便计算的形式：

$$d_{\mathrm{J}}(m_1, m_2) = \sqrt{\dfrac{1}{2}(\|\overrightarrow{m}_1\|^2 + \|\overrightarrow{m}_2\|^2) - \langle \overrightarrow{m}_1, \overrightarrow{m}_2 \rangle} \tag{1.18}$$

式中，$\|\overrightarrow{m}\|^2$ 是向量 $\overrightarrow{m}$ 的平方范数；$\langle \overrightarrow{m}_1, \overrightarrow{m}_2 \rangle$ 是向量 $\overrightarrow{m}_1$ 和 $\overrightarrow{m}_2$ 的尺度积：

$$\langle \overrightarrow{m}_1, \overrightarrow{m}_2 \rangle = \sum_{i=1}^{2^n} \sum_{j=1}^{2^n} \dfrac{|A_i \cap B_j|}{|A_i \cup B_j|} m_1(A_i) m_2(B_j), \quad A_i, B_j \in 2^\Omega \tag{1.19}$$

3. 证据的空扩展与边缘化运算

应用置信函数理论解决实际问题时，明确所研究问题的辨识框架是首要且最为关键的一步。前面给出的组合规则以及折扣运算均是单个辨识框架下证据间的转换，然而，在有些情况下，从多个信息源所获得的证据可能基于不同的辨识框架。由于框架内的每一个元素都被划分成有限的几种可能，因而在一定程度上每个框架对应的粒度水平是固定的。为了进行多个辨识框架间证据的运算，有必要解决某个框架下的证据 mass 函数如何用一个划分更细（粗）的框架进行表示[56]。为此，首先给出辨识框架粗化与细化的定义。

定义 1.8（粗化与细化[31]）　假设 Ω 与 Θ 为两个不同的辨识框架，如果存在一个满足如下条件的映射函数 $\rho: 2^\Omega \to 2^\Theta$

(1) 集合 $\{\rho(\{\omega\}),\ \omega \in \Omega\} \subseteq 2^\Theta$ 是 Θ 的一种划分；

(2) 对于 $\forall B \subseteq \Omega$，等式 $\rho(B) = \bigcup\limits_{\omega \in B} \rho(\{\omega\})$ 成立，

则称框架 Ω 是 Θ 的一个粗化，而框架 Θ 是 Ω 的一个细化。

从集合的角度看，框架 Ω 是 Θ 的粗化的本质含义是 Ω 提供了关于 Θ 集合的一种划分方式。如假设 $\Theta = \{a, b, c, d\}$，$\Omega = \{a', b', c'\}$，其中 $a' = \{a, b\}$，$b' = \{c\}$，$c' = \{d\}$，则框架 Ω 是 Θ 一个粗化，而框架 Θ 是 Ω 的一个细化。如果将集合间的粗化与细化概念推广到 mass 函数之间的映射关系，则引出了空扩展和边缘化这两种多框架下的证据运算。

定义 1.9（空扩展[31]）　假设 m^Ω 为定义在辨识框架 Ω 上的一个 mass 函数，则 m^Ω 在辨识框架 Θ 下的空扩展 mass 函数 $m^{\Omega \uparrow \Theta}$ 为

$$m^{\Omega \uparrow \Theta}(A) = \begin{cases} m^\Omega(B), & \text{如果 } A = \rho(B) \text{ 且 } B \subseteq \Omega \\ 0, & \text{其他} \end{cases} \tag{1.20}$$

式中，$\rho(B)$ 是元素 B 在映射 ρ 下的像。

在实际应用中，有时候需要同时考虑来自多个框架下的证据源（如多源数据融合系统中，对目标的敌我属性和目标型号识别问题），这就需要引入框架的乘积。不失一般性，这里讨论两个辨识框架的情况。假设同时考虑的两个问题的真实值存储到变量 X 和 Y 中，它们所有可能的取值分别对应辨识框架 Θ_X 和 Θ_Y。为了表示 X 和 Y 共同代表的信息，引入了两个框架的笛卡儿乘积，即乘积空间 $\Theta_X \times \Theta_Y = \{(x, y) \mid x \in \Theta_X, y \in \Theta_Y\}$，记作 Θ_{XY}。于是，根据公式 (1.20)，可以得出 mass 函数 m^{Θ_X} 在乘积空间 Θ_{XY} 下的空扩展为

$$m^{\Theta_X \uparrow \Theta_{XY}}(A) = \begin{cases} m(B), & \text{如果 } A = B \times \Theta_Y \text{ 且 } B \subseteq \Theta_X \\ 0, & \text{其他} \end{cases} \tag{1.21}$$

由公式 (1.21) 可以看出，空扩展操作实际上是通过低维变量的 mass 函数向高维扩张来得出高维变量下的 mass 函数。反之，由高维变量向低维变量的收缩则是通过另外一种重要的操作：边缘化。

定义 1.10 (边缘化[31])   假设 Θ_X 与 Θ_Y 是两个不同的辨识框架，则 $m^{\Theta_{XY}}$ 到框架 Θ_X 下的边缘化为

$$m^{\Theta_{XY} \downarrow \Theta_X}(B) = \sum_{A \downarrow \Theta_X = B} m^{\Theta_X \times \Theta_Y}(A) \tag{1.22}$$

式中，

$$A \downarrow \Theta_X = \{x \subseteq \Theta_X \mid \exists\, y \subseteq \Theta_Y, (x, y) \in A\} \tag{1.23}$$

表示 A 在框架 Θ_X 下的投影。

利用空扩展和边缘化运算，可以将单个框架下的 Dempster 组合规则公式推广到多个框架下，最终得到各框架下的融合结果。假设 $m_1^{\Theta_X}$ 与 $m_2^{\Theta_Y}$ 分别为框架 Θ_X 与 Θ_Y 的 mass 函数，则所得到的融合结果为

$$m_{12}^{\Theta_{XY}} = m_1^{\Theta_X \uparrow \Theta_{XY}} \oplus m_2^{\Theta_Y \uparrow \Theta_{XY}} \tag{1.24}$$

进而通过边缘化操作可以得到在各自框架下的结果，即

$$m_{12}^{\Theta_X} = M_{12}^{\Theta_{XY} \downarrow \Theta_X}, \quad m_{12}^{\Theta_Y} = M_{12}^{\Theta_{XY} \downarrow \Theta_Y} \tag{1.25}$$

上面讨论的空扩展与边缘化运算为多框架间证据融合问题的研究提供了很好的理论基础。

1.2.4　决策规则

1.2.1~1.2.3 小节介绍了在置信函数框架下如何对证据进行表达和推理。应用置信函数理论解决问题的最后一步是基于推理结果做出合理的决策。本节中将介绍一些置信函数框架下常用的决策规则。

1. 最大置信度/似真度规则

假设 $\Omega = \{\omega_1, \omega_2, \cdots, \omega_n\}$ 为待处理问题的辨识框架，$\mathcal{A} = \{a_1, a_2, \cdots, a_n\}$ 为决策集，其中 a_i 表示选择 ω_i 为最终结果的决策。定义如下损失函数 $L: \mathcal{A} \times \Omega \to \mathbb{R}$：

$$L(a_i, \omega_j) = \begin{cases} 0, & i = j \\ 1, & \text{其他} \end{cases} \tag{1.26}$$

然后定义决策 a_i 的风险为其损失的期望值：

$$R_P(a_i) = \mathbb{E}_P[L(a_i, \cdot)] = \sum_{\omega \in \Omega} L(a_i, \omega) P(\{\omega\}), \quad \forall a_i \in \mathcal{A} \tag{1.27}$$

式中，P 为定义在 Ω 上的概率度量。根据公式 (1.27)，可基于最小风险准则做出最终的决策。

然而在置信函数框架下，一般无法获得定义在 Ω 上的精确概率度量（贝叶斯 mass 函数除外），只能得到定义在 2^Ω 上的不确定区间 $[\mathrm{Bel}(A), \mathrm{Pl}(A)]$，$\forall A \subseteq \Omega$。基于不确定区间度量，可以定义决策 a_i 的风险下界和风险上界[30,57]：

$$\underline{R}(a_i) = \underline{\mathbb{E}}[L(a_i, \cdot)] = \sum_{A \subseteq \Omega} m(A) \min_{\omega \in A} L(a_i, \omega) = 1 - \mathrm{Pl}(\{\omega_i\}), \quad \forall a_i \in \mathcal{A}$$

$$\overline{R}(a_i) = \overline{\mathbb{E}}[L(a_i, \cdot)] = \sum_{A \subseteq \Omega} m(A) \max_{\omega \in A} L(a_i, \omega) = 1 - \mathrm{Bel}(\{\omega_i\}), \quad \forall a_i \in \mathcal{A} \tag{1.28}$$

最小化风险上界 $\overline{R}$ 和风险下界 $\underline{R}$ 便得到了两个决策规则：最大置信度规则和最大似真度规则。Smets[57] 同时还指出，最大置信度规则是一种悲观决策策略，而最大似真度规则是一种乐观决策策略。

2. 最大 Pignistic 概率规则

上面通过最小化风险上界和风险下界分别得到了一种悲观决策策略和一种乐观决策策略。接下来，介绍另外一种决策规则，该决策规则是悲观决策和乐观决策的一个有效折中。该规则基于 Smets 提出的可传递置信模型（transferable belief model, TBM）[44]。该模型在处理决策时，首先基于 Pignistic 转换将 mass 函数转换为概率分布，然后基于最小风险准则进行决策。

定义 1.11 (Pignistic 转换[44])　假设 m 为基于辨识框架 Ω 的 mass 函数，Pignistic 转换将 mass 函数 m 转换为如下的概率度量 BetP：

$$\mathrm{BetP}(A) = \sum_{B \subseteq \Omega} \frac{|A \cap B|}{|B|} m(B), \quad \forall A \subseteq \Omega \tag{1.29}$$

转换后的 Pignistic 概率度量 BetP(A) 提供了一种对区间 $[\mathrm{Bel}(A), \mathrm{Pl}(A)]$ 内的未知概率在香农熵最大意义下的估计，且满足：

$$\mathrm{Bel}(A) \leqslant \mathrm{BetP}(A) \leqslant \mathrm{Pl}(A), \quad \forall A \subseteq \Omega \tag{1.30}$$

基于 Pignistic 概率的风险为

$$R_{\mathrm{BetP}}(a_i) = \mathbb{E}_{\mathrm{BetP}}[L(a_i, \cdot)] = \sum_{\omega \in \Omega} L(a_i, \omega)\mathrm{BetP}(\{\omega\}) = 1 - \mathrm{BetP}(\{\omega_i\}), \quad \forall a_i \in \mathcal{A} \tag{1.31}$$

相应地，基于 Pignistic 概率的风险 $R_{\mathrm{BetP}}(a_i)$ 位于风险下界 $\underline{R}(a_i)$ 和风险上界 $\overline{R}(a_i)$ 之间：

$$\underline{R}(a_i) \leqslant R_{\mathrm{BetP}}(a_i) \leqslant \overline{R}(a_i), \quad \forall a_i \in \mathcal{A} \tag{1.32}$$

最小化基于 Pignistic 概率的风险 R_{BetP} 便得到了另外一种决策规则：最大 Pignistic 概率规则。作为最大置信度规则和最大似真度规则的折中，其提供了一种更合理的决策方式，因此得到了广泛的应用。本书主要基于最大 Pignistic 概率规则进行最终的分类决策。

1.3　不确定数据分类问题

数据的自动分类是如生物学、心理学、医学、市场营销学、计算机视觉和国防军事等诸多科学和技术领域的一项重要研究课题[58]。在过去的几十年中，这一课题得到了广泛的研究。在传统的数据分类方法中，常常假设所获得的数据是完美的或理想的；然而在许多实际的工程应用中，数据则常常具有很大的不确定性，这给数据分类方法的设计带来了极大的挑战[59-62]。

1. 数据分类问题描述

数据分类（data classification）广泛存在于人类的活动中，广义上，其覆盖了所有基于现有的信息对新的情况进行预测或判断的范畴；在本书中，考虑其狭义的描述，即基于一系列观测得到的已知类别的训练样本数据将未知输入样本指派为已知类别集合中的某一类别。由于所利用的训练样本的类别是已知的，因此数据分类也常常被称为监督学习（supervised learning），以区别于基于未知类别样本的数据聚类（data clustering）或非监督学习（unsupervised learning）。

一般而言，一个典型的数据分类问题可以描述如下：

(1) 由 M 个类别组成的类别集合 $\Omega = \{\omega_1, \cdots, \omega_M\}$；

(2) 由 N 个已知类别的样本组成的训练样本集合 $\mathcal{L} = \{(\boldsymbol{x}_1, \omega^{(1)}), \cdots, (\boldsymbol{x}_N, \omega^{(N)})\}$，其中每一个样本由一个特征向量 $\boldsymbol{x} \in \mathbb{R}^P$ 和一个类别标签 $\omega \in \Omega$ 组成，则分类问题是基于训练样本集合 $\mathcal{L}$ 将未知输入样本 $\boldsymbol{y} \in \mathbb{R}^P$ 指派为类别集合 Ω 中的某一类别。

2. 数据分类中的不确定性

在数据分类问题中存在着多种不确定性，本书主要考虑以下四个重要的不确定数据分类问题。

(1) **不精确的训练数据**：对于很多实际的数据分类问题，源自不同类别的样本经常在特征空间部分重叠。尽管重叠区域的训练样本具有精确的类别标签，但实际上这些样本不能真正反映类别的准确分布情况，即这些类别重叠区域的样本所提供的信息实际上是不精确的。因此，需要对这些重叠区域的不精确训练数据进行合理建模以实现对这部分训练数据的有效利用。

(2) **不完备的训练数据**：不完备的训练数据通常是指所获得的训练数据不足以对真实的条件概率分布情况进行有效刻画。一般而言，较少的训练样本和较高的特征维数是引起训练数据不完备的主要因素。因此，如何基于不完备的训练数据获得较好的分类性能是分类方法设计中的一项重要课题。

(3) **不可靠的训练数据**：不可靠的训练数据通常是指所获得的训练数据在类别或者特征方面有较大的噪声。类别噪声指的是训练样本被标注为错误的类别，而特征噪声指的是样本的某些特征值偏离正常范围。因此，为了基于不可靠的训练数据获得较好的分类性能，需要设计鲁棒的分类方法对数据噪声进行抑制。

(4) **不可靠的训练数据和专家知识**：上面三种情况考虑的都是训练数据的不确定性，而对于某些特定的数据分类问题，如目标识别，除了传感器采集到的不确定训练数据外，有时候还可以从专家那里获得一些描述该分类问题的部分可靠的专家知识。因此，十分有必要开展复合分类模型的研究，从而可以对这两类不确定信息进行综合利用以提高整体分类性能。

如 1.2 节所述，置信函数理论提供了一套完整的理论框架来对多种不确定信息进行建模和推理，因此在本书中将利用置信函数理论对上述四个重要的不确定数据分类问题进行处理。

1.4 基于规则的分类方法

规则是一种常用的知识表达形式,根据专家知识构建的基于规则的系统(rule-based systems, RBS)已经广泛应用到多种推理问题中[63]。然而对于大多数的分类问题,所获得的信息是一系列的训练数据而非专家知识。如果能够基于所获得的训练数据构建相应的规则,那么基于规则的系统便可以用来解决数据分类问题。Chi 等[64] 给出了一种基于模糊规则的实现方法,这便是在数据分类领域常用的基于模糊规则的分类系统(fuzzy rule-based classification system, FRBCS)。由于其提供了一种易于用户理解的语义模型,FRBCS 已经成功应用于多种不同的实际分类问题,如图像识别[65,66]、故障分类[67] 和医学疾病诊断[68,69] 等多方面。与上述产生式规则生成方式不同,Liu 等[13] 提出将数据分类和关联规则挖掘相结合的思想,由此发展出一种基于关联规则的分类(association rule-based calssification, CBA)方法,其优势在于它能够利用关联规则挖掘的全局性来提取其他基于规则的分类方法中所遗漏的一些重要规则[21,22],从而可以取得更好的分类效果。在本节将对模糊规则分类和关联规则分类研究进行综述。

1.4.1 模糊规则分类研究综述

一个模糊规则分类系统主要由两大部分组成,即模糊规则库(fuzzy rule base, FRB)和模糊推理方法(fuzzy reasoning method, FRM),前者构建了特征空间与类别空间之间的输入输出关系,而后者提供了基于构建的模糊规则库对输入样本进行分类的推理机制。

对于一个 M 个类别($\Omega = \{\omega_1, \omega_2, \cdots, \omega_M\}$)、$P$ 个特征的分类问题,模糊规则库中的每一个模糊规则具有如下结构:

$$\text{模糊规则 } R^q: \quad \begin{aligned} &\text{如果 } x_1 \text{ 是 } A_1^q \text{ 且 } \cdots \text{ 且 } x_P \text{ 是 } A_P^q, \text{ 则结果为 } C^q, \\ &\text{规则权重为 } \theta^q, \quad q = 1, 2, \cdots, Q \end{aligned} \tag{1.33}$$

式中,$\boldsymbol{x} = (x_1, x_2, \cdots, x_P)$ 为输入样本特征向量;$\boldsymbol{A}^q = (A_1^q, \cdots, A_P^q)$ 为规则的前提部分,其中每个元素 A_p^q 在对应特征的模糊划分集合 $\{A_{p,1}, A_{p,2}, \cdots, A_{p,n_p}\}$ 中取值,$p = 1, 2, \cdots, P$;$C^q \in \Omega$ 为规则的结论部分;规则权重 θ^q 刻画了模糊规则 R^q 的可靠度,决定了该规则在分类中的作用;Q 为模糊规则库中规则的数目。

基于上述模糊规则结构,Chi 等[64] 给出了如下的模糊规则库生成方法。

(1) **特征空间模糊划分**:通常情况下,特征空间的模糊划分与具体的分类问题有关,如果缺乏关于特征空间的先验知识,则可使用模糊网格法[70] 对特征空间进行划分,该方法只依赖于特征的取值范围和划分数目。图 1.2 给出了基于模糊网格法对一个二维特征空间进行划分的例子。

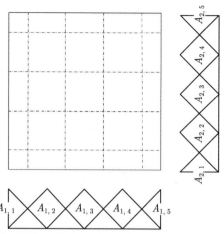

图 1.2　基于模糊网格法对一个二维特征空间进行划分的例子

(2) **基于每个训练样本生成对应的模糊规则**：假设训练样本集包含 N 个 P 维的训练样本 $\boldsymbol{x}_i = (x_{i1}, \cdots, x_{iP})$，$i = 1, 2, \cdots, N$，则对每个训练样本 $\boldsymbol{x}_i$，进行如下计算。

① 计算其与不同模糊划分区域的匹配度 $\mu_{\boldsymbol{A}^q}(\boldsymbol{x}_i)$：

$$\mu_{\boldsymbol{A}^q}(\boldsymbol{x}_i) = \sqrt[P]{\prod_{p=1}^{P} \mu_{A_p^q}(x_{ip})} \tag{1.34}$$

式中，$\mu_{A_p^q}(\cdot)$ 为模糊集 A_p^q 对应的隶属度函数；

② 将训练样本 $\boldsymbol{x}_i$ 分配给具有最大匹配度的模糊划分区域；

③ 基于该训练样本生成相应的模糊规则，其中，规则的前提部分为所选择的模糊划分区域，结论部分为该样本的类别，权重为最大匹配度。

(3) **模糊规则库的约简**：在上述规则生成过程中，同一模糊划分区域可能有多个规则生成，在这种情况下，只保留权重最大的规则。

基于上述生成的模糊规则库，可以使用单优胜（single winner）[64] 模糊推理方法对未知输入样本进行分类。令 S 为生成的 Q 个模糊规则集合，则未知输入样本 $\boldsymbol{y} = (y_1, y_2, \cdots, y_P)$ 的类别由下述单优胜规则 R^w 决定：

$$R^w = \arg\max_{R^q \in S}\{\mu_{\boldsymbol{A}^q}(\boldsymbol{y})\theta^q\} \tag{1.35}$$

即将未知输入样本 $\boldsymbol{y}$ 指派为单优胜规则 R^w 结论部分对应的类别。

作为一种基于计算智能的分类方法，FRBCS 最大的优势是其具有很好的直观性。与基于复杂统计模型的统计分类方法和基于黑箱子模型的神经网络分类方法不同，FRBCS 利用的是易于用户理解的语义模型，因此其分类过程更加直观。此外，得益于所采用的模糊规则结构，该方法既能够处理来自专家知识的定性信息，又能够处理来自设备量测的定量信息。

然而，语义模型也有其相应的缺点，即不灵活性。例如，当特征空间与类别空间映射关系复杂时，有限的模糊划分很难对复杂的映射关系进行有效刻画，从而会导致分类精度的降低。此外，FRBCS 中所采用的模糊规则结构对于数据噪声不鲁棒，在噪声环境下有可能产生大量不可靠的模糊规则，这严重妨碍了其在战场目标识别等恶劣工作环境中的应用。因此，在过去的三十年间很多学者开展了大量工作以提高 FRBCS 的分类性能。

为了提高对于复杂分类问题的分类性能，许多学者对 FRBCS 提出了多种改进方法。这些改进方法大致可以分为两类，第一类是采用复杂的学习算法构建优化的规则库；第二类是通过改变规则的结构使其更灵活地对输入–输出映射进行刻画。

第一类方法的研究者认为不理想的分类结果主要是由不合理的规则生成算法导致的。在这些改进方法中，仍然使用模糊规则结构，但是采用复杂的学习算法构建优化的规则库。例如，Chen 等[71] 利用支持向量机学习算法构建规则库，Cordón 等[72] 和 Alcalá-Fdez 等[73] 采用遗传算法对规则库结构进行优化设计并确定前提属性与结论部分的最优组合。

第二类方法的研究者认为不理想的分类结果主要是由模糊规则结构的不灵活性导致的。这些改进方法对模糊规则结构从不同角度（规则的前提部分或结论部分）进行了扩展以使其更灵活地对输入–输出映射进行刻画。例如，Cordón 等[74] 通过在结论部分引入概率分布给出了如下的扩展模糊规则结构：

$$R^q: \text{如果 } x_1 \text{ 是 } A_1^q \text{ 且 } \cdots \text{ 且 } x_P \text{ 是 } A_P^q, \text{则结果为 } (\theta_1^q, \cdots, \theta_M^q), \quad q = 1, 2, \cdots, Q \tag{1.36}$$

式中，θ_j^q 代表规则 R^q 的结论为类别 ω_j 的概率。基于该扩展的模糊规则结构，可采用加性组合（additive combination）方法[74] 对未知输入样本 $\boldsymbol{y}$ 进行分类：

$$\omega = \arg \max_{\omega_j \in \Omega} \sum_{q=1}^{Q} \mu_{\boldsymbol{A}^q}(\boldsymbol{y}) \theta_j^q \tag{1.37}$$

与上面的方法不同，Liu 等[75] 通过在前提部分引入置信分布给出了如下的扩展模糊规则结构：

$$R^q: \quad \text{如果 } x_1 \text{ 是 } \{(A_{1,j}, \alpha_{1,j}^q)\}_{j=1}^{n_1} \text{ 且 } \cdots \text{ 且 } x_P \text{ 是 } \{(A_{P,j}, \alpha_{P,j}^q)\}_{j=1}^{n_p}, \\ \text{则结果为 } C^q, \text{规则权重为 } \theta^q, \quad q = 1, 2, \cdots, Q \tag{1.38}$$

式中，$\{(A_{p,j}, \alpha_{p,j}^q)\}_{j=1}^{n_p}$ 表示规则 R^q 在第 p 个特征的模糊划分集合上的置信分布。基于该扩展的模糊规则结构，可根据每一个训练样本生成相应的模糊规则，则未知输入样本 $\boldsymbol{y}$ 的类别由所有规则的结果加权组合获得。

1.4.2　关联规则分类研究综述

数据分类是利用所构建的模型为待分类样本分配一个特定的类别标签[1]，而关联规则挖掘是从现有的数据库中寻找项集之间的关联关系[76]。Liu 等[13] 首次提出将数据分类和关联规则挖掘相结合的思想，由此发展出一种基于关联规则的分类方法 (简称关联规则分类方法)，该方法的优势主要体现在以下三个方面[1,21,22]：

(1) 关联规则分类方法在规则生成过程中结合了关联规则挖掘的全局优势，即能够从数据库中发现满足一定阈值的所有关联关系，因而可以提取一些基于产生式规则的分类方法[77] 中所遗漏的重要规则，进而提高分类精度。

(2) 关联规则分类方法能够在不改变整个规则集的情况下更新或者调整其中的某条规则，然而，同样的任务在诸如分类回归树（classification and regression tree, CART）[78]、C4.5 决策树[79] 等分类方法中就需要更新整个树结构，这将消耗较大的计算代价。

(3) 关联规则分类方法的建模形式为一系列 IF-THEN 规则，规则作为一种简单的知识表示形式，可以直接模拟人的思维方式，因而该方法具有较好的可解释性，易于用户理解和使用。

从总体上来看，关联规则分类方法的实现过程主要包括三个阶段：首先，在给定最小支持度和置信度阈值的前提下，利用关联规则挖掘技术来寻找所有满足阈值的规则项集以生成相应的分类规则；其次，根据某种规则削减策略选择部分规则组成分类模型，以提高分类的精度和效率；最后，基于所构建的分类模型对未知输入样本进行分类。在该方法体系下，很多学者提出不同的规则挖掘和削减思想来构造关联规则分类模型[16,80,81]，以尽可能地提高分类性能。针对分类过程中连续特征划分的不自然边界问题，一些学者提出了前提为模糊集的分类规则结构，在此基础上发展出一系列基于模糊关联规则的分类方法[14,73,82,83]。大量研究结果表明，关联规则分类方法通常能够获得比传统决策树和产生式规则分类方法更好的分类效果，因而广泛应用于软件故障预测[26,84]、文本分类[24,85]、医学诊断[23,86] 及其他实际问题中[25,87]。下面将从基于的规则结构、规则挖掘算法、规则削减策略和类别预测过程这四个方面展开对现有关联规则分类方法研究进展的介绍。

1. 规则结构

在基于规则的分类方法中，规则结构形式的好坏直接决定了分类模型对数据的刻画能力，因而分类结果的精确性和可解释性在很大程度上取决于所基于的规则结构。作为一种新型的基于规则的分类方法，关联规则分类是基于关联规则挖掘的方式来产生一系列前提特征数可变的分类规则，相对于那些具有固定特征数的规则结构，关联规则结构具有更好的可扩展性和泛化能力[88]。到目前为止，现有关联规则分类研究主要是基于类关联规则与模糊类关联规则这两种结构形式开展的。下面分别给出这两种规则结构的具体形式以及相应的支持度与置信度定义。

考虑一个含有 M 个类别的分类问题，对应的类别集为 $\Omega = \{\omega_1, \omega_2, \cdots, \omega_M\}$。给定一组由 N 个已知类别的样本组成的训练集 $T = \{(\boldsymbol{x}_1, \omega^{(1)}), \cdots, (\boldsymbol{x}_N, \omega^{(N)})\}$，其中的每个样本是由一个 P 维的特征向量 $\boldsymbol{X} = \{X_1, X_2, \cdots, X_P\}$ 和一个特定的类别标签组成，且第 p 个特征 X_p 的取值范围为 U_p $(p = 1, 2, \cdots, P)$。于是，对应上述分类问题的第 j 个类关联规则 CAR_j 的基本结构可以表示为

$$\mathrm{CAR}_j: \text{如果 } X_{j_1} \text{ 是 } v_{j_1}^j \text{ 且} \cdots \text{且 } X_{j_k} \text{ 是 } v_{j_k}^j，\text{则结论为 } \omega^j，\text{规则权重为 } \mathrm{RW}_j \tag{1.39}$$

式中，$v_p^j \in U_p$ 为特征 X_p 所选取的特征值；$1 \leqslant k \leqslant P$ 为该规则的前提特征数目；$\omega^j \in \Omega$ 为分配给该规则的结论类别。

在关联规则挖掘中，通常涉及项和项集的概念。项是由某个特征及其对应的值组成，项集则是指若干个项的集合，如 (X_1, v_1^j) 是一个项，$\{(X_1, v_1^j), (X_2, v_2^j)\}$ 是一个项集。在关联规则分类方法体系下，由第 j 个类关联规则 CAR_j 可以确定唯一的规则项，记作 $\mathrm{RI}_k^j = \langle \{(X_{j_1}, v_{j_1}^j), \cdots, (X_{j_k}, v_{j_k}^j)\}, \omega^j \rangle$。为了度量所给出的类关联规则的有效性，下面给出相应的支持度与置信度定义。

定义 1.12(支持度与置信度[13])　假设 $\mathrm{Ant\_RI}_k^j = \{(X_{j_1}, v_{j_1}^j), \cdots, (X_{j_k}, v_{j_k}^j)\}$ 是规则 CAR_j 的前提对应的特征值集合，则规则项 RI_k^j 的支持度为训练集 T 中相应各特征值与项集 $\mathrm{Ant\_RI}_k^j$ 匹配且类别为 ω^j 的样本所占的比率，即

$$\mathrm{sup}(\mathrm{RI}_k^j) = \frac{(\mathrm{Ant\_RI}_k^j \cup \omega^j).\mathrm{count}}{N} \tag{1.40}$$

而规则 CAR_j 的置信度为与项集 $\mathrm{Ant\_RI}_k^j$ 匹配的样本集中类别为 ω^j 的样本所占的比率，即

$$\mathrm{conf}(\mathrm{CAR}_j) = \frac{(\mathrm{Ant\_RI}_k^j \cup \omega^j).\mathrm{count}}{\mathrm{Ant\_RI}_k^j.\mathrm{count}} \tag{1.41}$$

给定最小支持度与置信度阈值的情况下，根据公式 (1.40) 和公式 (1.41)，可以从数据中挖掘一组满足阈值的类关联规则集。需要指出，在处理具有连续特征的数据分类问题时，通常是先采用某种离散化方法将连续特征转化为有限个离散区间，进而将这些连续特征看作离散特征进行类关联规则挖掘。然而，这种处理方式破坏了原始数据特征的连续性，即导致了不自然边界问题[73,82,89,90]。

针对类关联规则在表征连续特征数据时所存在的不自然边界问题，Ishibuchi 等[89] 首次将模糊集或语言标签引入到规则前提中，称之为模糊类关联规则。含有 k 个前提特征的模糊类关联规则 FCAR_j 的基本结构可以表示为

$$\text{FCAR}_j : \text{如果 } X_{j_1} \text{ 是 } A^j_{j_1} \text{ 且}\cdots\text{且 } X_{j_k} \text{ 是 } A^j_{j_k}, \text{ 则结论是 } \omega^j, \text{ 规则权重为 } \text{RW}_j \tag{1.42}$$

式中，A^j_p 为对应特征 X_p（$p = 1, 2, \cdots, P$）的模糊区间。同样地，模糊类关联规则 FCAR_j 也可以确定唯一的规则项 $\text{RI}^j_k = \langle \{(X_{j_1}, A^j_{j_1}), \cdots, (X_{j_k}, A^j_{j_k})\}, \omega^j \rangle$。与一般的类关联规则结构不同，模糊类关联规则前提中涉及各特征对应的模糊区间，因此，公式 (1.40) 和公式 (1.41) 所给的支持度和置信度定义已经不再适用于模糊类关联规则。

定义 1.13（模糊支持度与置信度[89]）　假设 $\boldsymbol{A}^j = (A^j_{j_1}, \cdots, A^j_{j_k})$ 是规则 FCAR_j 中的所有前提特征对应的模糊区间集，则模糊项集 $\boldsymbol{A}^j$ 与规则项 RI^j_k 的支持度分别为

$$\text{sup}(\boldsymbol{A}^j) = \frac{1}{N} \sum_{i=1}^{N} \mu_{\boldsymbol{A}^j}(\boldsymbol{x}_i) \tag{1.43}$$

$$\text{sup}(\text{RI}^j_k) = \frac{1}{N} \sum_{\boldsymbol{x}_i \in \omega^j} \mu_{\boldsymbol{A}^j}(\boldsymbol{x}_i) \tag{1.44}$$

而规则 FCAR_j 的模糊置信度为

$$\text{conf}(\text{FCAR}_j) = \frac{\text{sup}(\text{RI}^j_k)}{\text{sup}(\boldsymbol{A}^j)} = \frac{\sum\limits_{\boldsymbol{x}_i \in \omega^j} \mu_{\boldsymbol{A}^j}(\boldsymbol{x}_i)}{\sum\limits_{i=1}^{N} \mu_{\boldsymbol{A}^j}(\boldsymbol{x}_i)} \tag{1.45}$$

式中，$\mu_{\boldsymbol{A}^j}(\boldsymbol{x}_i)$ 为样本 $\boldsymbol{x}_i$ 与模糊项集 $\boldsymbol{A}^j$ 的匹配度。

关于匹配度值 $\mu_{\boldsymbol{A}^j}(\boldsymbol{x}_i)$ 的计算，首先利用给定的隶属度函数来计算样本前提中各特征对应的隶属度值，然后使用某种算子（如最小范数[90]、乘积范数[91] 和几何平均算子[92]）对得到的所有隶属度值进行组合。

2. 规则挖掘算法

在确定了规则结构之后，关联规则分类方法的关键是基于某种关联规则挖掘算法来对数据进行学习，以生成一组可靠的（模糊）类关联规则集。Apriori 算法[76] 是关联规则挖掘体系中最具有影响力且应用最为广泛的学习算法之一，其基本思想是采用分层方式逐步产生候选项集与频繁项集，其中每一层的候选项集是由上一层中所产生的频繁项集两两组合得到，进而生成相应的关联规则。该算

法是根据频繁项集的向下闭包性来降低每一层所产生的候选项集数目。向下闭包性保证了频繁项集的任何一个子集也是频繁的，也就是说，如果某个项集是非频繁的，则所有包含它的项集一定也是非频繁的。因此，在搜索过程中，如果某个候选项集的子集是非频繁的，则将该候选项集从频繁项集中删除，从而避免了对所有候选项集进行支持度计算，降低了计算复杂性。Apriori 算法的优势在于操作简便，而且所生成的规则能够精确地刻画数据库中各项之间的关联关系[93-95]，因而很多现有的关联规则分类方法是在该算法基础上发展起来的。

CBA [13] 首次采用 Apriori 候选项集生成方式来搜索频繁规则项，进而生成一组可靠的类关联规则集，由此获得比传统决策树分类方法更好的分类性能。在此之后，许多学者基于类似的规则挖掘思想成功发展出一系列关联规则分类方法[17,96-100]。也有一些学者提出利用 Apriori 候选项集生成方式来搜索频繁模糊规则项集，进而发展出一系列模糊关联规则分类方法[14,73,90,91]。在执行 Apriori 算法过程中，需要通过对数据库进行多次扫描来计算所有候选项集的支持度，以搜索得到每一层对应的频繁规则项。特别地，当数据特征维度较高或者所设定的最小支持度阈值较低时，所产生的候选项集数目相对较多，这将为有效的规则提取带来较大困难，同时不可避免地带来较高的计算复杂性。为了提高分类的精度和效率，一些学者提出许多改进的频繁规则项搜索方法[101-104]。例如，通过引入闭合频繁项集的概念，一些学者设计了一种改进的 Apriori 闭合频繁规则项搜索方法[101]，这在一定程度上降低了搜索过程中所产生的候选项集数目。大量研究结果表明，在关联规则分类中利用 Apriori 候选项集生成的方式来产生频繁规则项是有效的，而且利用所生成的规则集进行分类能够取得比决策树和基于产生式规则的分类方法更好的分类精度。

除了 Apriori 算法之外，一些关联规则分类方法采用由 Han 等[105] 提出的频繁模式增长树中分而治之的思想来搜索频繁规则项。作为一个典型代表，Li 等[106] 首次通过构建树结构来产生类关联规则，之后，一些关联规则分类方法也采用类似的规则挖掘思想来生成（模糊）类关联规则[82,107,108]。此外，也有一些学者采用其他的关联挖掘思想来开展关联规则分类方法研究[16,81,109]。

3. 规则削减策略

在关联规则分类方法体系下，规则挖掘阶段所产生的规则数目通常会比较多，主要原因如下：一方面，在一些数据分类问题中，所获得的数据集中特征与类别之间的关系本身比较复杂；另一方面，关联规则分类方法在规则生成过程中结合了关联挖掘的全局特性，因而所生成的规则集比产生式规则生成方法更全面。为此，很多学者提出了多种规则削减策略，旨在从挖掘生成的规则中选择少量有效的规则来构建精确的分类模型。下面主要介绍两种常用的规则削减策略。

(1) **完全与部分匹配削减策略**：规则与样本完全匹配是指规则的所有前提特征值均与该样本相应特征值是一致的；反之，则称规则与样本部分匹配。数据库覆盖法是在对规则集按照某种原则排序之后，根据该优先级顺序判断各规则是否能正确分类至少一个与其完全匹配的训练样本，并将能够正确分类的规则插入到分类模型中，同时将被覆盖的样本从训练集中删除。作为一种典型的完全匹配削减策略，数据库覆盖法已经成功应用于多种关联规则分类方法中 [13,82,106,110-112]。在数据库覆盖法的基础上，如果在该过程中规则与样本之间是部分匹配的，则对应一种典型的部分削减策略——高分类削减法 [113]。匹配削减策略的基本思想是通过保留那些能够改进训练集分类精度且具有较高优先级的规则集来尽可能地提高分类精度。

(2) **长规则削减策略**：考虑到挖掘阶段产生的部分规则具有共同的前提特征，这就导致了有些规则是无用的，甚至是错误的。长规则削减策略是指通过规则间的比较来删除那些更具体且具有更低置信度的规则，旨在删除那些冗余的或者可靠性较差的规则。给定两条规则 R_1：$X_1 \rightarrow c_1$ 与 R_2：$X_2 \rightarrow c_2$，当且仅当 X_2 是 X_1 的子集，则规则 R_1 相对于规则 R_2 更具体。在规则数目较多的情况下，长规则削减策略能够在很大程度上降低分类模型的规模。该策略广泛应用于关联规则分类方法的设计中，并取得了较好的分类效果 [82,106,114,115]。

除了上述两种削减策略外，近几年来，一些学者在关联分类方法体系下基于不同的角度给出了一些新的规则削减策略 [17,18,81,116]。例如，考虑到基于支持度与置信度度量进行规则评估所存在的局限性，Song 等 [81] 从统计角度出发，提出一种基于预测精度的规则削减策略；之后，Rajab [116] 引入一种支持度与置信度修正方法，以弥补因训练样本集的减少而带来的损失，由此发展出一种基于动态规则的削减策略。

4. 类别预测过程

在执行规则削减过程之后，基于所选择的规则集构建分类模型对未知输入样本进行类别预测是关联规则分类方法的最终目的。到目前为止，关联规则分类方法中涉及的类别预测过程主要分为两类：基于最优匹配规则的类别预测和基于多个规则的类别预测。

基于最优匹配规则的类别预测是指利用分类模型中与样本完全匹配且具有最高优先级的规则进行分类，该预测过程已成功应用于多种关联规则分类方法 [13,100,107,108,111]。这里，规则的优先级通常是根据规则的支持度、置信度以及与未知输入样本间的关联度等原则进行排序而确定的 [74]。该预测过程操作简便且在一些分类问题中是有效的，然而，当分类模型中存在多个与输入样本匹配且置信度相当的规则或者训练样本集中存在着类别不均衡性时，只利用一个规则进行预测分类是不合理的。针对该问题，一些学者提出基于多个规则的类别预测过程[82,106,115,117]。

基于多个规则的类别预测是指将所有与未知输入样本匹配的规则按照类别不同进行分组，并根据某种准则来计算每组规则集对输入样本的分类强度，从而将该样本分配给具有最高强度的那组规则集对应的类别标签。例如，Li 等[106] 基于 χ^2 分析来计算所有与输入样本完全匹配的规则强度；Yin 等[109] 则给出一种基于 Laplace 期望误差的规则强度计算方法。在模糊关联规则分类方法体系中，Antonelli 等[82] 给出一种基于关联度的规则强度计算准则。从总体上来看，在关联规则分类中基于多个规则的类别预测能够取得比基于最优匹配规则的类别预测更为合理的分类结果。

第 2 章　不可靠数据鲁棒置信规则分类

2.1　引　言

在人工智能领域，由 Chi 等 [64] 提出的 FRBCS 是一种经典的可解释分类器设计系统。与神经网络和其他统计分类方法不同，FRBCS 作为一种基于计算智能的分类系统，其基于语义模型，用户易于理解，因此分类过程非常直观。但是，任何事物都有两面性。由于语义模型的不灵活性，当处理复杂的分类问题时，FRBCS 的分类准确性常常受到限制 [118]。例如，当输入输出映射关系复杂时，简单的语义逻辑变量很难描述复杂的非线性映射关系。另外，由于模糊规则结构对数据噪声缺乏鲁棒性，在战场目标识别等恶劣的工作环境中，经常会产生大量错误的规则，极大地影响了其分类性能 [119]。因此，在过去的三十年间，许多学者致力于改善 FRBCS 的分类性能。

实际上，在复杂的分类问题中，模糊不确定性通常与其他不确定性共存。模糊集理论 [33] 可以很好地处理模糊信息，而 Dempster 和 Shafer 提出的置信函数理论为不确定性信息的建模和推理提供了一个理想的框架，因此，许多学者研究了这两种理论之间的关系，并提出了多种将它们结合起来的方法 [120-123]。其中，Yang 等 [123] 在置信框架下扩展了模糊规则，并提出了置信规则这一新的知识表示形式。置信规则结构已成功应用于临床病例评估 [124]、故障诊断 [125]、新产品评估 [126,127] 等多个领域。

在本章中，将使用置信规则结构在置信函数框架中扩展 FRBCS。与模糊规则相比，置信规则的结论部分采用置信分布的形式，可以更灵活地描述训练数据中存在的不确定性。另外，在置信规则结构中引入特征的权重，以描述分类中不同特征的重要性差异。因此，置信规则结构更适合于对包含各种不确定信息的复杂分类系统进行建模。基于置信规则结构，本章提出了一种基于置信规则的分类系统（belief rule-based classification system, BRBCS）[128]，可以将其视为置信函数框架下 FRBCS 的扩展。在 BRBCS 中，首先发展了一种基于数据驱动的置信规则库（belief rule base, BRB）构建方法，该方法可以基于训练数据自动生成规则，而无需先验知识。然后，基于置信函数理论设计了一种置信推理方法（belief reasoning method, BRM），实现基于构建的置信规则库对输入样本进行的分类。

为了应对实际应用中经常出现的数据噪声，在置信规则库的构建和置信推理方法的设计中均进行了针对性处理。一方面，通过融合分配给对应的前提模糊区域的所有样本，获得置信规则库中每个规则的结论部分，这种处理方法可以有效减少噪声数据对规则结论部分的影响。另一方面，在置信推理方法中，通过融合激活样本所有规则的结论部分来获得输入样本的分类结果，通过融合处理的这一步骤，可以进一步降低分类错误的风险。

本章的内容安排如下：2.2 节重点介绍不可靠数据鲁棒置信规则分类系统，包括置信规则结构、基于数据驱动的置信规则库构建和置信推理方法；在 2.3 节中，将基于真实数据通过三个实验评估和分析该方法的分类正确率、鲁棒性和时间复杂度；最后，2.4 节总结本章的主要内容。

2.2　不可靠数据鲁棒置信规则分类系统

考虑到置信函数理论在不确定信息建模和推理中的优势，本节将在置信函数框架内扩展传统的 FRBCS 并提出 BRBCS。如图 2.1 所示，提出的 BRBCS 主要包括两个部分：BRB 和 BRM 。BRB 构造特征空间和类别空间之间的输入输出关系，BRM 提供一种推理机制，可以根据构造的 BRB 对输入样本进行分类。首先，在 2.2.1 小节，介绍用于数据分类的置信规则结构；其次，在 2.2.2 小节，发展一种基于训练数据自动生成 BRB 的方法；最后，在 2.2.3 小节，设计一种鲁棒的置信推理方法实现对输入样本的分类。

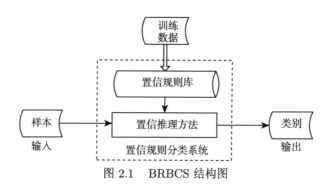

图 2.1　BRBCS 结构图

2.2.1　置信规则结构

公式 (1.33) 所示的基本模糊规则的结构相对简单。在结论部分中，结果仅分配给一个类别，而在前提部分中，每个特征都被视为同等重要。为了解决这两个问题，引入了以下两个概念。

(1) **结论置信分布**：对于复杂的分类问题，可以用置信分布的形式描述规则的结论部分，即将规则的结果分配给具有不同置信度的多个类别。对于一个 M 个类别的分类问题，每一个类别的置信度为 $\beta_i\ (i=1,2,\cdots,M)$，则规则的结论部分可以表示为如下的置信分布形式：$\{(\omega_1, \beta_1), (\omega_2, \beta_2), \cdots, (\omega_M, \beta_M)\}$。

(2) **特征权重**：在实际的分类问题中，不同的特征在确定分类结果时可能会有很大的差异。因此，有必要为每个特征分配一个权重以表示重要性的差异。

将上面两个因素引入到模糊规则结构中，对于一个 M 个类别、P 个特征的分类问题，可以得到如下用于数据分类的置信规则结构。

置信规则 R^q：

如果 x_1 是 A_1^q 且 $\cdots$ 且 x_P 是 A_P^q，则结果为 $\boldsymbol{C}^q = \{(\omega_1, \beta_1^q), \cdots, (\omega_M, \beta_M^q)\}$，
规则权重为 θ^q，特征权重为 $\delta_1, \cdots, \delta_P$，$q = 1, 2, \cdots, Q$

$$\text{(2.1)}$$

式中，$\beta_m^q\ (m = 1, 2, \cdots, M)$ 是第 q 个规则分配给类别 ω_m 的置信度。在置信规则结构中，规则的结论部分可以是不完整的，即 $\sum\limits_{m=1}^{M} \beta_m^q < 1$，剩余置信 $1 - \sum\limits_{m=1}^{M} \beta_m^q$ 代表的是该规则对于结果的全局不确定度。规则权重 $\theta^q\ (0 \leqslant \theta^q \leqslant 1)$ 描述了规则 R^q 的置信度。特征权重 $\delta_1, \cdots, \delta_P\ (0 \leqslant \delta_1, \cdots, \delta_P \leqslant 1)$ 描述了确定分类结果时不同特征的重要性差异。

注 2.1　与模糊规则相比，置信规则在处理复杂的分类问题时具有明显的优势。首先，在置信规则的结构中，以置信分布的形式描述结论部分。一方面，置信规则可以更精确地描述复杂的输入输出映射，前提部分的任何细微变化都可以反映在结论部分中；另一方面，通过引入置信函数理论，可以更好地对不确定信息建模。此外，通过引入特征权重，可以很好地反映出不同特征对于分类结果的重要性差别，这对于高维分类非常重要。简而言之，与模糊规则相比，置信规则更灵活，更具表现力，因此其更适合于复杂的分类问题。

2.2.2　基于数据驱动的置信规则库构建

使用 BRBCS 处理分类问题的主要任务是基于训练数据构建置信规则库，以描述特征空间和类别空间之间的输入输出关系。如公式 (2.1) 所示，每个置信规则由四个部分组成：前提部分、结论部分、规则权重和特征权重。由于置信规则的前提部分与模糊规则的前提部分相同，因此可以基于相同的方法进行构造。接下来，集中讨论后三个部分的构建。

1. 结论部分生成

在置信规则结构中，结论部分以置信分布的形式描述。在本节中，基于置信函数理论，提出以下方法来生成结论的置信度。

类似于在模糊规则中生成结论部分的方法，首先，每个训练样本都需要通过公式 (1.34) 计算 $\boldsymbol{x}_i\ (i = 1, 2, \cdots, N)$ 与不同前提部分 $\boldsymbol{A}^q$ 的匹配度 $\mu_{\boldsymbol{A}^q}(\boldsymbol{x}_i)$。

在 FRBCS 中，将具有最大匹配度的训练样本的类别直接指定为规则的结论部分。但是，在训练数据中存在噪声的情况下，这种结论生成方法具有很大的风险。在 BRBCS 中，融合分配给规则前提模糊区域的所有训练样本，以生成具有置信分布的结论部分。

辨识框架是基于置信函数理论进行建模和推理的基础。对于该分类问题，类别集合 $\Omega = \{\omega_1, \cdots, \omega_M\}$ 可以看作辨识框架。令 $\mathcal{T}^q$ 代表分配给前提模糊区域 $\boldsymbol{A}^q$ 的训练样本集。对于任一训练样本 $\boldsymbol{x}_i \in \mathcal{T}^q$，其类别 $\text{Class}(\boldsymbol{x}_i) = \omega_m$ 可以看作是支持 ω_m 为相对应规则结论部分的一个证据。但是，考虑到训练样本的不确定性，该证据并不完全可信。在置信函数框架下，这个证据可以解释为只将一部分置信（由匹配度 $\mu_{\boldsymbol{A}^q}(\boldsymbol{x}_i)$ 表示）分配给 ω_m。另外，由于 $\text{Class}(\boldsymbol{x}_i) = \omega_m$ 所代表的证据没有指向任何其他类别，因此将剩余置信度分配给辨识框架 Ω，用来表征全局不确定性。基于以上分析，可将这个证据用下面的 mass 函数 m_i^q 来表示：

$$\begin{cases} m_i^q(\{\omega_m\}) = \mu_{\boldsymbol{A}^q}(\boldsymbol{x}_i) \\ m_i^q(\Omega) = 1 - \mu_{\boldsymbol{A}^q}(\boldsymbol{x}_i) \\ m_i^q(A) = 0, \quad \forall A \in 2^\Omega \setminus \{\Omega, \{\omega_m\}\} \end{cases} \tag{2.2}$$

式中，$0 < \mu_{\boldsymbol{A}^q}(\boldsymbol{x}_i) \leqslant 1$。

对于集合 $\mathcal{T}^q$ 中所有的其他训练样本，可以用相同的方式构造由其类别和匹配程度确定的一系列 mass 函数。为了获得前提部分 $\boldsymbol{A}^q$ 所对应规则的结论部分，可将这些 mass 函数基于 Dempster 组合规则进行融合。如公式 (2.2) 所示，每个 mass 函数都是简单 mass 函数，即除了辨识框架 Ω 外只包含一个焦元。考虑到待组合 mass 函数的特殊结构，可以大大减少 Dempster 组合规则的计算，并可以用以下解析形式表示：

$$\begin{cases} m^q(\{\omega_m\}) = \dfrac{1}{1 - K^q} \left(1 - \prod_{\boldsymbol{x}_i \in \mathcal{T}_m^q} (1 - \mu_{\boldsymbol{A}^q}(\boldsymbol{x}_i)) \right) \prod_{r \neq m} \prod_{\boldsymbol{x}_i \in \mathcal{T}_r^q} (1 - \mu_{\boldsymbol{A}^q}(\boldsymbol{x}_i)), \\ \qquad m = 1, 2, \cdots, M \\ m^q(\Omega) = \dfrac{1}{1 - K^q} \prod_{r=1}^M \prod_{\boldsymbol{x}_i \in \mathcal{T}_r^q} (1 - \mu_{\boldsymbol{A}^q}(\boldsymbol{x}_i)) \end{cases}$$

$$\tag{2.3}$$

式中，$\mathcal{T}_m^q$ 代表的是集合 $\mathcal{T}^q$ 中所有类别为 ω_m 的样本构成的集合。总冲突值 K^q 由公式 (2.4) 进行计算：

$$K^q = 1 + (M - 1) \prod_{r=1}^M \prod_{\boldsymbol{x}_i \in \mathcal{T}_r^q} (1 - \mu_{\boldsymbol{A}^q}(\boldsymbol{x}_i)) - \sum_{m=1}^M \prod_{r \neq m} \prod_{\boldsymbol{x}_i \in \mathcal{T}_r^q} (1 - \mu_{\boldsymbol{A}^q}(\boldsymbol{x}_i)) \tag{2.4}$$

因此，规则 R^q 的结论部分中各类别的置信度为

$$
\begin{cases}
\beta_m^q = m^q(\{\omega_m\}), & m = 1, 2, \cdots, M \\
\beta_\Omega^q = m^q(\Omega)
\end{cases}
\tag{2.5}
$$

式中，β_Ω^q 表示未分配给任一单独类别的置信度。

注 2.2   在 FRBCS 中，规则的结论由具有最大匹配度的训练样本确定。在 BRBCS 中，规则的结论考虑了分配给规则前提模糊区域的所有训练样本的类别信息，并根据匹配程度量化了不同训练样本在融合中的贡献值。因此，该方法可以减少数据噪声对分类结果的影响。

2. 规则权重生成

在数据挖掘领域，人们经常使用置信度（confidence）和支持度（support）这两个度量对关联规则进行评估[129,130]。公式 (2.1) 所示的置信规则 R^q 可以写成如下的关联规则形式：$\boldsymbol{A}^q \Rightarrow \boldsymbol{C}^q$。与标准关联规则相比，置信规则的特殊性在于前提部分由模糊逻辑表示，结论部分由置信分布表示。在本节中，基于置信度和支持度的概念提出以下规则权重生成方法。

置信度是对关联规则的准确性的衡量[130]。对于置信规则而言，其结论部分 $\boldsymbol{C}^q$ 是通过融合所有来源于前提模糊区域 $\boldsymbol{A}^q$ 所包含的训练样本的证据获得的。如果这些证据之间有较大的冲突（如这些证据分配最大的置信度给不同的类别），那么结论部分就具有较低的准确性。在置信函数框架中，有多种度量证据之间冲突的模型[131,132]。在这里，采用 Dempster 组合规则中的冲突因子，该冲突因子用 $\kappa = \sum\limits_{B \cap C = \varnothing} m_1(B) m_2(C)$ 来度量。基于上述分析，置信规则 R^q 的置信度可以表示为

$$
c(R^q) = 1 - \overline{K^q}
\tag{2.6}
$$

式中，$0 \leqslant \overline{K^q} \leqslant 1$ 为平均冲突因子，由下式计算：

$$
\overline{K^q} =
\begin{cases}
0, & |\mathcal{T}^q| = 1 \\
\dfrac{1}{|\mathcal{T}^q|(|\mathcal{T}^q| - 1)} \sum\limits_{\boldsymbol{x}_i, \boldsymbol{x}_j \in \mathcal{T}^q; i < j} \sum\limits_{B \cap C = \varnothing} m_i^q(B) m_j^q(C), & \text{其他}
\end{cases}
\tag{2.7}
$$

式中，$|\mathcal{T}^q|$ 代表的是分配给前提模糊区域 $\boldsymbol{A}^q$ 的训练样本数目。

相对于置信度而言，用支持度来度量关联规则更具有代表性[130]。为了生成置信规则，假设有 N 个训练样本可用。但对于某一置信规则 R^q 而言，实际只用到了分配给其前提模糊区域 $\boldsymbol{A}^q$ 的那一部分训练样本。因此，置信规则 R^q 的支

持度可以表示为

$$s(R^q) = \frac{|\mathcal{T}^q|}{N} \tag{2.8}$$

如上所述，置信度和支持度从两个不同的角度描述了置信规则的权重，因此应该综合考虑这两个因素。一方面，如果置信规则 R^q 具有较高的置信度，但支持度较低（如仅将一个训练样本分配给前提模糊区域 $\boldsymbol{A}^q$），应当降低规则的权重，因为规则的结论部分很容易受到数据噪声的影响；另一方面，如果置信规则 R^q 具有较高的支持度，但置信度较低（如大量训练样本分配给前提模糊区域 $\boldsymbol{A}^q$，但它们的类别差异很大），规则的权重同样应该受到折扣，因为这种情况下前提模糊区域 $\boldsymbol{A}^q$ 所对应的很可能是类别重叠区域。考虑到置信度和支持度都与置信规则的权重成正比，使用二者的乘积运算来描述置信规则的权重，即

$$\theta^q \propto c(R^q)s(R^q) \tag{2.9}$$

经过归一化处理，可以得到如下的置信规则权重：

$$\theta^q = \frac{c(R^q)s(R^q)}{\max\limits_{q}\{c(R^q)s(R^q), q = 1, 2, \cdots, Q\}}, \quad q = 1, 2, \cdots, Q \tag{2.10}$$

3. 特征权重生成

在置信规则结构中，特征权重反映了前提特征对规则结论影响的相对程度。换句话说，权重较高的前提特征应对规则的结论部分产生更大的影响。因此，可以通过前提特征和结论部分之间的相关性来描述特征权重。在本节中，提出以下基于相关性分析的特征权重生成方法。

假设对于特征 A_p $(p = 1, 2, \cdots, P)$ 有 n_p 个模糊划分 $\{A_{p,1}, A_{p,2}, \cdots, A_{p,n_p}\}$。基于这 n_p 个模糊划分，将前面构造的具有 Q 个置信规则的规则库划分为 n_p 个子规则库 B_k，$k = 1, 2, \cdots, n_p$，其中每个子规则库 B_k 由前提特征 A_p 取值为模糊划分 $A_{p,k}$ 的所有置信规则组成，即

$$B_k = \left\{ R^q \mid A_p^q = A_{p,k}, q = 1, 2, \cdots, Q \right\}, \quad k = 1, 2, \cdots, n_p \tag{2.11}$$

然后，对于每个子规则库 B_k，应用加权平均算子对其包含的所有规则的结论部分进行融合：

$$\begin{cases} m_k(\{\omega_m\}) = \dfrac{1}{\sum\limits_{R^q \in B_k} \theta^q} \sum\limits_{R^q \in B_k} \theta^q \beta_m^q, \quad m = 1, 2, \cdots, M \\[6mm] m_k(\{\Omega\}) = \dfrac{1}{\sum\limits_{R^q \in B_k} \theta^q} \sum\limits_{R^q \in B_k} \theta^q \beta_\Omega^q \end{cases} \tag{2.12}$$

式中，β_m^q $(m = 1, 2, \cdots, M)$ 和 β_Ω^q 为由公式 (2.5) 计算所得的置信规则 R^q 的结论置信度；θ^q 为由公式 (2.10) 计算所得的置信规则 R^q 的权重。

用基于前提特征 A_p 取不同值时相对应的结论部分的变化量来表征二者间的相关度。当 A_p 的取值从 $A_{p,k}$ 变为 $A_{p,k+1}$，$k = 1, 2, \cdots, n_p - 1$ 时，相应结论部分的变化为

$$\Delta C_{p,k} = d_{\mathrm{J}}(m_k, m_{k+1}) \tag{2.13}$$

式中，d_{J} 为公式 (1.17) 定义的 Jousselme 距离度量。在 k 从 1 到 $n_p - 1$ 取值过程中，结论部分变化的平均值为

$$\Delta C_p = \frac{\sum_{k=1}^{n_p-1} \Delta C_{p,k}}{n_p - 1} \tag{2.14}$$

将 ΔC_p 定义为前提特征 A_p 与结论部分之间的相关度，即 $\mathrm{CF}_p = \Delta C_p$。

基于同样的方法，可以得到所有 P 个特征与结论部分之间的相关度 CF_p，$p = 1, 2, \cdots, P$。最终，特征 A_p 的权重 δ_p 可以由归一化的相关度来表示，即

$$\delta_p = \frac{\mathrm{CF}_p}{\max_p \{\mathrm{CF}_p, p = 1, 2, \cdots, P\}}, \quad p = 1, 2, \cdots, P \tag{2.15}$$

2.2.3　置信推理方法

在 FRBCS 中，对于输入样本的分类采用的是单优胜推理方法。然而，当训练样本中含有大量噪声时，有可能产生一些不可靠的规则，这种情形下使用单优胜推理方法将非常冒险。在本节中，提出一种鲁棒的置信推理方法，其主要思想是计算输入样本与激活的规则之间的关联度；然后，将关联度视为证据的可靠性，并将所有激活规则的结论部分在置信函数框架中进行融合。

1. 关联度计算

令 $\boldsymbol{y} = (y_1, y_2, \cdots, y_P)$ 为待分类的输入样本。首先，计算输入样本与构造的置信规则库中的每个规则之间的匹配度 $\mu_{\boldsymbol{A}^q}(\boldsymbol{y})$：

$$\mu_{\boldsymbol{A}^q}(\boldsymbol{y}) = \sqrt[P]{\prod_{p=1}^{P} \left[\mu_{A_p^q}(y_p)\right]^{\delta_p}}, \quad q = 1, 2, \cdots, Q \tag{2.16}$$

式中，$\mu_{A_p^q}$ 为前提模糊集 A_p^q 对应的隶属度函数；δ_p 为由公式 (2.15) 计算所得的第 p 个特征的权重。

注 2.3 在公式 (2.16) 中，每个特征对匹配程度的贡献与其权重呈正相关。特别地，当 $\delta_p = 0$ 时，有 $\left[\mu_{A_p^q}(y_p)\right]^{\delta_p} = 1$，即权重为 0 的特征对于匹配度的计算不起任何作用；当 $\delta_p = 1$ 时，有 $\left[\mu_{A_p^q}(y_p)\right]^{\delta_p} = \mu_{A_p^q}(y_p)$，即权重为 1 的特征对于匹配度计算的影响最大。

令 $\mathcal{S}$ 为置信规则库中 Q 个规则的集合，$\mathcal{S}' \subseteq \mathcal{S}$ 表示所有被输入样本 $\boldsymbol{y}$ 激活的规则的集合，即

$$\mathcal{S}' = \{R^q \mid \mu_{\boldsymbol{A}^q}(\boldsymbol{y}) \neq 0, q = 1, 2, \cdots, Q\} \tag{2.17}$$

置信规则 $R^q \in \mathcal{S}'$ 的结论部分对于输入样本 $\boldsymbol{y}$ 分类的有效性由两个因素决定：匹配度和规则权重。匹配度反映了输入样本落入规则的前提模糊区域的可能性，而规则权重描述了规则结论部分的可靠性。将匹配度和规则权重的联合作用称为关联度，计算如下：

$$\alpha^q = \mu_{\boldsymbol{A}^q}(\boldsymbol{y})\theta^q, \quad \forall R^q \in \mathcal{S}' \tag{2.18}$$

2. 置信框架下推理

在 2.2.3 小节中，给出了输入样本 $\boldsymbol{y}$ 与被激活规则的结论部分之间的关联度计算方法。本质上，关联度表征的是被激活规则的结论部分对于输入样本 $\boldsymbol{y}$ 分类的有效性。因此，在融合所有激活规则的结论部分时，有必要考虑关联度的差异。在置信框架下，通常使用公式 (1.16) 中所示的 Shafer 折扣运算来处理不完全可靠的证据。将公式 (2.18) 计算所得的关联度 α 看作证据的可靠度，对每个被激活规则的结论部分进行如下折扣处理：

$$\begin{cases} {}^\alpha m(\{\omega_m\}) = \alpha\beta_m, \quad m = 1, 2, \cdots, M \\ {}^\alpha m(\Omega) = \alpha\beta_\Omega + (1 - \alpha) \end{cases} \tag{2.19}$$

基于所有 $|\mathcal{S}'| = L$ 个被激活规则，应用公式 (2.19) 可以得到 L 个 mass 函数 ${}^\alpha m_i$，$i = 1, 2, \cdots, L$。

为了获得输入样本 $\boldsymbol{y}$ 的分类结果，需要将上述折扣后的 L 个 mass 函数进行 Dempster 组合规则融合。考虑到要组合的每个 mass 函数的焦元都是单元素（辨识框架 Ω 除外），Dempster 组合规则的计算复杂度可以降低为线性复杂度，并且可以写成以下递归形式：

$$\begin{cases} m_{I(i+1)}(\{\omega_q\}) = K_{I(i+1)}\big[m_{I(i)}(\{\omega_q\}){}^\alpha m_{i+1}(\{\omega_q\}) + m_{I(i)}(\Omega){}^\alpha m_{i+1}(\{\omega_q\}) \\ \qquad\qquad + m_{I(i)}(\{\omega_q\}){}^\alpha m_{i+1}(\Omega)\big], \quad q = 1, 2, \cdots, M \\ m_{I(i+1)}(\Omega) = K_{I(i+1)}\big[m_{I(i)}(\Omega){}^\alpha m_{i+1}(\Omega)\big] \\ K_{I(i+1)} = \left[1 - \sum_{j=1}^{M}\sum_{p=1, p\neq j}^{M} m_{I(i)}(\{\omega_j\}){}^\alpha m_{i+1}(\{\omega_p\})\right]^{-1}, \\ \qquad i = 1, 2, \cdots, L-1 \end{cases} \tag{2.20}$$

式中，$m_{I(i)}$ 代表前 i 个 mass 函数的融合结果。递归的初始值设置如下：$m_{I(1)}(\{\omega_q\}) = {}^\alpha m_1(\{\omega_q\}), q = 1, 2, \cdots, M, m_{I(1)}(\Omega) = {}^\alpha m_1(\Omega)$。当递归标志 i 达到 $L-1$ 时，便得到了最终的融合结果 $m_{I(L)}(\{\omega_q\})$，$q = 1, 2, \cdots, M$，以及 $m_{I(L)}(\Omega)$。

基于上面融合后的 mass 函数 $m_{I(L)}$，可以使用最大 Pignistic 概率规则做出最终决策，即输入样本 $\boldsymbol{y}$ 被指派为具有最大 Pignistic 概率的类别。

注 2.4　对于恶劣的工作环境中的一些分类问题，如战场目标识别，训练数据可能包含很多噪声。尽管 2.2.2 小节中设计的置信规则生成方法可以减少噪声数据的负面影响，但在极端噪声条件下仍会生成一些不可靠的规则。本节中提出的置信推理方法通过融合输入样本激活的所有规则来获得最终分类结果。与单优胜推理方法相比，置信推理方法可以进一步降低分类错误的风险。

2.3　实　验　分　析

在本节中，使用加州大学尔湾分校（University of California - Irvine, UCI）机器学习数据库的 20 个标准测试数据集，基于三个不同的实验，全面评估 BR-BCS 的分类性能。在第一个实验中，使用原始数据集来评估 BRBCS 的分类准确性；在第二个实验中，对原始数据集施加不同程度的噪声以评估其鲁棒性；在第三个实验中，分析基于 BRBCS 分类的时间复杂度。

2.3.1　实验设置

实验所采用数据集的主要特征信息如表 2.1 所示。其中，对于数据集 Cancer、Diabetes 和 Pima，删除了其中特征值缺失的样本。对所有的数据集，采用 B 折交叉验证（B-fold cross-validation, B-CV）的方法分析分类效果，即每个数据集被平均分为 B 份，其中的 $B-1$ 份作为训练数据而剩余的一份作为测试数据。在本实验中采用 5-CV 方式，对于每一个数据集进行 5 次测试并取平均结果。

表 2.1　实验所采用数据集的主要特征信息

名称	样本数	特征数	类别数
Banknote	1372	4	2
Breast	106	9	6
Cancer[a]	683	9	2
Diabetes[a]	393	8	2
Ecoli	336	7	8
Glass	214	9	6
Haberman	306	3	2
Iris	150	4	3
Knowledge	403	5	4
Letter	20000	16	26
Liver	345	6	2
Magic	19020	10	2

续表

名称	样本数	特征数	类别数
Pageblocks	5473	10	4
Pima[a]	336	8	2
Satimage	6435	36	6
Seeds	210	7	3
Transfusion	748	4	2
Vehicle	846	18	4
Vertebral	310	6	3
Yeast	1484	8	10

a 删除了其中特征值缺失的样本。

对于第一个和第三个实验，可以直接使用上述原始数据进行测试；对于第二个实验，需要将额外的噪声施加于数据集。一般来说，数据集中样本的噪声可以分为两类：类别噪声和特征噪声[119,133,134]。其中，类别噪声是指样本被标记为错误的类别。在实际过程中，有许多因素可能导致类别噪声，如误干扰、测量设备故障、手动标记错误等。相应的特征噪声是样本的某些特征值偏离正常范围，通常是由于在恶劣的工作环境下设备的测量误差较大所致。基于以上分析，在第二个实验中，考虑了两种不同的噪声场景（即类别噪声和特征噪声）来评估 BRBCS 的鲁棒性。由于原始数据集中数据的噪声级别未知，因此使用人工机制施加噪声影响，以便可以手动控制噪声级别，从而便于进行比较分析。另外，为了在噪声环境中获得分类器的分类精度，仅将噪声施加于训练数据，而测试数据保持不变。对于不同类型的噪声，使用以下不同的方法来引入噪声[133]。

(1) **类别噪声的引入**：对于类别噪声，噪声水平 $x\%$ 表示在训练数据中有 $x\%$ 样本的分类标签是错误的。这些样本的类别在整个类别集中随机取其他值（与原始类别不同）。

(2) **特征噪声的引入**：对于特征噪声，噪声水平 $x\%$ 表示在训练数据中有 $x\%$ 特征分配是错误的。这些特征是根据整个特征范围内的均匀分布随机分配的。

为了评估分类性能，在第一个实验中，使用常规的分类正确率指标；对于第二个实验，除了在不同噪声水平下的分类精度外，还使用另一个指标相对精度损失（relative loss of accuracy, RLA）来描述当噪声水平增加时分类器精度的损失，其定义如下：

$$\mathrm{RLA}_{x\%} = \frac{\mathrm{Acc}_{0\%} - \mathrm{Acc}_{x\%}}{\mathrm{Acc}_{0\%}} \tag{2.21}$$

式中，$\mathrm{Acc}_{0\%}$ 和 $\mathrm{Acc}_{x\%}$ 分别代表基于原始训练数据和基于噪声水平为 $x\%$ 的训练数据的分类正确率。

另外，为了分析不同方法的分类性能差异是否显著，使用非参数统计分析方法进行假设检验。对于基于多个数据集的统计分析，Demšar[135] 和 García 等[136]

建议进行 Friedman 检验和 Bonferroni-Dunn 检验。首先使用 Friedman 检验方法来分析不同方法的分类性能整体上是否有显著差异；如果总体上存在显著差异，则使用 Bonferroni-Dunn 检验将提出的分类方法与其他方法进行比较。在所有的假设检验中，设置显著水平 $\alpha = 0.05$。

2.3.2　分类正确率评估

在本实验中，对提出的 BRBCS 与经典的 FRBCS[64]、扩展的基于模糊规则的分类系统（extend fuzzy rule-based classification system, EFRBCS）[74] 和扩展的置信规则库（extend belief rule base, EBRB）[75] 的分类正确率进行对比分析。表 2.2 给出了用于分类正确率评估的各对比方法的设置。由于缺乏关于测试数据集每个特征的模糊划分的先验知识，使用模糊网格方法对特征空间进行划分。在这种方法中，只需要指定模糊划分的数量即可。在本实验中，使用三个不同的模糊划分数目 $C = 3, 5, 7$ 进行对比。

表 2.2　用于分类正确率评估的各对比方法的设置

方法	设置			
	规则结构	推理方法	隶属度函数	模糊划分数目
FRBCS	公式 (1.33)	单优胜方法	三角隶属度	$C = 3, 5, 7$
EFRBCS	公式 (1.36)	加性组合方法	三角隶属度	$C = 3, 5, 7$
EBRB	公式 (1.38)	加性组合方法	三角隶属度	$C = 3, 5, 7$
BRBCS	公式 (2.1)	置信推理方法	三角隶属度	$C = 3, 5, 7$

表 2.3 给出了各方法在不同模糊划分下的分类正确率，括号中的数字表示每种方法分类精度的排名，各数据集下的最高正确率用下划线标注。从实验结果可以看出，本章提出的 BRBCS 可以对大多数数据集获得较高的分类精度，并且总体上具有最高的平均分类正确率。

为了对实验结果进行统计对比，首先使用 Friedman 检验方法分析各方法的分类正确率整体上是否有显著差异。表 2.4 给出了不同模糊划分下各方法分类正确率的 Friedman 检验（ $\alpha = 0.05$ ）。从表中可以看出，在每一模糊划分下，Friedman 统计量 $\mathcal{F}_F$ 均明显超过了相应的阈值，即不同方法的分类正确率整体上有显著差异。然后使用 Bonferroni-Dunn 检验方法对 BRBCS 与其他方法分别进行对比分析。表 2.5 给出了不同模糊划分下其他方法分类正确率的 Bonferroni-Dunn 检验（ $\alpha = 0.05$ ）。从表中可以看出，基于 $p < \alpha/(k-1)$，Bonferroni-Dunn 检验拒绝了所有的相等假设，即 BRBCS 与其他方法相比，在任一模糊划分下分类正确率均有显著的提升。

表 2.3　各方法在不同模糊划分下的分类正确率

数据集	C = 3				C = 5				C = 7			
	FRBCS	EFRBCS	EBRB	BRBCS	FRBCS	EFRBCS	EBRB	BRBCS	FRBCS	EFRBCS	EBRB	BRBCS
Banknote	94.23(4)	95.33(3)	98.16(1)	96.42(2)	94.53(4)	97.59(1)	96.13(3)	97.15(2)	99.05(3)	99.64(2)	97.08(4)	99.71(1)
Breast	58.57(4)	66.10(2)	65.33(3)	68.33(1)	62.38(4)	67.38(3)	69.24(2)	73.57(1)	59.52(4)	63.33(3)	69.24(2)	70.38(1)
Cancer	90.00(4)	90.44(3)	92.44(2)	95.82(1)	91.82(3)	92.00(2)	91.47(4)	96.74(1)	89.32(4)	91.82(3)	93.59(1)	92.47(2)
Diabetes	67.95(4)	68.56(2)	68.21(3)	69.67(1)	73.08(3)	71.54(4)	73.21(2)	77.82(1)	75.28(2)	75.44(1)	73.67(4)	74.05(3)
Ecoli	76.12(3)	77.79(2)	71.49(4)	78.34(1)	86.57(2)	82.39(3)	81.19(4)	88.06(1)	85.16(2)	84.00(4)	84.49(3)	86.57(1)
Glass	66.05(3)	61.38(4)	66.67(2)	69.04(1)	72.94(1)	68.57(3)	67.00(4)	71.84(2)	67.14(1)	64.57(2)	63.29(4)	64.29(3)
Haberman	67.13(4)	71.80(2)	72.79(1)	68.85(3)	69.18(3)	71.80(2)	62.95(4)	72.46(1)	70.16(3)	71.80(2)	63.77(4)	73.44(1)
Iris	92.67(4)	93.00(3)	95.33(1)	93.67(2)	95.33(2)	94.67(3)	92.00(4)	96.33(1)	96.33(2)	95.67(3)	90.00(4)	96.67(1)
Knowledge	83.25(3)	80.25(4)	86.75(2)	87.25(1)	91.00(3)	82.75(4)	92.75(2)	93.75(1)	83.50(3)	85.00(1)	80.25(4)	84.75(2)
Letter	92.05(3)	94.44(2)	91.92(4)	95.60(1)	90.50(4)	94.12(2)	92.86(3)	95.15(1)	89.32(4)	91.46(3)	93.68(1)	93.00(2)
Liver	56.52(3)	55.65(4)	60.29(1)	59.42(2)	63.07(3)	64.87(2)	58.84(4)	66.52(1)	66.39(3)	66.84(2)	60.00(4)	68.22(1)
Magic	79.55(4)	82.75(2)	82.12(3)	84.96(1)	82.44(2)	81.38(3)	81.06(4)	85.32(1)	76.28(4)	79.45(3)	81.55(2)	82.14(1)
Pageblocks	89.34(4)	95.58(2)	91.63(3)	96.03(1)	90.41(4)	92.67(3)	94.87(2)	95.42(1)	87.89(4)	88.34(3)	90.37(2)	91.67(1)
Pima	64.05(3)	68.10(2)	61.18(4)	69.93(1)	65.36(4)	72.16(2)	71.10(3)	74.71(1)	63.40(4)	66.33(1)	64.10(3)	64.75(2)
Satimage	86.45(4)	87.78(3)	90.65(2)	91.15(1)	82.83(4)	84.36(3)	91.48(1)	89.04(2)	79.38(4)	82.65(3)	89.97(1)	84.56(2)
Seeds	79.52(4)	82.38(3)	85.90(2)	87.00(1)	88.57(3)	90.00(2)	84.76(4)	90.48(1)	86.67(3)	87.30(2)	81.90(4)	88.57(1)
Transfusion	71.81(4)	76.24(2)	75.57(3)	76.51(1)	77.84(2)	76.24(3)	71.68(4)	80.84(1)	78.52(2)	77.72(3)	73.47(4)	83.89(1)
Vehicle	60.36(4)	64.50(3)	69.64(2)	70.91(1)	60.36(4)	66.44(3)	67.45(2)	68.25(1)	57.99(4)	62.72(3)	65.99(2)	66.30(1)
Vertebral	67.42(4)	72.90(2)	69.03(3)	73.87(1)	82.26(3)	83.74(2)	77.29(4)	86.77(1)	81.29(2)	79.71(3)	78.06(4)	84.84(1)
Yeast	48.51(3)	47.30(4)	49.32(2)	56.62(1)	56.32(3)	57.77(2)	52.70(4)	58.53(1)	55.81(1)	53.73(4)	53.95(3)	54.05(2)
平均排名	3.65	2.70	2.40	1.25	3.05	2.60	3.20	1.15	2.95	2.55	3.00	1.50

表 2.4　不同模糊划分下各方法分类正确率的 Friedman 检验（$\alpha = 0.05$）

划分数目	统计量 $\mathcal{F}_{\mathrm{F}}$	阈值	结论
$C = 3$	27.005	2.490	拒绝
$C = 5$	21.000	2.490	拒绝
$C = 7$	7.798	2.490	拒绝

表 2.5　不同模糊划分下其他方法分类正确率的 Bonferroni-Dunn 检验（$\alpha = 0.05$）

划分数目	对比方法	统计量 p	阈值 $\alpha/(k-1)^*$	结论
$C = 3$	FRBCS	4.13×10^{-9}	0.0167	拒绝
	EFRBCS	3.83×10^{-4}	0.0167	拒绝
	EBRB	0.0048	0.0167	拒绝
$C = 5$	FRBCS	3.26×10^{-6}	0.0167	拒绝
	EFRBCS	3.83×10^{-4}	0.0167	拒绝
	EBRB	5.13×10^{-7}	0.0167	拒绝
$C = 7$	FRBCS	3.83×10^{-4}	0.0167	拒绝
	EFRBCS	0.0101	0.0167	拒绝
	EBRB	2.39×10^{-4}	0.0167	拒绝

* k 为参与对比的方法总数。

此外，为了分析模糊划分数量对分类精度的影响，在表 2.3 中对每个数据集都标出了最高的分类正确率。可以看出，分类精度并不总是随着模糊划分数量的增加而增加。特别是对于那些具有大量特征的数据集，由于训练样本数量有限，过多的模糊划分可能会导致生成规则的可靠性降低，从而影响整体分类性能。此外，将在 2.3.4 小节中看到，更多的模糊划分通常会导致更多的计算量。因此，在实际应用中，对于特征数目较小（$M < 10$）的数据集，建议使用模糊划分数目 $C = 5$；对于具有大量特征（$M \geqslant 10$）的数据集，建议使用模糊划分数目 $C = 3$ 来获得分类精度和计算量之间的权衡。

2.3.3　分类鲁棒性评估

在本实验中，对提出的 BRBCS 在噪声环境下的分类鲁棒性进行对比分析。除了经典的 FRBCS[64] 外，还考虑下面的两种鲁棒分类方法。

(1) C4.5[79]：C4.5 是基于决策树的常见分类方法。在决策树构建过程中，可以通过减少分支来抑制一部分噪声数据。

(2) **BagC4.5**[133]：BagC4.5 是基于 C4.5 的多分类器系统。主要思想是通过对原始训练数据进行重采样来构造多个子分类器，最后，对多个子分类器的分类结果进行融合。因此，与 C4.5 相比，其噪声抑制能力进一步增强。

表 2.6 给出了用于分类鲁棒性评估的各对比方法的设置。在本实验中，分别对这些方法在不同水平（NL $= 10\%, 20\%, 30\%, 40\%, 50\%$）的类别噪声和特征噪声条件下的分类性能进行测试。

表 2.6　　用于分类鲁棒性评估的各对比方法的设置

方法	设置
FRBCS	若特征数目 $M < 10$，则 $C = 5$，否则 $C = 3$；三角隶属度函数
C4.5	置信水平 $c = 0.25$；每个叶节点最少样本数 $i = 2$
BagC4.5	重采样次数 $T = 10$；多数投票融合方法
BRBCS	若特征数目 $M < 10$，则 $C = 5$，否则 $C = 3$；三角隶属度函数

图 2.2 显示了各方法在不同类别噪声水平下的分类正确率。可以看出，对于大多数数据集，本章提出的 BRBCS 在任何噪声水平下均能获得良好的分类结果。为了更清楚地显示不同方法对类别噪声进行分类的鲁棒性，表 2.7 显示了每种分类方法在不同类别噪声水平下的 RLA。括号中的数字代表每种分类方法的鲁棒性的排名（越小的 RLA 意味着越高的鲁棒性）。

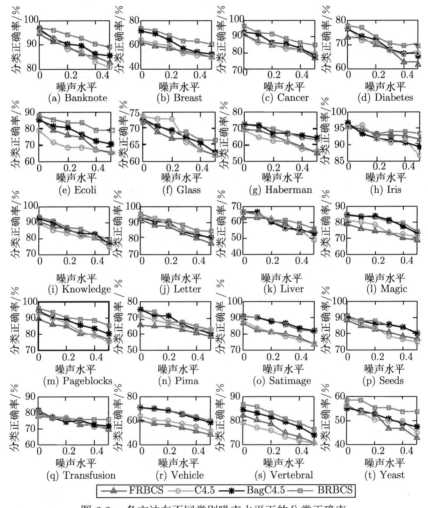

图 2.2　　各方法在不同类别噪声水平下的分类正确率

表 2.7　每种分类方法在不同类别噪声水平下的 RLA

（单位：%）

数据集	NL = 10%				NL = 30%				NL = 50%			
	FRBCS	C4.5	BagC4.5	BRBCS	FRBCS	C4.5	BagC4.5	BRBCS	FRBCS	C4.5	BagC4.5	BRBCS
Banknote	2.89(4)	1.40(1)	2.67(3)	1.58(2)	10.04(4)	6.40(2)	8.78(3)	5.71(1)	26.34(4)	15.13(2)	16.32(3)	14.74(1)
Breast	6.41(4)	3.75(2)	4.93(3)	3.34(1)	17.33(2)	22.63(4)	13.87(1)	17.80(3)	32.52(4)	29.61(3)	25.14(2)	24.40(1)
Cancer	5.19(4)	2.64(3)	2.50(2)	1.07(1)	11.27(4)	9.47(3)	8.69(2)	6.48(1)	23.12(4)	21.50(3)	11.10(1)	14.57(2)
Diabetes	12.28(4)	5.00(3)	3.27(1)	3.86(2)	14.04(4)	11.67(3)	9.97(2)	7.74(1)	15.79(3)	38.33(4)	14.50(2)	10.28(1)
Ecoli	6.93(4)	3.77(2)	4.07(3)	1.69(1)	16.71(2)	37.74(4)	18.34(3)	8.47(1)	22.41(2)	45.28(4)	29.83(3)	15.24(1)
Glass	5.48(2)	9.22(3)	9.85(4)	4.08(1)	16.45(3)	20.07(4)	14.98(2)	8.26(1)	26.05(3)	29.56(4)	18.99(2)	17.78(1)
Haberman	1.47(1)	3.34(3)	4.85(4)	2.72(2)	13.98(3)	8.27(1)	17.57(4)	11.77(2)	24.41(4)	19.25(2)	22.61(3)	16.29(1)
Iris	3.11(2)	4.20(4)	3.53(3)	2.89(1)	6.57(2)	19.23(4)	10.03(3)	1.73(1)	23.88(3)	38.46(4)	17.30(2)	13.50(1)
Knowledge	3.85(2)	7.04(4)	5.66(3)	3.47(1)	10.45(3)	9.86(2)	11.05(4)	8.53(1)	22.25(3)	25.35(4)	21.70(2)	20.00(1)
Letter	6.06(4)	3.46(3)	1.74(1)	2.26(2)	12.86(4)	10.26(2)	12.03(3)	9.09(1)	28.69(4)	27.97(3)	23.31(2)	22.23(1)
Liver	5.79(2)	8.70(3)	10.87(4)	4.51(1)	15.53(3)	15.22(2)	17.40(4)	15.03(1)	14.98(1)	17.39(3)	18.37(4)	17.04(2)
Magic	5.22(3)	5.97(4)	3.88(2)	3.49(1)	16.40(4)	15.27(3)	9.41(1)	9.94(2)	25.46(4)	25.38(3)	13.64(1)	15.89(2)
Pageblocks	4.09(2)	4.78(4)	3.33(1)	4.63(3)	10.99(3)	14.60(4)	9.05(2)	8.93(1)	20.04(2)	23.61(4)	20.99(3)	16.16(1)
Pima	3.00(2)	3.67(4)	3.25(3)	2.68(1)	9.00(3)	8.26(2)	6.96(1)	12.10(4)	24.30(3)	30.28(4)	17.06(2)	12.60(1)
Satimage	4.49(3)	5.13(4)	2.76(1)	3.16(2)	12.79(3)	17.30(4)	8.27(1)	12.10(2)	28.28(4)	25.62(3)	16.73(1)	19.40(2)
Seeds	5.91(3)	6.72(4)	4.23(1)	5.26(2)	11.29(1)	19.03(3)	19.58(4)	15.29(2)	37.63(4)	32.77(3)	31.67(2)	28.95(1)
Transfusion	1.71(3)	0.59(1)	0.25(1)	3.71(4)	6.00(2)	8.89(3)	10.85(4)	4.95(1)	49.91(4)	47.01(3)	12.68(2)	8.24(1)
Vehicle	8.10(4)	3.66(3)	2.88(1)	3.26(2)	17.67(3)	16.52(2)	18.62(4)	12.70(1)	28.76(4)	25.07(2)	28.20(3)	23.85(1)
Vertebral	7.45(4)	6.09(3)	4.32(2)	1.11(1)	20.00(4)	19.34(3)	14.68(2)	10.78(1)	37.26(4)	32.54(3)	30.39(2)	22.60(1)
Yeast	6.14(4)	0.83(1)	4.10(2)	4.22(3)	17.34(4)	12.03(3)	11.30(2)	9.91(1)	24.41(3)	27.95(4)	15.89(2)	13.33(1)
平均排名	3.05	3.00	2.25	1.70	3.05	2.90	2.60	1.45	3.35	3.25	2.20	1.20

为了对实验结果进行统计对比,首先使用 Friedman 检验方法分析各方法的 RLA 整体上是否有显著差异。表 2.8 给出了不同噪声水平下各方法 RLA 的 Friedman 检验($\alpha = 0.05$)。从表中可以看出,在每一类别噪声水平下,Friedman 统计量 $\mathcal{F}_F$ 明显高于相应的阈值,也就是说,不同方法的 RLA 整体上有着显著差异。然后使用 Bonferroni-Dunn 检验方法对 BRBCS 与其他方法分别进行对比分析。表 2.9 给出了不同噪声水平下的 p 统计量以及与显著水平 $\alpha = 0.05$ 相对应的阈值 $\alpha/(k-1)$。从表中可以看出,除了类别噪声水平 NL = 10% 时的 BagC4.5 方法外,基于 $p < \alpha/(k-1)$,Bonferroni-Dunn 检验拒绝了其他所有的相等假设。这表示只有 BagC4.5 在类别噪声水平 NL = 10% 时的 RLA 与 BRBCS 没有显著差异。随着类别噪声水平的增加,其他方法所对应的 p 统计量变得越来越小。也就是说,在高噪声水平下,RLA 的差异更大,这表明在高噪声环境下,BRBCS 具有更好的鲁棒性。

表 2.8　不同噪声水平下各方法 **RLA** 的 **Friedman** 检验($\alpha = 0.05$)

噪声水平	统计量 $\mathcal{F}_F$	阈值	结论
NL = 10%	6.3672	2.490	拒绝
NL = 30%	8.7372	2.490	拒绝
NL = 50%	30.096	2.490	拒绝

表 2.9　不同噪声水平下的 p 统计量以及与显著水平 $\alpha = 0.05$ 相对应的阈值 $\alpha/(k-1)$

噪声水平	对比方法	统计量 p	阈值 $\alpha/(k-1)^*$	结论
	FRBCS	9.44×10^{-4}	0.0167	拒绝
NL = 10%	C4.5	0.0015	0.0167	拒绝
	BagC4.5	0.1779	0.0167	**接受**
	FRBCS	8.88×10^{-5}	0.0167	拒绝
NL = 30%	C4.5	3.83×10^{-4}	0.0167	拒绝
	BagC4.5	0.0048	0.0167	拒绝
	FRBCS	1.39×10^{-7}	0.0167	拒绝
NL = 50%	C4.5	5.13×10^{-7}	0.0167	拒绝
	BagC4.5	0.0143	0.0167	拒绝

* k 为参与对比的方法总数。

图 2.3 显示了各方法在不同特征噪声水平下的分类正确率。对于大多数数据集，本章提出的 BRBCS 在任何特征噪声水平下均能获得良好的分类结果。为了更清楚地显示不同方法对特征噪声的鲁棒性，表 2.10 显示了每种分类方法在不同特征噪声水平下的 RLA。

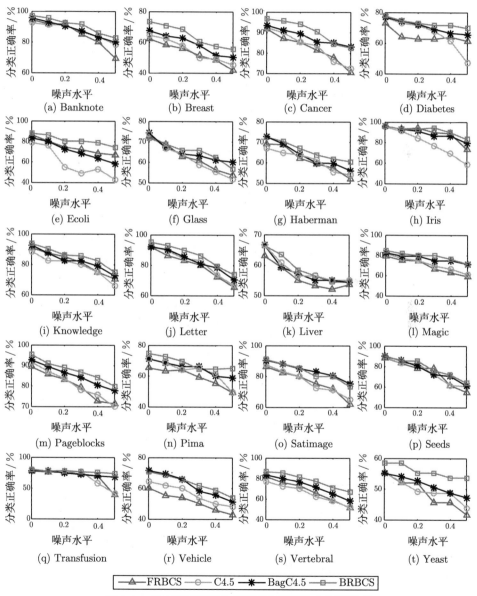

图 2.3　各方法在不同特征噪声水平下的分类正确率

表 2.10　每种分类方法在不同特征噪声水平下的 RLA

（单位：%）

数据集	NL = 10%				NL = 30%				NL = 50%			
	FRBCS	C4.5	BagC4.5	BRBCS	FRBCS	C4.5	BagC4.5	BRBCS	FRBCS	C4.5	BagC4.5	BRBCS
Banknote	3.44(3)	2.71(2)	4.06(4)	1.05(1)	8.79(4)	8.53(3)	7.02(2)	4.62(1)	12.48(3)	15.60(4)	11.40(2)	8.27(1)
Breast	5.34(4)	4.48(3)	3.33(2)	2.26(1)	12.34(1)	16.79(3)	20.00(4)	13.91(2)	20.46(2)	21.42(3)	26.67(4)	17.99(1)
Cancer	4.91(3)	5.52(4)	1.17(1)	4.38(2)	8.81(3)	9.63(4)	7.95(1)	8.38(2)	16.22(4)	12.78(2)	15.94(3)	12.44(1)
Diabetes	0.36(1)	6.67(4)	3.92(3)	1.15(2)	7.20(1)	12.23(4)	11.03(3)	9.39(2)	14.04(4)	12.23(2)	13.27(3)	9.39(1)
Ecoli	8.62(3)	9.44(4)	4.69(2)	2.82(1)	13.78(4)	13.21(3)	10.72(2)	5.09(1)	24.14(4)	17.63(3)	17.35(2)	10.18(1)
Glass	5.48(4)	1.08(1)	3.07(3)	1.30(2)	8.23(3)	10.58(4)	7.70(2)	4.08(1)	15.08(3)	16.00(4)	14.03(2)	7.53(1)
Haberman	0.38(1)	6.22(4)	0.79(2)	1.59(3)	11.19(4)	10.15(3)	7.56(2)	7.35(1)	20.62(4)	18.20(3)	11.28(1)	12.90(2)
Iris	0.70(1)	1.77(3)	3.45(4)	1.39(2)	2.45(2)	4.90(3)	5.52(4)	2.08(1)	3.85(2)	9.09(4)	7.59(3)	2.78(1)
Knowledge	3.85(3)	4.69(4)	2.14(1)	2.66(2)	9.26(2)	9.40(3)	9.89(4)	7.99(1)	14.84(1)	16.73(3)	17.15(4)	15.13(2)
Letter	4.00(4)	0.73(1)	2.64(2)	3.31(3)	9.34(3)	8.58(2)	9.44(4)	7.28(1)	16.21(4)	14.36(3)	13.35(2)	11.56(1)
Liver	0.33(1)	2.17(4)	1.55(3)	0.67(2)	5.79(1)	15.22(3)	15.51(4)	7.72(2)	12.68(1)	26.09(4)	20.22(3)	15.68(2)
Magic	3.55(4)	1.77(3)	1.30(2)	1.01(1)	6.82(3)	9.63(4)	3.58(1)	5.27(2)	12.88(2)	13.63(4)	13.45(3)	12.72(1)
Pageblocks	3.86(3)	2.99(2)	4.55(4)	2.73(1)	10.22(3)	12.43(4)	9.48(2)	7.07(1)	14.07(2)	18.98(4)	15.24(3)	11.15(1)
Pima	1.00(1)	3.67(3)	5.22(4)	1.14(2)	4.18(1)	9.28(2)	12.28(4)	9.89(3)	10.70(1)	12.09(2)	19.50(4)	16.17(3)
Satimage	4.85(3)	5.20(4)	0.90(1)	1.02(2)	7.63(3)	11.01(4)	4.74(1)	6.14(2)	14.93(3)	16.03(4)	9.91(1)	10.41(2)
Seeds	4.30(4)	4.08(3)	3.04(2)	2.63(1)	8.60(3)	12.70(4)	5.66(1)	5.98(2)	13.28(3)	16.79(4)	11.92(2)	10.84(1)
Transfusion	1.84(2)	0.85(1)	5.71(4)	5.35(3)	7.05(3)	4.33(1)	7.80(4)	6.19(2)	10.70(3)	9.40(2)	12.02(4)	6.19(1)
Vehicle	4.82(3)	5.29(4)	1.30(1)	2.06(2)	10.40(4)	10.12(3)	7.99(2)	6.47(1)	20.00(4)	19.58(3)	17.34(2)	15.34(1)
Vertebral	2.58(4)	2.13(3)	1.18(1)	1.68(2)	9.02(4)	7.35(3)	6.03(1)	6.95(2)	13.88(4)	10.61(1)	12.40(3)	12.08(2)
Yeast	6.14(4)	5.71(3)	1.94(2)	0.22(1)	17.34(4)	12.03(3)	8.14(2)	5.52(1)	24.41(4)	20.40(3)	14.17(2)	8.20(1)
平均排名	2.80	3.00	2.40	1.80	2.80	3.15	2.50	1.55	2.90	3.10	2.65	1.35

基于类似的统计分析方式，首先使用 Friedman 检验来分析每种方法的 RLA 在整体上是否存在显著差异。表 2.11 给出了不同特征噪声水平下的 Friedman 统计量 $\mathcal{F}_F$ 以及与显著水平 $\alpha = 0.05$ 相对应的阈值。从表中可以看出，在每个特征噪声水平下，Friedman 统计量 $\mathcal{F}_F$ 均明显高于相应的阈值，也就是说，不同方法的 RLA 整体上显著不同。然后使用 Bonferroni-Dunn 检验将 BRBCS 与其他方法分别进行对比分析。表 2.12 列出了不同特征噪声水平的 p 统计量以及与显著水平 $\alpha = 0.05$ 相对应的阈值 $\alpha/(k-1)$。从表中可以看出，除了特征噪声水平 NL = 10% 和 NL = 30% 时的 BagC4.5 方法外，Bonferroni-Dunn 检验拒绝了其他所有的相等假设。这表示只有 BagC4.5 在特征噪声水平 NL = 10% 和 NL = 30% 时的 RLA 与 BRBCS 没有显著差异，主要是因为较低水平的特征噪声对分类的影响比较小。随着噪声水平的提高，其他方法的 p 统计量越来越小。也就是说，在高特征噪声水平下，RLA 的差异将更加显著，这表明 BRBCS 在高特征噪声环境中表现出更好的鲁棒性。

表 2.11　不同特征噪声水平下的 Friedman 统计量 $\mathcal{F}_F$ 以及与显著水平 $\alpha = 0.05$ 相对应的阈值

特征噪声水平	统计量 $\mathcal{F}_F$	阈值	结论
NL = 10%	3.8365	2.490	拒绝
NL = 30%	7.4993	2.490	拒绝
NL = 50%	11.303	2.490	拒绝

表 2.12　不同特征噪声水平下的 p 统计量以及与显著水平 $\alpha = 0.05$ 相对应的阈值 $\alpha/(k-1)$

特征噪声水平	对比方法	统计量 p	阈值 $\alpha/(k-1)^*$	结论
	FRBCS	0.0143	0.0167	拒绝
NL = 10%	C4.5	0.0033	0.0167	拒绝
	BagC4.5	0.1416	0.0167	**接受**
	FRBCS	0.0022	0.0167	拒绝
NL = 30%	C4.5	8.89×10^{-5}	0.0167	拒绝
	BagC4.5	0.0200	0.0167	**接受**
	FRBCS	1.47×10^{-4}	0.0167	拒绝
NL = 50%	C4.5	1.81×10^{-5}	0.0167	拒绝
	BagC4.5	0.0015	0.0167	拒绝

* k 为参与对比的方法总数。

2.3.4　运行时间分析

在这个实验中，将分析训练样本数量、特征数量和模糊划分数量影响的 BRBCS 的时间复杂度。表 2.13 中显示的数据集覆盖了不同数量的训练样本和不同

表 2.13　BRBCS 在训练阶段和分类阶段（对每个样本进行分类）的平均运行时间

数据集	训练样本数	特征数	$C=3$			$C=5$			$C=7$		
			规则数	训练时间/s	分类时间/s	规则数	训练时间/s	分类时间/s	规则数	训练时间/s	分类时间/s
Banknote	1098	4	30.6	0.166	1.3×10^{-3}	74.4	0.225	2.7×10^{-3}	151.2	0.293	5.2×10^{-3}
Breast	85	9	26	0.025	2.2×10^{-3}	49	0.031	3.3×10^{-3}	61.6	0.047	4.3×10^{-3}
Cancer	547	9	209	0.181	1.4×10^{-2}	267.2	0.209	1.8×10^{-2}	323.2	0.284	2.1×10^{-2}
Diabetes	315	8	80.2	0.091	5.4×10^{-3}	248.8	0.125	1.6×10^{-2}	297.8	0.162	1.8×10^{-2}
Ecoli	269	7	44.8	0.050	2.1×10^{-3}	105.8	0.072	4.4×10^{-3}	178.4	0.094	7.1×10^{-3}
Glass	172	9	39.8	0.053	2.9×10^{-3}	80.4	0.072	5.7×10^{-3}	115.8	0.099	8.2×10^{-3}
Haberman	245	3	17.2	0.029	6.0×10^{-4}	49	0.041	1.4×10^{-3}	82.2	0.047	2.4×10^{-3}
Iris	120	4	14.4	0.025	6.1×10^{-4}	42.6	0.029	1.6×10^{-3}	63	0.031	2.3×10^{-3}
Knowledge	323	5	61.4	0.033	2.4×10^{-3}	120.2	0.041	5.0×10^{-3}	154.2	0.059	6.3×10^{-3}
Letter	16000	16	1354.6	7.025	8.4×10^{-2}	3593	11.963	2.0×10^{-1}	6939	17.708	3.7×10^{-1}
Liver	276	6	42.8	0.053	2.4×10^{-3}	112.6	0.078	5.7×10^{-3}	171.6	0.106	8.2×10^{-2}
Magic	15216	10	346.2	4.034	2.8×10^{-2}	1854.8	5.123	5.7×10^{-2}	4573.2	6.933	8.2×10^{-2}
Pageblocks	4379	10	55.4	0.642	4.7×10^{-3}	162	0.950	1.1×10^{-2}	286.6	1.542	2.2×10^{-2}
Pima	615	8	104.6	0.149	6.9×10^{-3}	190.8	0.231	2.4×10^{-2}	340.8	0.303	3.2×10^{-2}
Satimage	5148	36	1443.2	1.857	1.6×10^{-1}	2046.6	5.997	2.5×10^{-1}	2531.6	6.730	3.1×10^{-1}
Seeds	168	7	53.2	0.041	3.2×10^{-3}	96.8	0.062	5.9×10^{-3}	121.8	0.078	7.7×10^{-3}
Transfusion	599	4	12.6	0.081	5.1×10^{-4}	28.6	0.112	1.1×10^{-3}	56	0.147	2.0×10^{-2}
Vehicle	677	18	288.2	0.374	5.2×10^{-2}	334	0.577	8.0×10^{-2}	370.8	0.633	8.5×10^{-2}
Vertebral	248	6	34	0.049	1.9×10^{-3}	93.2	0.066	4.7×10^{-3}	142.2	0.094	6.9×10^{-3}
Yeast	1188	8	96	0.312	6.6×10^{-3}	208	0.515	1.3×10^{-2}	462	0.608	2.8×10^{-2}

数量的特征（训练样本数从 85 到 16000，特征数从 3 到 36）。对不同的模糊划分数 $C = 3, 5, 7$ 进行测试。数值实验基于 MATLAB™ 软件平台，HP EliteBook 8570p 硬件平台①运行。表 2.13 给出了 BRBCS 在训练阶段和分类阶段（对每个样本进行分类）的平均运行时间。

通过分析表 2.13 中的结果，可以看到 BRBCS 在训练阶段和分类阶段的运行时间主要取决于生成的规则数量。规则越多，意味着训练规则的时间就越长，对输入样本进行分类的时间就越长。因此，可以从训练样本数量、特征数量、模糊划分数量等因素对规则数量影响的角度分析这些因素对 BRBCS 时间复杂度的影响。首先，对于每个数据集，规则数量总是随着模糊划分数量的增加而增加。但是，规则数量的增加并不是无止境的，它将受到训练样本数量的限制。其次，通过比较不同的数据集，可以看出，特征数量的增加通常会导致规则数量的增加。但是，这种趋势也受训练样本数量的影响。例如，尽管数据集 Vehicle 比数据集 Magic 具有更多的特征数，然而在任一模糊划分下，反而生成了较少的规则，主要是由于前者的训练样本较少。总之，随着模糊划分数量和特征数量的增加，BRBCS 的时间复杂度会有一定程度的增加，但是这种趋势会受到可利用的训练样本数量的限制。

2.4　本　章　小　结

为了对复杂的、受噪声影响的分类问题进行处理，本章在置信函数框架下对传统的 FRBCS 进行扩展，提出了一种置信规则分类系统。该系统主要包括两个组成部分：置信规则库和置信推理方法。在置信规则库构建和置信推理方法设计中，对实际应用中可能存在的数据噪声均提出了有针对性的处理方案。实验结果表明，本章提出的 BRBCS 可以获得比其他基于规则的分类方法更高的分类正确率，而且对于训练数据中的类别噪声和特征噪声均具有较好的鲁棒性。可以说，置信规则结构的引入有效增强了基于规则的分类系统的性能。

---

① 硬件配置为 Intel(R) Core(TM) i7 处理器，3.00GHz 频率，8GB 内存。

第 3 章　面向大数据的紧凑置信规则分类

3.1　引　言

第 2 章将传统的模糊规则分类系统在置信函数理论框架内进行扩展，提出了一种置信规则分类系统以处理复杂分类问题中的不精确或不完整信息。其中，规则学习是 BRBCS 构建中最核心的问题。第 2 章给出了一种基于特征空间模糊网格划分和个体训练样本的启发式 BRB 学习方法，得到的 BRB 能够提供特征空间和类别空间之间的精确映射。然而，基于这种方法，较高的样本和特征数量通常会得到较大规模的 BRB，这会导致大数据下产生的规则库过大，从而降低分类模型的可解释性。

基于上述考虑，本章提出了一种基于紧凑置信规则的分类系统（compact belief rule-based classification system, CBRBCS）[137, 138]，以更好地实现准确性和可解释性的折中。首先，基于加权乘积空间聚类的思想设计了一种有监督的证据 C 均值（evidential C-means, ECM）算法[139]，该算法考虑了类标签，可以得到既具有良好的簇间可分离性，又具有簇内纯度的置信划分。其次，提出了一种基于训练集置信划分的置信规则构造方法（由前提部分、结论部分和规则权重组成）。最后，设计了一种基于均方误差和证据划分熵双目标的优化方法，以获得一个在准确性和可解释性之间折中的紧凑 BRB。由于置信规则是基于训练集的置信划分构造的，因此该方法可以大大降低生成规则的数量。

利用合成数据和真实数据开展两组实验来评估所提出的 CBRBCS 的性能。在合成数据测试中，设计一个二维四类合成数据集来说明在不同参数设置下紧凑 BRB 学习的有效性。在实际数据测试中，从 UCI 数据库[140]中选择了 20 个样本、特征和类别的数量差异很大的数据集进行评估。对比的方法包括 BRBCS 以及其他一些具有代表性的分类器，如 k 近邻（k nearest neighbors, k-NN）、C4.5、支持向量机（support vector machine, SVM）和 FRBCS。实验结果表明，对于不同数据条件的多种实际分类任务，所提出的 CBRBCS 能够获得与代表性分类器相当的性能，并且比传统的 BRBCS 在准确性和可解释性之间有更好的折中。因此，对于需要高精度和可解释性的问题，它提供了一种很好的分类方法选择。

本章的内容安排如下：3.2 节具体介绍基于 ECM 的紧凑 BRB 学习方法的思想和实现过程；3.3 节对所提方法进行实验分析；最后，3.4 节对本章工作进行总结。

3.2　基于证据 C 均值的紧凑置信规则库学习

如第 2 章所述,在传统的 BRB 学习方法中,置信规则是基于特征空间的模糊网格划分和训练样本的个体来定义的。这可能导致那些具有大量样本和特征的大数据集产生大量的规则库,从而降低分类模型的可解释性。在本节中提出一种基于聚类技术实现训练集划分的紧凑 BRB 学习方法。这里利用证据 C 均值聚类算法[139] 处理观测数据中存在的不精确和部分信息。图 3.1 给出了基于 ECM 的紧凑 BRB 学习流程图。首先,3.2.1 小节介绍 ECM 算法的基本思想。其次,3.2.2 小节基于加权乘积空间聚类的思想设计一种有监督的 ECM 算法,目的是获得具有良好的簇间可分离性和簇内纯度的置信划分。再次,3.2.3 小节展示如何基于训练集的置信划分构造置信规则库。最后,在 3.2.4 小节中设计一个双目标优化算法,以获得一个紧凑的 BRB,从而实现准确性与可解释性的折中。

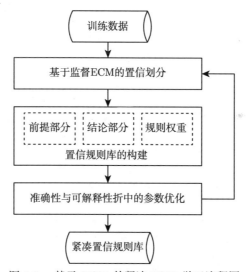

图 3.1　基于 ECM 的紧凑 BRB 学习流程图

3.2.1　证据 C 均值算法

Masson 等[139] 提出了一种从对象数据中导出置信划分的证据 C 均值算法。在该算法中,对象 $\boldsymbol{x}_i$ 的类别隶属度由定义在 $\Omega = \{\omega_1, \omega_2, \cdots, \omega_C\}$ 幂集上的 mass 函数 m_i 表示。那么,可将 N 个观测数据 $\{\boldsymbol{x}_1, \boldsymbol{x}_2, \cdots, \boldsymbol{x}_N\} \in R^P$ 的置信划分定义为 N 元组 $M = (m_1, m_2, \cdots, m_N)$。其提供了一种更广义的划分方式,其中:

(1) 当每个 m_i 是确定 mass 函数时,M 退化为对象数据集的传统硬划分;

(2) 当每个 m_i 是贝叶斯 mass 函数时，M 退化为 Bezdek[141] 所定义的模糊划分。

对于每个对象 $\boldsymbol{x}_i$ 来说，$m_{ij} = m_i(A_j)$ $(A_j \subseteq \Omega, A_j \neq \varnothing)$ 的值是这样确定的：当对象 $\boldsymbol{x}_i$ 和集合 A_j 之间的距离 d_{ij} 为高（低）时，m_{ij} 的值为低（高）。对象 $\boldsymbol{x}_i$ 和集合 A_j 之间的距离由 $d_{ij} = \|\boldsymbol{x}_i - \overline{\boldsymbol{v}}_j\|$ 计算，其中 $\overline{\boldsymbol{v}}_j$ 是构成 A_j 的所有类中心的重心。将 $\boldsymbol{v}_k$ 表示为类 ω_k 的中心，重心 $\overline{\boldsymbol{v}}_j$ 计算如下：

$$\overline{\boldsymbol{v}}_j = \frac{1}{|A_j|} \sum_{k=1}^{C} s_{kj} \boldsymbol{v}_k, \quad \text{其中} \quad s_{kj} = \begin{cases} 1, \omega_k \in A_j \\ 0, \text{其他} \end{cases} \tag{3.1}$$

最后，用于求解大小为 $2^C \times N$ 的置信划分矩阵 M 和大小为 $C \times P$ 的聚类中心矩阵 V 的目标函数如下所示：

$$J_{\text{ECM}}(M, V) = \sum_{i=1}^{N} \sum_{\{j/A_j \subseteq \Omega, A_j \neq \varnothing\}} |A_j|^{\alpha} m_{ij}^{\beta} d_{ij}^2 + \sum_{i=1}^{N} \delta^2 m_{i\varnothing}^{\beta} \tag{3.2}$$

其满足如下约束：

$$\sum_{\{j/A_j \subseteq \Omega, A_j \neq \varnothing\}} m_{ij} + m_{i\varnothing} = 1, \quad \forall i = 1, 2, \cdots, N \tag{3.3}$$

式中，$\beta > 1$ 是控制划分模糊性的加权指数；$\alpha \geqslant 0$ 是控制 Ω 不同子集惩罚程度的加权指数；$\delta > 0$ 是控制异常值的距离；$m_{i\varnothing}$ 代表 $m_i(\varnothing)$，是对象 $\boldsymbol{x}_i$ 的类别不在 Ω 中的置信。该目标函数通过迭代算法求解最小值，该过程交替优化置信划分矩阵 M 和聚类中心矩阵 V。

3.2.2 基于监督证据 C 均值的置信划分

在典型的分类问题中，可利用的数据为 N 个标注的模式 $\mathcal{T} = \{(\boldsymbol{x}_1, c^{(1)}), (\boldsymbol{x}_2, c^{(2)}), \cdots, (\boldsymbol{x}_N, c^{(N)})\}$，其中，输入向量 $\boldsymbol{x}_i \in R^P$，类别标签 $c^{(i)} \in \{c_1, c_2, \cdots, c_M\}$。要求解的问题是基于训练集 $\mathcal{T}$ 对未知模式 $\boldsymbol{y}$ 进行分类。与仅考虑簇间可分离性的无监督聚类问题相比，标注模式的划分还应考虑簇内的纯度。为此，将 N 个标注模式在以下加权乘积空间中进行聚类：

$$\boldsymbol{z} = \boldsymbol{x} \times Wc \tag{3.4}$$

式中，$W \geqslant 0$ 控制聚类过程中类别标签的权重。如果 $W = 0$，则退化为无监督聚类，而当 $W \to \infty$ 时，所得聚类结果与仅利用类别标签直接划分训练集得到的

结果相同。建议使用如下 W 取值来平衡特征值和类别值的影响:

$$W = \sqrt{\frac{\sum\limits_{p=1}^{P} \sigma_p^2}{\sigma_c^2}} \tag{3.5}$$

式中, σ_p^2 是第 p 个特征值的方差, $p = 1, 2, \cdots, P$; σ_c^2 是类别值的方差。

在给定权重 W 和聚类个数 C 的情况下, 上述监督 ECM 聚类算法在加权乘积空间中构造训练集 $\mathcal{T}$ 的置信划分。进一步讨论以下两个实际问题。

(1) **限制置信划分的数量**: 通过最小化公式 (3.2) 所示的目标函数, 可以获得最多 2^C 个置信划分。然而, 那些由许多类组成的置信划分很难解释, 而且在实际中通常也不太重要。因此, 为了学习紧凑的 BRB, 将焦元限制为 Ω 或最多由两个类组成, 从而将置信划分的最大数目从 2^C 减少到 $(C^2 + C)/2 + 2 \triangleq F(C)$。

(2) **丢弃异常点**: 在 ECM 算法中, 分配给空集的训练模式被认为是不利于分类的异常点。因此, 仅基于与非空焦元相关联的 $F(C) - 1$ 个置信划分来构造置信规则。

3.2.3 紧凑置信规则库构建

每个置信规则由三个部分组成, 即前提部分、结论部分和规则权重。接下来将展示如何基于先前获得的训练集的置信划分从这三个方面构建置信规则。

1. 规则前提的生成

从获得的置信划分矩阵 M 中(第 ij 个元素 $m_{ij} \to [0,1]$ 是数据 $\boldsymbol{x}_i$ 隶属于第 j 个划分的隶属度)可以提取置信规则前提部分的模糊集。一维前提模糊集 A_p^j 可从多维置信划分矩阵 M 上通过点投影[142] 到前提特征空间 x_p 上获得, $p = 1, 2, \cdots, P$:

$$\mu_{A_p^j}(x_{ip}) = \text{proj}_p(m_{ij}) \tag{3.6}$$

利用上述逐点定义的隶属度, 可以近似构造模糊集 A_p^j 的连续隶属度函数 $\mu_{A_p^j}(x)$。构造过程中可以使用不同类型的隶属度函数, 如三角形、梯形或高斯函数。在本章中选择以下形式的高斯隶属函数:

$$\mu_{A_p^j}(x) = f(x; \overline{v}_{jp}, \sigma_{jp}) = \mathrm{e}^{-\frac{(x - \overline{v}_{jp})^2}{2\sigma_{jp}^2}} \tag{3.7}$$

式中, $\overline{v}_{jp}$ 是按公式 (3.1) 计算的平均值; σ_{jp} 是待估计的标准方差。

这样, 对于每个置信划分 j, $j = 1, 2, \cdots, F(C) - 1$, 就可以用高斯隶属函数在前提特征上定义一系列模糊集 $A_1^j, A_2^j, \cdots, A_P^j$, 最终构成置信规则 R^j 的前提部分。

2. 规则结论的生成

基于置信划分矩阵 M, 通过将每个模式分配给置信最大的划分, 可以将训练集 $\mathcal{T}$ 划分为 $F(C) - 1$ 组:

$$\mathcal{T}^j = \{(\boldsymbol{x}_i, c^{(i)})|m_{ij} = \max_k m_{ik}, i = 1, 2, \cdots, N\}, \quad j = 1, 2, \cdots, F(C) - 1 \quad (3.8)$$

训练子集 $\mathcal{T}^j$, $j = 1, 2, \cdots, F(C) - 1$, 定义了训练集 $\mathcal{T}$ 的硬置信划分[139]。下面将结合子集 $\mathcal{T}^j$ 中模式的类别信息, 导出置信规则 R^j 的结论部分。

首先, 对于任一模式 $\boldsymbol{x}_i \in \mathcal{T}^j$, 利用几何平均算子计算其与置信规则 R^j 前提部分的匹配度:

$$\mu_{\boldsymbol{A}^j}(\boldsymbol{x}_i) = \sqrt[P]{\prod_{p=1}^{P} \mu_{A_p^j}(x_{ip})} \quad (3.9)$$

式中, $\mu_{A_p^j}$ 是公式 (3.7) 中定义的模糊集 A_p^j 的隶属函数。

其次, 假设模式 $\boldsymbol{x}_i$ 的类别标签为 c_k, 该标签在类别集 $\mathcal{C}$ 中取值, 这可以被视为支持 c_k 为结论类别的一个证据。但是, 这一证据并不完全确定。在置信函数理论中, 可以表示为仅将置信的一部分 (由匹配度 $\mu_{\boldsymbol{A}^j}(\boldsymbol{x}_i)$ 度量) 分配给 c_k。因为 $\mathrm{Class}(\boldsymbol{x}_i) = c_k$ 并不指向任何其他特定类别, 所以其余置信应分配给代表全局未知的辨识框架 $\mathcal{C}$。因此, 该证据可以用 mass 函数 $m^j(\cdot|\boldsymbol{x}_i)$ 表示:

$$\begin{cases} m^j(\{c_k\}|\boldsymbol{x}_i) = \mu_{\boldsymbol{A}^j}(\boldsymbol{x}_i) \\ m^j(\mathcal{C}|\boldsymbol{x}_i) = 1 - \mu_{\boldsymbol{A}^j}(\boldsymbol{x}_i) \\ m^j(A|\boldsymbol{x}_i) = 0, \quad \forall A \in 2^{\mathcal{C}} \setminus \{\mathcal{C}, \{c_k\}\} \end{cases} \quad (3.10)$$

最后, 将 $\mathcal{T}^j$ 中所有模式相对应的 mass 函数进行组合, 以得出置信规则 R^j 的结论类别。由于来自不同标注模式的证据是独立收集的, 因此可以使用 Dempster 组合规则进行融合以获得最终的类别隶属度, 即

$$m^j = \bigoplus_{\boldsymbol{x}_i \in \mathcal{T}^j} m^j(\cdot|\boldsymbol{x}_i) \quad (3.11)$$

注意到除了辨识框架 $\mathcal{C}$ 外, 所有的证据都只有一个焦元, 因此, Dempster 组合规则的计算是非常高效的。规则 R^j 的结论类别置信度表示为 $\beta_k^j = m^j(\{c_k\}), k = 1, 2, \cdots, M$。

3. 规则权重的生成

在 BRBCS 中，规则权重基于置信度和支持度这两个概念导出，这两个概念通常用于评估数据挖掘领域中的关联规则的有效性。置信度是一个规则可靠性的度量，定义为

$$c(R^j) = 1 - \overline{K^j} \tag{3.12}$$

式中，$0 \leqslant \overline{K^j} \leqslant 1$ 是平均冲突系数，衡量用于构建规则 R^j 结论部分的证据之间的冲突：

$$\overline{K^j} = \begin{cases} 0, & |\mathcal{T}^j| = 1 \\ \dfrac{1}{|\mathcal{T}^j|(|\mathcal{T}^j| - 1)} \displaystyle\sum_{\substack{\boldsymbol{x}_p, \boldsymbol{x}_q \in \mathcal{T}^j; \\ c(p) \neq c(q)}} \mu_{\boldsymbol{A}^j}(\boldsymbol{x}_p)\mu_{\boldsymbol{A}^j}(\boldsymbol{x}_q), & \text{其他} \end{cases} \tag{3.13}$$

式中，$|\mathcal{T}^j|$ 代表第 j 个硬置信划分中训练模式的个数。

支持度表示规则覆盖样本的程度，定义为覆盖样本的数量与总数量之比：

$$s(R^j) = \frac{|\mathcal{T}^j|}{N} \tag{3.14}$$

基于上述两个度量，最后导出规则权重为

$$\theta^j = \frac{c(R^j)s(R^j)}{\max\limits_{j}\{c(R^j)s(R^j), j = 1, 2, \cdots, F(C) - 1\}}, \quad j = 1, 2, \cdots, F(C) - 1 \tag{3.15}$$

3.2.4　准确性与可解释性折中的参数优化

在上述 BRB 学习过程中，聚类数目 C 在分类模型的准确性和可解释性方面起着关键作用。多的聚类数量意味着多的规则，通常会导致较高的分类准确性，但会降低模型的可解释性。因此需要搜索最佳的聚类数目，以在准确性与可解释性之间取得折中。

一方面，要获得具有较高准确性的模型，应尽量减少以下留一法检验均方误差（mean squared error, MSE）：

$$\text{MSE} = \frac{1}{N} \sum_{i=1}^{N} \sum_{j=1}^{M} (P^{(i)}(\{\omega_j\}) - t_j^{(i)})^2 \tag{3.16}$$

式中，$P^{(i)}(\{\omega_j\})$，$j = 1, 2, \cdots, M$，是训练模式 $\boldsymbol{x}^{(i)}$ 的置信推理结果的输出；$t_j^{(i)}$，$j = 1, 2, \cdots, M$，是二值指示变量，如果训练模式 $\boldsymbol{x}^{(i)}$ 的实际标签为 ω_j，则 $t_j^{(i)} = 1$，否则，$t_j^{(i)} = 0$。

另一方面，为了得到一个具有高可解释性的模型，需要尽量减少规则的数目，或者等价地减少聚类的数目。但是，为了保证聚类的有效性，聚类数目不能太小。为了评估模糊划分的有效性，一些学者[143-146] 提出了多种聚类有效性度量指标。其中最具代表性的是模糊划分熵（fuzzy partition entropy, FPE）[147]，定义为

$$\text{FPE} = \frac{1}{N \log_2 C} \sum_{i=1}^{N} \sum_{j=1}^{C} \mu_{ij} \log_2 \frac{1}{\mu_{ij}} \tag{3.17}$$

式中，μ_{ij} 是第 j 个簇中第 i 个样本的隶属度。在 $C = 2, 3, \cdots, C_{\max}$ 条件下，通过最小化 FPE 得到最佳聚类数目 C。

从上述基于模糊划分熵的有效性指标得到启发，在置信函数框架下使用相似的熵定义来评价置信划分的有效性。置信函数框架中熵的定义是近年来的一个研究热点[148-150]。一个代表性的定义是 Pal 等[151] 提出的综合熵（aggregated entropy, AE），其定义为

$$\text{AE}(m) = \sum_{A \in \mathcal{F}(m)} m(A) \log_2 \frac{|A|}{m(A)} \tag{3.18}$$

式中，$\mathcal{F}(m)$ 表示 m 个焦元的集合。该熵测度可以进一步分解为两项之和：

$$\text{AE}(m) = \sum_{A \in \mathcal{F}(m)} m(A) \log_2 |A| + \sum_{A \in \mathcal{F}(m)} m(A) \log_2 \frac{1}{m(A)} \tag{3.19}$$

第一项是非特异性度量，它反映了 m 的不精确度，而第二项则反映了 m 的不一致性，可以看作是冲突的度量。因此，当将置信分配给少量势较小的焦元时，$\text{AE}(m)$ 将趋于较小值。

尽管上述 AE 度量是针对常规 mass 函数定义的（即 $m(\varnothing) = 0$），但可以通过将空集的势定义为 C 来扩展到本章中考虑的非常规 mass 函数。实际上，与赋予 Ω 的 mass 函数类似，赋予空集的 mass 函数对应于最大不确定性的情况[152]。那么置信划分熵（evidential partition entropy, EPE）可定义为平均 AE：

$$\text{EPE} = \frac{1}{N \log_2 C} \sum_{i=1}^{N} \sum_{A \in \mathcal{F}(m_i)} m_i(A) \log_2 \frac{|A|}{m_i(A)} \tag{3.20}$$

当所有模式都赋给单子集 $\varnothing, \omega_1, \omega_2, \cdots, \omega_C$ 时，EPE 取下界值 0；当 $m_i(A) \propto |A|$ 时，EPE 取最大值。还应注意，当每个 m_i 都是贝叶斯 mass 函数时，公式 (3.17) 定义的模糊划分熵是置信划分熵的特例。

最后，基于上述两个目标 MSE 和 EPE，定义聚类数目 C 的目标函数：

$$J(C) = \lambda \cdot \text{MSE} + (1 - \lambda) \cdot \text{EPE} \tag{3.21}$$

式中，$\lambda \in [0,1]$ 是表征用户对分类准确性偏好的权重。当 $\lambda = 1$ 时，分类精度是唯一目标；当 $\lambda = 0$ 时，仅保证聚类有效性。在给定权重 λ 情况下，通过最小化上述目标函数，可以获得最佳聚类数目 C，以在准确性与可解释性之间取得更好的折中。

3.3　实　验　分　析

本节通过两组不同类型的实验评估所提出的 CBRBCS 的性能。在第一组实验中，使用一个合成数据集来展示所提方法在受控设置中的性能。在第二组实验中，考虑来自 UCI 数据库[140] 的 20 个真实数据集，目的是证明所提方法能够满足多种实际任务需求。

3.3.1　合成数据集测试

设计了一个二维四类合成数据集来说明紧凑 BRB 学习方法在 CBRBCS 中的应用效果。假设以下正态类条件分布为

Class ω_1:　$\mu_1 = (0,0)^{\text{T}}$, $\Sigma_1 = 2\boldsymbol{I}$;　　Class ω_2:　$\mu_2 = (5,0)^{\text{T}}$, $\Sigma_2 = 2\boldsymbol{I}$;

Class ω_3:　$\mu_3 = (2,5)^{\text{T}}$, $\Sigma_3 = 2\boldsymbol{I}$;　　Class ω_4:　$\mu_4 = (3,5)^{\text{T}}$, $\Sigma_4 = 2\boldsymbol{I}$。

使用相等的先验概率从上述分布中生成 400 个样本，如图 3.2 所示。使用本章方法从该数据集中学习 BRB，并考虑权重 λ 的不同值进行比较。

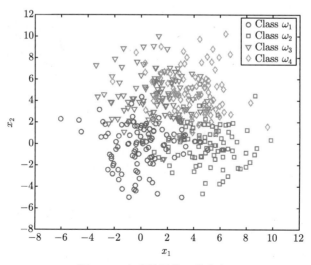

图 3.2　合成数据集二维分布

图 3.3 显示了不同聚类数目（$C = 2, 3, 4, 5, 6$）下学习的 BRB 目标函数 $J(C)$。

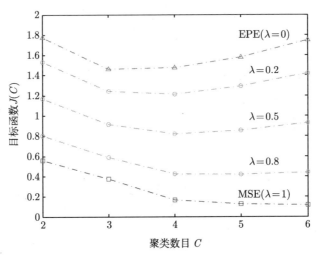

图 3.3   不同聚类数目 C 下学习的 BRB 目标函数 $J(C)$

当权重 $\lambda = 1$ 时，目标函数 $J(C)$ 仅为均方误差测度。可以看出，随着聚类数目（或者等效的规则数）的增加，MSE 逐渐减小。通过最小化均方误差，得到了一个较大规模的 BRB，具有较高的分类精度。相比之下，当权重 $\lambda = 0$ 时，目标函数 $J(C)$ 变为置信划分熵 EPE。当聚类数目等于 3 时，EPE 达到最小值，之后随着聚类数目的增加而增大。通过最小化 EPE 可以得到一个较小规模的 BRB，它具有较高的模型解释能力，但分类精度相对较低。最后，当权重 $0 < \lambda < 1$ 时，目标函数 $J(C)$ 提供了 MSE 和 EPE 之间的折中。从图中可以看出，所考虑的三个权重（$\lambda = 0.2$、0.5 和 0.8）均给出了 $C = 4$ 这一最佳聚类数目，在这种情况下，学习得到的置信规则总数为 $(C^2 + C)/2 + 1 = 11$，分类准确率为 83.55%。

3.3.2   真实数据集测试

本实验选取 UCI 数据库中具有代表性的 20 个真实数据集对所提出的 CBR-BCS 进行性能评估。表 3.1 给出了实验中采用的真实数据集的特征信息。可以看出，所选择的数据集在样本数（从 80 到 12690）、特征数（从 4 到 60）和类别数（从 2 到 11）上均有很大差异。

为了进行实验，考虑 B-折交叉验证模型，即每个数据集分为 B 份，其中 $B - 1$ 份为训练集，其余为测试集。在这里使用 10-CV 模型，即将原始数据集随机分成 10 份，其中 9 份（90%）作为训练集，剩余 1 份（10%）作为测试集。对于每个数据集，考虑 10 份的平均结果。

表 3.1　实验中采用的真实数据集的特征信息

数据集	样本数	特征数	类别数
Australian	690	14	2
Balance	625	4	3
Car	1278	6	4
Contraceptive	1473	9	3
Dermatology[a]	358	34	6
Ecoli	336	7	8
Glass	214	9	6
Hepatitis[a]	80	19	2
Ionosphere	351	33	2
Iris	150	4	3
Lymphography	148	18	4
Nursery	12690	8	5
Page-blocks	5472	10	5
Sonar	208	60	2
Thyroid	7200	21	3
Vehicle	846	18	4
Vowel	990	13	11
Wine	178	13	3
Yeast	1484	8	10
Zoo	101	16	7

a 对于包含缺失值的数据集，将删除具有缺失特征值的样本。

　　本章所提出分类器的性能与传统的 BRBCS[128] 以及其他几种有代表性的分类器进行了比较，包括 k-NN[153]、C4.5[79]、SVM[154] 和 FRBCS[64]。表 3.2 总结了这些比较方法的设置。

表 3.2　比较方法的设置

方法	参数	取值
k-NN	近邻数 k	3
	距离度量	欧氏距离
C4.5	是否修剪	是
	置信水平 c	0.25
	每个叶节点最小样本数 i	2
SVM	核类型	RBF
	惩罚系数 C	100
	核参数 γ	0.01
FRBCS	每个特征的划分数 n	5
	隶属函数类型	三角形
	推理方法	多数投票法
BRBCS	每个特征的划分数 n	5
	隶属函数类型	三角形
	推理方法	置信推理
CBRBCS	势加权指数 α	2
	模糊性加权指数 β	2
	权重 λ	0.5

表 3.3 显示了不同方法对实际数据集的分类准确率。括号中的数字表示每种方法的分类精度排序，最后一行给出了 20 个数据集下的方法精度平均排序。可以看出，BRBCS 和 CBRBCS 这两种置信规则分类方法的性能与经典方法相当。为了在统计上比较分类结果，基于所考虑的数据集对方法的精度进行排序和非参数检验[135,136]。首先，使用 Iman-Davenport 检验来确定不同方法之间是否存在显著差异。Iman-Davenport 统计量（服从自由度为 $k-1=5$ 和 $(k-1)(N-1)=95$ 的 F 分布，其中 k 是参与比较方法的数量，N 是数据集的数量）为 4.99，对于 $\alpha=0.05$ 的显著性水平，相应的临界值为 2.29。鉴于 Iman-Davenport 统计量明显大于临界值，检验拒绝了零假设，因此，所考虑方法的精度之间存在显著差异。然后，应用 Bonferroni-Dunn 检验来比较控制方法（即提出的 CBRBCS）与其他方法。图 3.4 显示了显著性水平 $\alpha=0.05$ 时各方法精度平均排序的 Bonferroni-Dunn 检验结果，在这种情况下，计算出的临界差为 1.52。临界差值用一条较粗的水平线表示，超过这条线的数值是与控制方法结果显著不同的方法。可以看出，所提出的 CBRBCS 比 FRBCS 具有更好的分类性能，并且获得了与传统 BRBCS 相当的分类精度。与支持向量机、C4.5 和 k-NN 等非规则分类器相比，虽然它们之间的分类精度差异不大，但所提出的 CBRBCS 能够提供更具解释性的分类模型。

表 3.3　不同方法对实际数据集的分类准确率

数据集	k-NN	C4.5	SVM	FRBCS	BRBCS	CBRBCS
Australian	88.78 (1)	85.22 (2)	75.51 (6)	79.86 (5)	82.74 (4)	83.90 (3)
Balance	83.37 (5)	76.80 (6)	95.51 (1)	89.60 (4)	92.66 (3)	93.20 (2)
Car	92.31 (6)	92.55 (5)	94.33 (2)	92.78 (4)	95.23 (1)	93.12 (3)
Contraceptive	44.95 (5)	52.68 (2)	55.95 (1)	39.86 (6)	49.15 (3)	48.20 (4)
Dermatology	96.90 (1)	94.42 (2)	94.34 (3)	72.29 (6)	85.12 (5)	93.35 (4)
Ecoli	80.67 (3)	79.47 (4)	81.96 (2)	76.02 (6)	78.34 (5)	82.62 (1)
Glass	70.11 (1)	67.44 (5)	70.00 (2)	66.04 (6)	69.04 (3)	68.15 (4)
Hepatitis	82.51 (3)	84.00 (1)	82.18 (4)	74.41 (6)	76.28 (5)	83.68 (2)
Ionosphere	85.18 (6)	90.90 (3)	92.60 (1)	86.55 (5)	89.11 (4)	91.66 (2)
Iris	94.00 (4)	96.00 (3)	97.33 (1)	93.67 (5)	96.67 (2)	93.33 (6)
Lymphography	77.39 (4)	74.30 (5)	81.27 (1)	72.27 (6)	79.20 (2)	77.90 (3)
Nursery	92.54 (6)	97.30 (1)	93.18 (5)	94.02 (4)	96.05 (2)	94.65 (3)
Page-blocks	95.91 (2)	96.97 (1)	92.36 (5)	91.92 (6)	95.10 (3)	95.28 (3)
Sonar	83.07 (1)	70.07 (5)	78.71 (2)	59.60 (6)	74.80 (3)	73.33 (4)
Thyroid	93.89 (5)	99.63 (1)	93.49 (6)	94.03 (4)	95.04 (2)	94.39 (3)
Vehicle	71.75 (3)	74.69 (1)	52.95 (6)	60.77 (5)	71.95 (2)	70.54 (4)
Vowel	97.78 (1)	81.52 (5)	95.76 (2)	79.90 (6)	93.28 (3)	92.10 (4)
Wine	95.49 (3)	94.90 (4)	89.74 (6)	95.82 (2)	96.14 (1)	94.48 (5)
Yeast	53.17 (5)	55.53 (2)	58.09 (1)	48.51 (6)	54.66 (4)	55.08 (3)
Zoo	92.81 (4)	93.64 (3)	96.50 (1)	85.06 (6)	90.55 (5)	95.30 (2)
平均排序	3.45	3.05	2.90	5.20	3.15	3.25

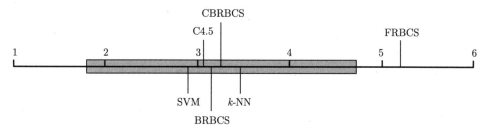

图 3.4　显著性水平 $\alpha = 0.05$ 时各方法精度平均排序的 Bonferroni-Dunn 检验结果

为了评估分类模型的可解释性,表 3.4 给出了实际数据集下 BRBCS 和 CBR-
BCS 生成的规则数量。可以看出,对于所有评估的数据集,所提出的 CBRBCS 生
成的规则数量要少得多。为了更清楚地显示规则缩减性能,在最后一列中还提供
了规则减少率(定义为 $(\#\mathrm{Rule}_{\mathrm{BRBCS}} - \#\mathrm{Rule}_{\mathrm{CBRBCS}})/\#\mathrm{Rule}_{\mathrm{BRBCS}}$)。可以看出,
对于具有大量样本和特征但类别较少的数据集(如 Australian、Car、Contracep-
tive、Ionosphere、Nursery、Sonar、Thyroid、Vehicle),提出的 CBRBCS 实现了更
显著的规则简化性能(规则减少率 $> 90\%$)。其原因是在传统的 BRBCS 中,规则
是基于模糊网格法生成的,在这种情况下,生成的规则数与样本数和特征数均呈
正相关。但是,CBRBCS 中使用的基于聚类的学习方法生成规则的数量仅由数据

表 3.4　实际数据集下 BRBCS 和 CBRBCS 生成的规则数量

数据集	训练样本数	特征数	类别数	规则数		减少率/%
				BRBCS	CBRBCS	
Australian	621	14	2	317	16	94.95
Balance	552	4	3	66	11	83.33
Car	1150	6	4	682	22	96.77
Contraceptive	1326	9	3	233	22	90.56
Dermatology	322	34	6	315	37	88.25
Ecoli	302	7	8	45	37	17.78
Glass	192	9	6	40	22	45.00
Hepatitis	72	19	2	67	7	89.55
Ionosphere	316	33	2	227	11	95.15
Iris	135	4	3	14	11	21.43
Lymphography	133	18	4	129	22	82.95
Nursery	11421	8	5	4238	37	99.13
Page-blocks	4925	10	5	55	22	60.00
Sonar	187	60	2	187	16	91.44
Thyroid	6480	21	3	460	22	95.22
Vehicle	761	18	4	230	16	93.04
Vowel	891	13	11	141	67	52.48
Wine	160	13	3	122	16	86.89
Yeast	1336	8	10	96	56	41.67
Zoo	91	16	7	55	29	47.27

的内在结构确定，这与类别的数量密切相关。因此，与传统的 BRBCS 相比，所提出的 CBRBCS 在准确性与可解释性之间获得了更好的折中（使用更少的规则数就可以得到相当的分类准确性）。

3.4 本 章 小 结

为了克服传统 BRBCS 在大数据集条件下的局限性，本章提出了一种基于 ECM 聚类的紧凑置信规则分类系统。该方法在训练集的置信划分基础上构造置信规则，而不是为训练样本的每个个体定义一条置信规则。基于均方误差和置信划分熵的双目标优化可以成功地找到最优的聚类数目。该方法能够发现数据集的内在结构，并成功地将其转化为置信规则。实验结果表明，与传统方法相比，所提方法可以在准确性与可解释性之间取得更好的折中。此外，与其他非规则分类器相比，该方法在分类准确性上具有很强的竞争力。因此，对于需要高精度和可解释性的分类问题，该方法是一种更好的选择。

第 4 章 数据与知识双驱动的复合置信规则分类

4.1 引　言

第 2 章提出了一种置信规则分类系统，用于处理复杂分类问题中不可靠的训练数据。但实际的分类问题中，除了传感器测量的训练数据外，有时还可以从专家那里获得一些可靠的专家知识来描述分类问题。这两种信息通常是独立且相互补充的，从不同的角度描述要处理的问题。因此，有必要建立一个有效的分类系统，对训练数据和专家知识进行综合处理，并结合两者的优势，以获得更好的分类性能。

为了充分利用训练数据和专家知识，需要找到一个可以同时表达两种信息的模型。IF-THEN 规则是异构信息的良好公共表达模型。首先，可以从训练数据中学习 IF-THEN 规则。其次，专家知识可以容易地以 IF-THEN 规则的形式表达。但是，考虑到实际分类问题中信息的不确定性（如训练数据和专家知识可能是部分可靠的），在本章中，使用置信规则对不确定的训练数据和专家知识进行建模。

基于置信规则的结构，本章提出了基于复合置信规则的分类系统（hybrid belief rule-based classification system, HBRBCS）[92]。该系统可以使用不确定的训练数据和专家知识进行分类。HBRBCS 主要由两部分组成：用于刻画特征空间和类别空间之间输入输出关系的复合置信规则库（hybrid belief rule base, HBRB），以及用于基于构造的 HBRB 对输入样本进行分类的置信推理方法。首先，基于获得的不确定训练数据和专家知识，分别构建数据驱动的置信规则库（data-driven belief rule base, DBRB）和知识驱动的置信规则库（knowledge-driven belief rule base, KBRB）。其次，基于所构建的 DBRB 和 KBRB，提出一种优化的融合框架，将它们组合以生成一个 HBRB，该 HBRB 集成了不确定的训练数据和专家知识。最后，在构造的 HBRB 基础上，使用鲁棒的 BRM 对输入样本进行分类。

本章的内容安排如下：在 4.2 节中，将首先介绍提出的复合置信规则分类系统的总体框架，然后重点介绍基于知识驱动的置信规则库的构建方法和数据与知识双驱动的复合置信规则库的构建方法。在 4.3 节中，基于提出的复合置信规则分类系统处理多源目标识别问题。最后，在 4.4 节中总结本章的主要工作。

4.2 复合置信规则分类系统

由于置信函数理论在不确定信息建模和推理方面存在优势,本节提出了一种复合置信规则分类系统来整合不确定训练数据和专家知识这两种信息进行分类。如图 4.1 所示,提出的 HBRBCS 由两部分组成:HBRB 和 BRM 。HBRB 是基于 DBRB 和 KBRB 构建的。基于数据驱动的置信规则库构建方法和 BRM 在第 2 章中进行了详细描述,在本节中,将主要研究如何通过置信规则结构描述专家知识以及如何将 DBRB 与 KBRB 进行有效融合,并生成一个最佳的 HBRB。

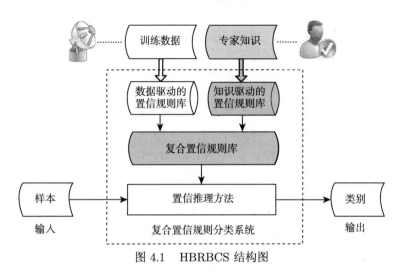

图 4.1 HBRBCS 结构图

4.2.1 基于知识驱动的置信规则库构建

在基于知识的系统(knowledge-based system, KBS)中,知识表示是将专家知识编码为可供使用的知识库的过程。基于不同类型的应用,已经提出了许多知识表示的方案,如逻辑表示、IF-THEN 规则、语义网和结构化框架等[155]。对于 IF-THEN 规则,知识以前提/结论这一因果关系对的形式进行表达,对分类问题中特征空间与类别空间之间的映射关系提供了一种很自然的便于理解的方式。因此,在本节中选择 IF-THEN 规则表示专家知识。对于知识的提取,使用结构化采访[156] 的方式从专家那里获得专家知识,即将所关注的问题分解为一系列结构化的便于专家定量回答的子问题,然后请专家基于自己的知识分别作答。在基于结构化采访的方式提取 IF-THEN 规则过程中,每一个类别相应的前提模糊区域和相应的置信度由专家给出。因此,对于一个 M 个类别,P 个特征的分类问题,专家知识可以表示为下列 IF-THEN 规则:

专家知识 e_j：

如果 x_1 是 $\boldsymbol{A}_1^j$ 且 x_2 是 $\boldsymbol{A}_2^j$ 且 $\cdots$ 且 x_P 是 $\boldsymbol{A}_P^j$，则结果为 ω_j，

置信度为 θ_j，$j = 1, 2, \cdots, M$ 　　　　　　　　　　　　　　　　(4.1)

式中，$\boldsymbol{A}_p^j$ 是第 p 个特征的模糊划分集 $\{A_{p,1}, A_{p,2}, \cdots, A_{p,n_p}\}$ 的子集，$p = 1, 2, \cdots, P$。

对一个 M 个类别的分类问题，可以得到 M 条与上述结构类似的 IF-THEN 规则描述的专家知识。要研究的是如何建立根据专家知识直接用于推理的置信规则库。基于知识驱动的置信规则库（KBRB）的构建主要包括以下两个步骤：首先，将专家知识 $e_j\,(j = 1, 2, \cdots, M)$ 通过枚举所有可能的前提部分，展开转化成置信规则的形式；然后，将具有相同前提部分的置信规则进行组合。

1. 专家知识的展开

在公式 (2.1) 所示的置信规则结构中，每个特征均关联一个单独的模糊划分；而在公式 (4.1) 所示的专家知识中，每个特征均指向一组模糊划分。因此，通过枚举所有可能的前提模糊划分区域，可以将一条专家知识 e_j 展开为一系列具有相同结论部分和规则权重的置信规则，如下所示。

置信规则 R_j^1：　如果 x_1 是 A_1^1 且 x_2 是 A_2^1 且 $\cdots$ 且 x_P 是 A_P^1，则结果为
　　　　　　　 $\boldsymbol{C}^1 = \{(\omega_j, 1)\}$，规则权重为 θ_j
$$\vdots$$

置信规则 R_j^q：　如果 x_1 是 A_1^q 且 x_2 是 A_2^q 且 $\cdots$ 且 x_P 是 A_P^q，则结果为
　　　　　　　 $\boldsymbol{C}^q = \{(\omega_j, 1)\}$，规则权重为 θ_j
$$\vdots$$

置信规则 $R_j^{Q_j}$：　如果 x_1 是 $A_1^{Q_j}$ 且 x_2 是 $A_2^{Q_j}$ 且 $\cdots$ 且 x_P 是 $A_P^{Q_j}$，则结果为
　　　　　　　 $\boldsymbol{C}^{Q_j} = \{(\omega_j, 1)\}$，规则权重为 θ_j

式中，Q_j 是由专家知识 e_j 展开后生成的置信规则的个数，且 $Q_j = \prod\limits_{p=1}^{P} |\boldsymbol{A}_p^j|$。

以相同的方式，将所有的 M 条专家知识 $e_j\,(j = 1, 2, \cdots, M)$ 展开，可以得到总数为 $\sum\limits_{j=1}^{M} Q_j$ 个置信规则。但是，由于不同的类别在特征空间内可能重叠，因此展开后的专家知识可能具有相同的前提部分，但具有不同的结论部分，换句话说，这些规则可能相互冲突。接下来，提出了一种组合方法，通过考虑规则权重来组合冲突规则，以便得到一个结构紧凑的置信规则库。

2. 冲突规则的组合

假设 $R_{j_1}^{q_1}, \cdots, R_{j_{M'}}^{q_{M'}}$ $(2 \leqslant M' \leqslant M)$ 为在专家知识展开过程中产生的 M' 个具有相同前提部分，但是不同结论部分 $\{(\omega_{j_1}, 1)\}, \cdots, \{(\omega_{j_{M'}}, 1)\}$ 的冲突规则。为了获得一个结构紧凑的 KBRB，将这 M' 个冲突规则组合为一个新的规则，新规则的前提部分保持不变，而结论部分则是在置信函数框架下，由这 M' 个冲突规则的结论部分融合而成。

每个冲突规则 $R_{j_m}^{q_m}$ 在置信函数框架下都提供了一个证据，支持其结论部分 ω_{j_m} 作为新融合规则的结论。考虑到该规则具有部分置信度 θ_{j_m}，该证据可以用 mass 函数 m^{q_m} 来表示：

$$\begin{cases} m^{q_m}(\{\omega_{j_m}\}) = \theta_{j_m} \\ m^{q_m}(\Omega) = 1 - \theta_{j_m} \\ m^{q_m}(A) = 0, \quad \forall A \in 2^\Omega \setminus \{\Omega, \{\omega_{j_m}\}\} \end{cases} \tag{4.2}$$

式中，$\Omega = \{\omega_1, \cdots, \omega_M\}$ 为该分类问题的辨识框架。

以相同的方法，通过这 M' 个冲突规则可以构造 M' 个相对应的 mass 函数 $m^{q_1}, \cdots, m^{q_{M'}}$。这些简单 mass 函数可以基于 Dempster 组合规则按下面的解析形式进行组合：

$$\begin{cases} m(\{\omega_{j_m}\}) = \dfrac{\theta_{j_m}}{1-K} \prod_{r \neq m}(1 - \theta_{j_r}), \quad m = 1, 2, \cdots, M' \\ m(\Omega) = \dfrac{1}{1-K} \prod_{r=1}^{M'}(1 - \theta_{j_r}) \end{cases} \tag{4.3}$$

式中，K 为总冲突值，计算如下：

$$K = 1 - \prod_{r=1}^{M'}(1 - \theta_{j_r}) - \sum_{m=1}^{M'} \theta_{j_m} \prod_{r \neq m}(1 - \theta_{j_r}) \tag{4.4}$$

此外，由于在组合过程中已经考虑了 M' 个冲突规则的置信度，因此将新融合的规则的权重赋为 1。换言之，在合并过程中，这 M' 个冲突规则的不确定性被转化为组合后新规则的结论部分。因此，这 M' 个冲突规则可以用一个具有相同前提部分，结论部分为 $\{(\omega_{j_1}, m(\{\omega_{j_1}\})), \cdots, (\omega_{j_{M'}}, m(\{\omega_{j_{M'}}\}))\}$ 的权重为 1 的新规则代替。同样地，通过一系列新的融合规则来替换所有其他冲突规则集，得到一个紧凑的 KBRB 来对分类问题的专家知识进行编码。

4.2.2 数据与知识双驱动的复合置信规则库构建

在 4.2.1 小节中，基于获得的专家知识构建了一个结构紧凑的 KBRB，其提供了一个与 DBRB 相对独立的对分类问题进行描述的方式。为了综合利用来源于不确定训练数据和专家知识的信息进行分类，本节旨在将这两种不同的置信规则库融合成一种新的 HBRB，用于后续的推理过程。

1. DBRB 与 KBRB 的融合

在实际分类问题中，训练数据和专家知识都可能存在不确定性。训练数据的不确定性来自测量噪声或设备故障，而专家知识的不确定性主要是由专家对待处理问题的单方面甚至错误的理解造成的。因此，基于这两种不确定信息的 DBRB 和 KBRB 仅具有部分可靠性。为了构建更有效的 HBRB，需要考虑反映 DBRB 和 KBRB 之间可靠性差异的权重。

引入权重系数 λ $(0 \leqslant \lambda \leqslant 1)$ 表示 DBRB 的权重，而 $1 - \lambda$ 表示 KBRB 的权重。权重系数 λ 在确定最终分类结果中起着重要作用。较大的权重系数意味着最终的分类结果倾向于 DBRB。相反，较小的权重系数使得最终的分类结果倾向于 KBRB。基于上述权重系数的定义，考虑 DBRB 中基于数据的置信规则 R_{D}^{i} $(i = 1, 2, \cdots, Q_{\mathrm{D}})$ 和 KBRB 中基于知识的置信规则 R_{K}^{j} $(j = 1, 2, \cdots, Q_{\mathrm{K}})$ 之间的融合问题。如图 4.2 所示，由于训练数据和专家知识仅提供描述分类问题的部分信息，因此 DBRB 和 KBRB 中的规则可能仅覆盖特征空间中的某些模糊分区。此外，由于训练数据和专家知识之间的相对独立性，由 DBRB 和 KBRB 覆盖的模糊分区区域常常不完全重合。因此，合成 HBRB 中的规则可以分为以下三类：前

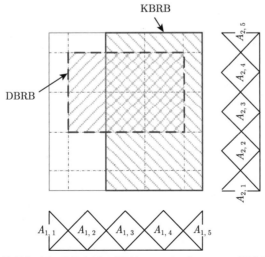

图 4.2 二维特征空间模糊划分区域被 DBRB 和 KBRB 覆盖情况示意图

提部分仅由 DBRB 覆盖的区域、前提部分仅由 KBRB 覆盖的区域与前提部分由 DBRB 和 KBRB 都覆盖的区域。

令 $\mathcal{S} = \{(i,j) \mid R_{\mathrm{D}}^i$ 和 R_{K}^j 有相同的前提部分, $i = 1, 2, \cdots, Q_{\mathrm{D}}, j = 1, 2, \cdots, Q_{\mathrm{K}}\}$, $\mathcal{S}_{\mathrm{D}} = \{i \mid (i,j) \in \mathcal{S}, j = 1, 2, \cdots, Q_{\mathrm{K}}\}$, $\mathcal{S}_{\mathrm{K}} = \{j \mid (i,j) \in \mathcal{S}, i = 1, 2, \cdots, Q_{\mathrm{D}}\}$, 则 HRBB 中规则融合算法如下:

(1) 对于前提部分只被 DBRB 覆盖的规则, 其结论部分保持不变, 规则权重变为 $\lambda\theta^i$, $i \in \{1, 2, \cdots, Q_{\mathrm{D}}\} \setminus \mathcal{S}_{\mathrm{D}}$;

(2) 对于前提部分只被 KBRB 覆盖的规则, 其结论部分保持不变, 规则权重变为 $(1 - \lambda)\theta^j$, $j \in \{1, 2, \cdots, Q_{\mathrm{K}}\} \setminus \mathcal{S}_{\mathrm{K}}$;

(3) 对于前提部分同时被 DBRB 和 KBRB 覆盖的规则, 其规则权重变为 $\lambda\theta^i + (1 - \lambda)\theta^j$, 结论部分由下式计算:

$$m^{ij} = {}^{\lambda}m^i \oplus {}^{(1-\lambda)}m^j, \quad (i,j) \in \mathcal{S} \tag{4.5}$$

式中, ${}^{\lambda}m^i$ 表示对 DBRB 中相应规则的结论部分 m^i 依据权重系数 λ 进行 Shafer 折扣运算; ${}^{(1-\lambda)}m^j$ 表示对 KBRB 中相应规则的结论部分 m^j 依据权重系数 $1 - \lambda$ 进行 Shafer 折扣运算; $\oplus$ 表示 Dempster 组合规则。

定理 4.1   在上述融合算法中, 当权重系数 λ 分别取值为 1 和 0 时, 合成的 HBRB 分别还原为 DBRB 和 KBRB。

证明   假设权重系数 $\lambda = 1$。第一, 对于前提部分只被 DBRB 覆盖的规则, 新的权重 $\lambda\theta^i = \theta^i$, $i \in \{1, 2, \cdots, Q_{\mathrm{D}}\} \setminus \mathcal{S}_{\mathrm{D}}$, 即这部分规则与 DBRB 中相应的规则保持一致。

第二, 对于前提部分只被 KBRB 覆盖的规则, 新的权重 $(1 - \lambda)\theta^j = 0$, $j \in \{1, 2, \cdots, Q_{\mathrm{K}}\} \setminus \mathcal{S}_{\mathrm{K}}$, 即这部分规则被排除在 HBRB 之外。

第三, 对于前提部分同时被 DBRB 和 KBRB 覆盖的规则, 新的权重 $\lambda\theta^i + (1 - \lambda)\theta^j = \theta^i$, 新的结论部分为

$$m^{ij} = {}^{\lambda}m^i \oplus {}^{(1-\lambda)}m^j = {}^{1}m^i \oplus {}^{0}m^j, \quad (i,j) \in \mathcal{S} \tag{4.6}$$

由公式 (1.16) 所示的 Shafer 折扣运算可知 ${}^{1}m^i = m^i$, 且 ${}^{0}m^j$ 变为空 mass 函数。另外, 由公式 (1.8) 所示的 Dempster 组合规则可知任意 mass 函数与一个空 mass 函数的组合结果均等于其本身。因此, 新的结论部分为 $m^{ij} = m^i$, $(i,j) \in \mathcal{S}$, 重叠模糊区域中的规则直接继承 DBRB 中相应的规则。

基于以上分析可以得出当权重系数 λ 取值为 1 时, 合成的 HBRB 还原为 DBRB。同样, 可以证明当权重系数 λ 取值为 0 时, 合成的 HBRB 还原为 KBRB。

2. 权重系数优化

在上述 HBRB 生成过程中，将 DBRB 和 KBRB 的规则结合起来，得到一个综合的 HBRB，既能利用训练数据的信息，又能利用专家知识的信息。在融合过程中，权重系数 λ 用于调整两种不确定信息的权重。权重系数可由用户通过评估这两类信息的相对可靠性来指定。然而，由于不了解训练数据或专家知识的质量，用户可能难以为权重系数指定适当的值。接下来，提出一种最小化留一 (leave-one-out, LOO) 测试均方误差的方法进行权重系数优化。

假定存在可用训练样本集 $\mathcal{T}$，在其中任取一个样本 $\boldsymbol{x}_i$，其对应类别为 ω_m。将 $\boldsymbol{x}_i$ 看作一个测试样本，将集合 $\mathcal{T}_i = \mathcal{T} \setminus \{(\boldsymbol{x}_i, \omega_m)\}$ 作为一个新的训练样本集。基于获得的专家知识和新的训练样本集 $\mathcal{T}_i$，应用上文提出的融合方法，可以生成一个合成的 HBRB。基于合成的 HRBR，使用前文中已经提出的 BRM 对输入样本 $\boldsymbol{x}_i$ 进行分类，可以得到 LOO 测试输出向量 $\boldsymbol{P}_i = (\mathrm{BetP}_i(\{\omega_1\}), \cdots, \mathrm{BetP}_i(\{\omega_M\}))$。理想情况下，分类输出向量 $\boldsymbol{P}_i$ 应该与该样本的真实类别向量 $\boldsymbol{t}_i = (t_{i1}, \cdots, t_{iM})$（对于二元指示变量 t_{ij}，若 $j = m$，取值为 1，其他情况取值为 0）尽可能接近。两个向量的接近程度由两向量间的距离定义：

$$E^\lambda(\boldsymbol{x}_i) = (\boldsymbol{P}_i - \boldsymbol{t}_i)(\boldsymbol{P}_i - \boldsymbol{t}_i)^{\mathrm{T}}$$
$$= \sum_{j=1}^M (\mathrm{BetP}_i(\{\omega_j\}) - t_{ij})^2 \tag{4.7}$$

整个训练样本集 $\mathcal{T}$ 中，每一个样本按照最小化 LOO 测试后，可以得到均方误差为

$$E^\lambda = \frac{1}{N} \sum_{i=1}^N E^\lambda(\boldsymbol{x}_i) \tag{4.8}$$

因此，最优的权重系数 λ 可以通过最小化 LOO 测试均方误差得到，即

$$\hat{\lambda} = \arg \min_{0 \leqslant \lambda \leqslant 1} E^\lambda \tag{4.9}$$

由于该优化问题只包含一个单独且有界的参数，因此可以使用非常简单的搜索法来寻找最优值。

4.3　基于训练数据与专家知识的多源目标识别

为了展示所提出的 HBRBCS 的实现过程，并展示其结合不确定训练数据和专家知识进行分类的能力，本节对空中监视系统中的机载目标分类进行研究。

4.3.1　问题描述

对于空中监视系统，最重要的任务之一是正确识别监视范围内的非合作飞行目标 [35]。一般来说，目标分类基于一组特征或属性，这些特征或属性根据目标的形状或运动行为来区分目标。为了获取充分的目标特征，监控系统通常由多个传感器组成。例如，雷达可以提供运动学特征（如速度和加速度），红外传感器可以提供形状特征（如长度）。在本节中，基于由陆基雷达和机载红外传感器组成的多传感器系统测量的目标平均速度、最大加速度和平均长度，考虑预定范畴 {商业飞机(ω_1)，轰炸机(ω_2)，战斗机(ω_3)} 内的目标识别问题。

在数值仿真中，使用高斯分布的类条件概率函数来模拟特征测量。高斯密度参数设置保证 $P\{s_{\min} < x < s_{\max}\} = 0.95$，其中 $[s_{\min}, s_{\max}]$ 为表 4.1 所给出的特征区间。图 4.3 给出了三类空中目标的特征分布曲线。

表 4.1　　三类空中目标的特征区间

类别	平均速度/(km/h)	最大加速度/g	平均长度/m
商业飞机 (ω_1)	[600, 800]	[0, 1]	[25, 65]
轰炸机 (ω_2)	[400, 700]	[0, 4]	[15, 45]
战斗机 (ω_3)	[500, 1000]	[0, 6]	[10, 30]

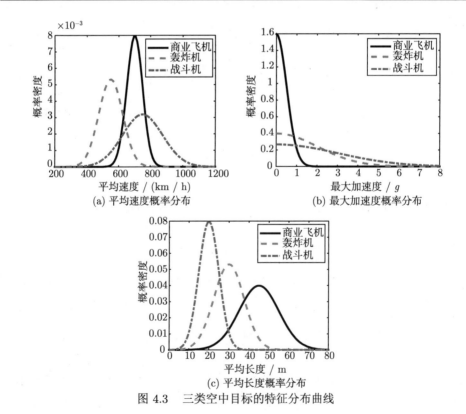

图 4.3　三类空中目标的特征分布曲线

4.3.2　目标识别复合置信规则库构建

在数值仿真中,基于上述条件概率密度函数按照相等的先验概率随机产生 120 个类别已知的训练样本 $x_i = (x_{i1}, x_{i2}, x_{i3})$,$i = 1, 2, \cdots, 120$。此外,假设可用的训练模式不是完全可靠的,即其中具有一些错误的类标签。采用人工机制控制噪声水平,噪声水平 $x\%$ 表示训练数据中有 $x\%$ 的样本类别标注有误。这些样本的类标签随机更改为类域中的不同标签。此外,假设通过对专家进行结构化采访获得描述该目标识别问题的三条部分可靠的专家知识 e_j,$j = 1, 2, 3$。下面将同时利用不完全可靠的数据与部分可靠的专家知识基于 4.2.2 小节的方法构建复合置信规则库。

步骤 1:预处理——特征空间模糊划分　生成置信规则库的前提步骤是对特征空间进行模糊划分。采用模糊网格法对特征空间进行划分。假设根据先验知识,三个特征平均速度、最大加速度和平均长度分别在区间 $[400, 1000]$、$[0, 6]$ 和 $[10, 70]$ 内取值。此外,每个特征的模糊划分数目设定为 3。由于只有少量的训练样本可用,较多的模糊划分可能会导致过度拟合。此外,相对较少的模糊划分也使专家更容易为每个类分配模糊区域,同时还方便基于结构化采访方式获取专家知识。基于上述设定的特征取值区间和模糊划分数目,基于模糊网格划分方法,特征空间模糊划分如图 4.4。

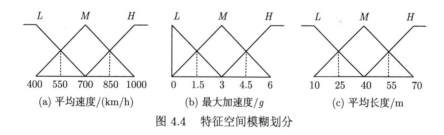

图 4.4　特征空间模糊划分

步骤 2:构建 DBRB　在这一步,使用 120 个类别已知的训练样本 $x_i = (x_{i1}, x_{i2}, x_{i3})$,$i = 1, 2, \cdots, 120$,利用第 2 章提出的基于数据驱动的置信规则库构建方法构建用于分类的 DBRB。表 4.2 展示了基于不确定训练数据构建的 DBRB。表中噪声水平为 30%。虽然 DBRB 生成方法可以减少类噪声的不利影响,但在小训练集和噪声过大的情况下,一些规则的结果仍然是不可靠的。如在构建的 DBRB 中,规则 R_D^3 将大部分置信分给了类别 ω_3,这与图 4.3 所示的实际特征分布情况有较大差异(ω_2 应获得更多的置信)。造成此问题的主要原因是在规则生成过程中只有一个训练样本分配给其前提模糊区域 $\{L \wedge M \wedge L\}$,而该训练样本对于真实的特征分布并不具有代表性。幸运的是,所采用的规则权重生成方法只赋予该规则一个较小的权重,这降低了其在后续融合推理过程中的影响。

表 4.2   基于不确定训练数据构建的 DBRB

规则编号	规则权重	前提部分	结论部分
1	0.45	$L \wedge L \wedge L$	$\{(\omega_1, 0), (\omega_2, 0.3257), (\omega_3, 0.4812)\}$
2	0.69	$L \wedge L \wedge M$	$\{(\omega_1, 0.0041), (\omega_2, 0.8833), (\omega_3, 0.1126)\}$
3	0.36	$L \wedge M \wedge L$	$\{(\omega_1, 0), (\omega_2, 0), (\omega_3, 0.3581)\}$
4	0.56	$L \wedge M \wedge M$	$\{(\omega_1, 0), (\omega_2, 0.6687), (\omega_3, 0)\}$
5	0.90	$M \wedge L \wedge L$	$\{(\omega_1, 0), (\omega_2, 0.1011), (\omega_3, 0.8879)\}$
6	1.00	$M \wedge L \wedge M$	$\{(\omega_1, 0.8632), (\omega_2, 0.1245), (\omega_3, 0)\}$
7	0.54	$M \wedge L \wedge H$	$\{(\omega_1, 0.7906), (\omega_2, 0.1047), (\omega_3, 0.1035)\}$
8	0.44	$M \wedge M \wedge L$	$\{(\omega_1, 0), (\omega_2, 0.7084), (\omega_3, 0.2119)\}$
9	0.69	$M \wedge M \wedge M$	$\{(\omega_1, 0), (\omega_2, 0.8998), (\omega_3, 0)\}$
10	0.63	$H \wedge L \wedge L$	$\{(\omega_1, 0.2007), (\omega_2, 0), (\omega_3, 0.7591)\}$
11	0.43	$H \wedge M \wedge L$	$\{(\omega_1, 0.1171), (\omega_2, 0), (\omega_3, 0.8295)\}$
12	0.36	$H \wedge M \wedge M$	$\{(\omega_1, 0), (\omega_2, 0), (\omega_3, 0.6657)\}$

步骤 3：构建 KBRB   假设在结构化采访的基础上，要求专家为每一个类别指定相应的前提模糊区域并给出与之对应的置信度，得到了如下三条专家知识。

e_1： 如果 x_1 是 $\{M\}$ 且 x_2 是 $\{L\}$ 且 x_3 是 $\{M, H\}$，则结果为 ω_1，规则权重为 0.9；

e_2： 如果 x_1 是 $\{L, M\}$ 且 x_2 是 $\{L, M\}$ 且 x_3 是 $\{L, M\}$，则结果为 ω_2，规则权重为 0.7；

e_3： 如果 x_1 是 $\{M, H\}$ 且 x_2 是 $\{L, M, H\}$ 且 x_3 是 $\{L\}$，则结果为 ω_3，规则权重为 0.8。

如表 4.3 所示，每条专家知识都覆盖了多个模糊划分区域。从表中可以看出，模糊区域 $\{M \wedge L \wedge M\}$ 被专家知识 e_1 和 e_2 同时覆盖；模糊区域 $\{M \wedge L \wedge L\}$ 和 $\{M \wedge M \wedge L\}$ 被专家知识 e_2 和 e_3 同时覆盖。对于这三个模糊区域，基于公式 (4.2)~ 公式 (4.4) 对来自不同专家知识的证据进行融合生成其对应结论部分。表 4.4 给出了基于不确定专家知识构建的 KBRB，此 KBRB 由 13 个置信规则组成。在构建 KBRB 过程中，融合专家知识 e_1 和 e_2 得到规则 R_K^6；融合专家知识 e_2 和 e_3 得到规则 R_K^5 和 R_K^8。对于这三条融合后的规则，其结论部分是不完备的（即所有类别的置信度之和小于 1），用剩余的置信来刻画由部分可靠的专家证据引起的不确定性。专家知识的不足导致构建的 KBRB 仅覆盖了部分的特征空间；除此之外，因为专家对该分类问题存在部分错误的认知，甚至导致某些规则是不可靠的。例如，在构建的 KBRB 中，规则 R_K^1 将所有置信全部分配给了类别 ω_2，但是，从图 4.3 所示的真实分类条件分布可以看出，来自类别 ω_3 的样本也很有可能落入相应的前提模糊区域 $\{L \wedge L \wedge L\}$。

表 4.3　每条专家知识的前提覆盖的模糊划分区域

专家知识	前提覆盖的模糊划分区域
e_1	$\{M \wedge L \wedge M\}$, $\{M \wedge L \wedge H\}$
e_2	$\{L \wedge L \wedge L\}$, $\{L \wedge M \wedge L\}$, $\{L \wedge L \wedge M\}$, $\{L \wedge M \wedge M\}$, $\{M \wedge L \wedge L\}$, $\{M \wedge M \wedge L\}$, $\{M \wedge L \wedge M\}$, $\{M \wedge M \wedge M\}$
e_3	$\{M \wedge L \wedge L\}$, $\{M \wedge M \wedge L\}$, $\{M \wedge H \wedge L\}$, $\{H \wedge L \wedge L\}$, $\{H \wedge M \wedge L\}$, $\{H \wedge H \wedge L\}$

表 4.4　基于不确定专家知识构建的 KBRB

规则编号	规则权重	前提部分	结论部分
1	0.70	$L \wedge L \wedge L$	$\{(\omega_1, 0), (\omega_2, 1), (\omega_3, 0)\}$
2	0.70	$L \wedge L \wedge M$	$\{(\omega_1, 0), (\omega_2, 1), (\omega_3, 0)\}$
3	0.70	$L \wedge M \wedge L$	$\{(\omega_1, 0), (\omega_2, 1), (\omega_3, 0)\}$
4	0.70	$L \wedge M \wedge M$	$\{(\omega_1, 0), (\omega_2, 1), (\omega_3, 0)\}$
5	1.00	$M \wedge L \wedge L$	$\{(\omega_1, 0), (\omega_2, 0.3182), (\omega_3, 0.5455)\}$
6	1.00	$M \wedge L \wedge M$	$\{(\omega_1, 0.7297), (\omega_2, 0.1892), (\omega_3, 0)\}$
7	0.90	$M \wedge L \wedge H$	$\{(\omega_1, 1), (\omega_2, 0), (\omega_3, 0)\}$
8	1.00	$M \wedge M \wedge L$	$\{(\omega_1, 0), (\omega_2, 0.3182), (\omega_3, 0.5455)\}$
9	0.70	$M \wedge M \wedge M$	$\{(\omega_1, 0), (\omega_2, 1), (\omega_3, 0)\}$
10	0.80	$M \wedge H \wedge L$	$\{(\omega_1, 0), (\omega_2, 0), (\omega_3, 1)\}$
11	0.80	$H \wedge L \wedge L$	$\{(\omega_1, 0), (\omega_2, 0), (\omega_3, 1)\}$
12	0.80	$H \wedge M \wedge L$	$\{(\omega_1, 0), (\omega_2, 0), (\omega_3, 1)\}$
13	0.80	$H \wedge H \wedge L$	$\{(\omega_1, 0), (\omega_2, 0), (\omega_3, 1)\}$

步骤 4: 合成 HBRB　在这一步中, 将 DBRB(表 4.2) 和 KBRB(表 4.4) 中的规则利用 4.2.2 小节中提出融合方法进行融合, 从而获得了一个集成了不确定训练数据和专家知识这两种分类信息的 HBRB。表 4.5 给出基于不确定训练数据和专家知识构建的 HBRB。与之前产生的 DBRB 和 KBRB 相比, 合成的 HBRB 有以下两点优势。

(1) 合成的 HBRB 比 DBRB 或 HBRB 覆盖了更多的模糊区域, 在这种情况下, 对样本进行分类更有效。

(2) 在 DBRB 和 KBRB 重叠覆盖的区域, 通过融合, HBRB 中的规则能够有效降低可能存在于 DBRB 或 KBRB 中部分规则的不可靠性。如步骤 2 所示, 虽然不确定的训练数据生成的规则 R_D^3 是不可靠的, 但是, 通过与 KBRB 中对应的规则 R_K^3 进行融合, 融合后的规则 R_H^3 的结论部分对不同类别在前提模糊区域 $\{L \wedge M \wedge L\}$ 上的真实特征分布情况有了更好的描述。同样, 如步骤 3 所示, 虽然不确定专家知识生成的规则 R_K^1 是不可靠的, 但是通过与 DBRB 中对应的规则 R_D^1 进行融合, 融合后的规则 R_H^1 的结论部分与不同类别在前提模糊区域 $\{L \wedge L \wedge L\}$ 上的真实特征分布情况更加一致。

表 4.5   基于不确定训练数据和专家知识构建的 HBRB

规则编号	规则权重	前提部分	结论部分
1 $(R_{\mathrm{D}}^1, R_{\mathrm{K}}^1)^{\mathrm{a}}$	0.52	$L \land L \land L$	$\{(\omega_1, 0), (\omega_2, 0.3853), (\omega_3, 0.2833)\}$
2 $(R_{\mathrm{D}}^2, R_{\mathrm{K}}^2)$	0.69	$L \land L \land M$	$\{(\omega_1, 0.0022), (\omega_2, 0.7346), (\omega_3, 0.0614)\}$
3 $(R_{\mathrm{D}}^3, R_{\mathrm{K}}^3)$	0.45	$L \land M \land L$	$\{(\omega_1, 0), (\omega_2, 0.2146), (\omega_3, 0.2053)\}$
4 $(R_{\mathrm{D}}^4, R_{\mathrm{K}}^4)$	0.60	$L \land M \land M$	$\{(\omega_1, 0), (\omega_2, 0.6263), (\omega_3, 0)\}$
5 $(R_{\mathrm{D}}^5, R_{\mathrm{K}}^5)$	0.93	$M \land L \land L$	$\{(\omega_1, 0), (\omega_2, 0.0930), (\omega_3, 0.6786)\}$
6 $(R_{\mathrm{D}}^6, R_{\mathrm{K}}^6)$	1.00	$M \land L \land M$	$\{(\omega_1, 0.6873), (\omega_2, 0.0918), (\omega_3, 0)\}$
7 $(R_{\mathrm{D}}^7, R_{\mathrm{K}}^7)$	0.63	$M \land L \land H$	$\{(\omega_1, 0.7976), (\omega_2, 0.0025), (\omega_3, 0.0018)\}$
8 $(R_{\mathrm{D}}^8, R_{\mathrm{K}}^8)$	0.59	$M \land M \land L$	$\{(\omega_1, 0), (\omega_2, 0.5153), (\omega_3, 0.2084)\}$
9 $(R_{\mathrm{D}}^9, R_{\mathrm{K}}^9)$	0.69	$M \land M \land M$	$\{(\omega_1, 0), (\omega_2, 0.8028), (\omega_3, 0)\}$
10 $(-, R_{\mathrm{K}}^{10})$	0.22	$M \land H \land L$	$\{(\omega_1, 0), (\omega_2, 0), (\omega_3, 1)\}$
11 $(R_{\mathrm{D}}^{10}, R_{\mathrm{K}}^{11})$	0.68	$H \land L \land L$	$\{(\omega_1, 0.0004), (\omega_2, 0), (\omega_3, 0.8024)\}$
12 $(R_{\mathrm{D}}^{11}, R_{\mathrm{K}}^{12})$	0.53	$H \land M \land L$	$\{(\omega_1, 0.6039), (\omega_2, 0), (\omega_3, 0.7052)\}$
13 $(R_{\mathrm{D}}^{12}, -)$	0.26	$H \land M \land M$	$\{(\omega_1, 0), (\omega_2, 0), (\omega_3, 0.6657)\}$
14 $(-, R_{\mathrm{K}}^{13})$	0.22	$H \land H \land L$	$\{(\omega_1, 0), (\omega_2, 0), (\omega_3, 1)\}$

a 括号里代表的是 DBRB 和 KBRB 中参与融合的规则。

4.3.3   对比分析

在对比实验中，HBRBCS 与基于数据驱动的置信规则分类系统（data-driven belief rule-based classification system, DBRBCS）和基于知识驱动的置信规则分类系统（knowledge-driven belief rule-based classification system, KBRBCS），在不同噪声水平下的训练数据进行比较。从原始类条件概率分布中抽取 3000 个测试样本用来进行误差估计。对于 HBRBCS，通过最小化 LOO 均方误差估计得到最优权重系数 λ。为了使得对比公平，使用硬决策策略。此外，两种基于数据驱动的分类方法 C4.5[79] 和 FRBCS[64]，与一种整合数据和专家知识的自适应模糊规则分类系统（adaptive fuzzy rule-based classification system, AFRBCS）[157] 也考虑在对比实验之内。AFRBCS 是一个基于训练数据和专家知识的混合分类器。该方法首先建立基于专家知识的模糊规则分类系统，然后根据训练数据对模糊隶属度函数的参数进行优化。在本实验中，权重参数设置为 0.5。

表 4.6 显示了不同方法在不同训练数据噪声水平下的分类误差，各噪声水平下的最优分类结果用粗体标注。随着训练数据集中类噪声的增加，三种分类方法 C4.5、FRBCS 和 DBRBCS 的性能均有不同程度的降低，但 DBRBCS 由于采用置信规则的结构，对数据噪声表现出更好的鲁棒性；基于知识驱动的 KBRBCS 始终具有适中的性能。本章提出的 HBRBCS 在任何噪声水平下其性能都优于 DBRBCS 和 KBRBCS。其性能较优的原因主要有两方面：其一，融合后

的 HBRB 比 DBRB 和 KBRB 覆盖了更多的前提模糊区域; 其二, 在 DBRB 和 KBRB 的公共覆盖区域, 融合后的 HBRB 中的规则降低了 DBRB 或 KBRB 中相应规则存在的潜在不可靠性。此外, 通过比较 AFRBCS 和 HBRBCS 这两种混合分类器, 可以看出所提出的 HBRBCS 具有更好的性能, 特别是在数据噪声水平较高的情况下。这是因为在 HBRBCS 中, 训练数据和专家知识的权重自适应地根据这两类信息的质量进行调整; 然而, 无论可用的训练数据集是否可靠, AFRBCS 总是用训练数据集对基于专家知识构建的初始模型进行更新和修正。

表 4.6　不同方法在不同训练数据噪声水平下的分类误差　（单位:%）

噪声水平	C4.5	FRBCS	DBRBCS	KBRBCS	AFRBCS	HBRBCS	置信区间
0	19.30	18.13	17.87	23.37	18.23	**17.30**	[15.97,18.71]
10	20.60	21.33	18.83	23.37	20.10	**17.83**	[16.48,19.24]
20	23.87	24.37	20.47	23.37	22.20	**18.47**	[17.10,19.92]
30	26.63	28.43	24.03	23.37	23.93	**18.83**	[17.44,20.28]
40	34.77	35.66	30.70	23.37	26.67	**19.47**	[18.07,20.92]
50	40.40	41.57	38.13	23.37	30.47	**20.40**	[18.97,21.91]

为了说明不同方法之间是否存在显著差异, 表 4.6 中最后一列显示了最优方法的误差估计置信区间（采用 95% 的置信度）[①]。从中可以看出, 只有当噪声水平很低（0% 和 10%）时, 次优方法的错误率才在相应的置信区间内, 当类噪声增加时, HBRBCS 的优势更显著。因此, 综合利用来源于训练数据和专家知识的互补信息, 使得基于 HBRBCS 的分类性能得到了提升, 特别是在两种信息源都具有高度不确定性的情况下, 可以大大提高分类性能。

4.3.4　参数分析

权重系数 λ 对于 HBRBCS 的分类性能有着重要的影响。在本实验中, 将分析权重系数 λ 对分类结果的影响, 并评估本章提出的权重系数估计方法的有效性。

不同数据噪声水平下权重系数 λ 从 0 到 1 变化过程中 HBRBCS 的分类误差由图 4.5 给出。可以看出, 权重系数的最佳值随噪声水平的增加而逐渐变小。这是因为在高噪声水平下, 基于高噪声数据生成的 DBRB 的可靠性降低, 因此, 不受噪声训练数据影响的 KBRB 在分类中起更重要的作用。

---

① 通过数值求解下列方程计算置信区间: $\sum_{k \geqslant K} P(k, N, \underline{p}) = (1-A)/2$ 和 $\sum_{k \leqslant K} P(k, N, \overline{p}) = (1-A)/2$, 其中 $P(k, N, p)$ 为二项分布, N 为测试样本数目, K 为分错的样本数目, A 为置信度, $[\underline{p}, \overline{p}]$ 为置信区间。

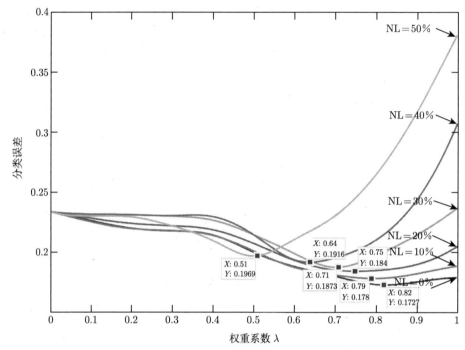

图 4.5　权重系数 λ 从 0 到 1 变化过程中 HBRBCS 的分类误差

　　表 4.7 显示了权重系数 λ 的估计值与最优值以及相应的分类误差。可以看出，本章所用的权重系数估计方法取得了良好的估计效果。因此，表 4.7 还将基于 λ 估计值的分类误差与基于 λ 最优值的分类误差进行比较。可以看出，基于 λ 估计值的分类误差非常接近分类误差的下限。另外，在低噪声水平情况下估计精度将更高，因为这种情况下的训练数据更能代表真实的特征分布。

表 4.7　权重系数 λ 的估计值与最优值以及相应的分类误差对比

噪声水平/%	0	10	20	30	40	50
λ 估计值	0.80	0.77	0.78	0.73	0.68	0.56
λ 最优值	0.82	0.79	0.75	0.71	0.64	0.51
基于 λ 估计值的分类误差/%	17.30	17.83	18.47	18.83	19.47	20.40
基于 λ 最优值的分类误差/%	17.27	17.80	18.40	18.73	19.16	19.69

4.4　本章小结

　　为了充分利用不确定的训练数据和专家知识进行分类，本章提出了一种基于置信规则结构的复合置信规则分类系统。所提出的 HBRBCS 结合了基于数据驱动分类模型和基于知识驱动分类模型的优势，为不确定的训练数据和专家知识在实际应用中的共存问题提供了很好的解决方案。通过多源目标识别的应用来展示 HBRBCS 的实现过程，并评估其对不确定训练数据和专家知识进行分类的综合利用能力。实验结果表明，本章提出的 HBRBCS 可以有效地利用两个独立且互补的分类信息，并显著提高分类性能。

第 5 章　精确且可解释的置信关联规则分类

5.1　引　言

在很多实际分类问题中，不同类别的数据往往在特征空间分割不明确，造成分类边界复杂不确定[27]。在现有关联分类方法体系中，无论是一般的类关联规则还是模糊类关联规则，其结论均为单个确定的类别，因而难以有效处理复杂分类边界问题，这将对最终的分类性能产生不利影响。遗憾的是，到目前为止，在关联规则分类方法研究中还没有见到相关文献给出针对该问题的有效解决方法。

在基于规则的分类方法研究中，为了能够对复杂分类边界进行有效刻画，需要引入一种能够表征不确定性的规则结构。Yang 等[123] 首次提出了置信规则库专家系统，它具有对带有模糊性、不完备性以及概率不确定特征的数据进行建模的能力。在此基础上，Yang 等[158] 和 Zhou 等[159] 进一步研究了置信规则库的离线和在线学习以及在线构造方法。之后，由 Jiao 等[128] 提出的 BRBCS 首次将结论为置信分布形式的规则结构应用于分类问题中。该方法可以看作是 FRBCS[64] 在置信函数理论框架下的一种拓展，并且在大多数分类问题中能够取得比 FRBCS 更好的分类性能[160,161]。然而，BRBCS 方法存在着如下两个方面的局限性：一方面，所生成的置信分类规则的前提固定，即包含了所有的特征。考虑到实际中相邻特征区域内的数据类别很可能是相同的，因而这种过于具体的规则容易导致分类规则集的冗余性。另一方面，与由关联规则挖掘所产生的规则集相比，该方法所采用的产生式规则生成思想可能会遗漏一些重要的规则，进而影响最终的分类精度。后来，一些学者也发展了与置信规则相关的分类方法[160,162]，但均未能解决置信规则分类方法中所存在的这两方面的问题。

综合考虑关联规则分类与置信规则分类这两类方法中所存在的局限性，本章将置信分类规则结构融入关联分类方法体系中，由此发展了一种基于置信关联规则的分类（evidential association rule-based classification, EARC）方法[163]，以获得精确且可解释的分类结果。首先，针对数据分类中所存在的复杂边界问题，提出了一种结论为置信分布且前提特征数可变的置信类关联规则结构，并给出了更为广义的支持度与置信度定义来度量规则的有效性。其次，利用所定义的支持度与置信度度量，在置信函数理论框架下提出了一种基于 Apriori 候选生成思想的关联规则挖掘算法，以生成一组可靠的置信类关联规则集。最后，为了提高分类的精度和效率，基于长规则削减策略对生成的规则集进行去冗余，之后设计了一种基于分类精度的规则排序方法，进而选择部分使训练集分类误差最小的规则来构建最终的分类模型。

本章的内容安排如下：在 5.2 节中，首先提出置信类关联规则结构，然后给出度量该规则有效性的支持度与置信度定义；5.3 节重点对所提出的 EARC 方法各阶段的实现过程进行描述；5.4 节基于标准数据集来验证所提出的方法的有效性；最后，5.5 节总结本章的主要工作。

5.2　置信类关联规则

如 5.1 节所述，在置信规则分类方法中，规则的前提结构以及规则的生成方式使得该方法在精确且可解释的分类模型构建方面存在着一定局限性。为克服该局限，本节引入一种新的规则结构——置信类关联规则，该规则结构的特点是其前提特征数可变且结论为置信分布，并在此基础上给出该规则的支持度与置信度定义。

5.2.1　置信类关联规则结构

对于一个具有 M 个类（$\Omega = \{\omega_1, \omega_2, \cdots, \omega_M\}$）和 P 个特征的分类问题，假设规则库中第 j 条置信类关联规则（ECAR_j）具有的前提特征数目为 $k(1 \leqslant k \leqslant P)$，其基本结构可以表示为

ECAR_j：　如果 X_{j_1} 是 $A_{j_1}^j$ 且 $\cdots$ 且 X_{j_k} 是 $A_{j_k}^j$，则结论为
　　　　$\boldsymbol{C}^j = \{(\omega_1,\ \beta_1^j), (\omega_2,\ \beta_2^j), \cdots, (\omega_M,\ \beta_M^j)\}$，规则权重为 RW_j

$$\tag{5.1}$$

式中，$\{X_{j_1}, X_{j_2}, \cdots, X_{j_k}\}$ 是规则的前提特征集（$1 \leqslant j_1 < j_2 < \cdots < j_k \leqslant P$）；$\boldsymbol{A}^j = (A_{j_1}^j, A_{j_2}^j, \cdots, A_{j_k}^j)$ 是对应所有前提特征的模糊区间集，每一个模糊集 A_p^j（$p = j_1, j_2, \cdots, j_k$）从模糊划分 $\{A_{p,1}, A_{p,2}, \cdots, A_{p,n_p}\}$ 中取值。规则的结论是置信分布形式，$\beta_s^j \in [0,1]$ 是分配给类别标签 ω_s 的置信度。特别地，如果该结论是不完备的，则剩余的置信度 $1 - \sum\limits_{s=1}^{M} \beta_s^j$ 将被分配到整个辨识框架 $\Omega = \{\omega_1, \omega_2, \cdots, \omega_M\}$ 中。因此，在置信函数理论框架下，该规则的结论可以表示为满足如下条件的 mass 函数 $m(\cdot \mid \mathrm{ECAR}_j)$：

$$\begin{cases} m(\omega_s \mid \mathrm{ECAR}_j) = \beta_s^j, & s = 1, 2, \cdots, M \\[2mm] m(\Omega \mid \mathrm{ECAR}_j) = 1 - \sum\limits_{s=1}^{M} \beta_s^j \end{cases} \tag{5.2}$$

实际上，具有 k 个前提特征的置信类关联规则 ECAR_j 对应于一种具有置信分布的规则项，称之为置信 k-规则项，记作

$$\text{RI}_k^j = \langle \text{Ant\_RI}_k^j,\ \text{Con\_RI}_k^j \rangle \tag{5.3}$$

式中，$\text{Ant\_RI}_k^j = \{(x_{j_1}, A_{j_1}^j), (x_{j_2}, A_{j_2}^j), \cdots, (x_{j_k}, A_{j_k}^j)\}$ 是由 k 个特征和相应的模糊划分组成的前提项集；$\text{Con\_RI}_k^j = \{(\omega_1, \beta_1^j), (\omega_2, \beta_2^j), \cdots, (\omega_M, \beta_M^j)\}$ 是由 M 个类别以及相应的置信度组成的结论项集。

与现有的模糊类关联规则和置信分类规则相比，所提出的置信类关联规则结构的优势主要体现在如下两方面：

(1) 从规则结论角度来看，与现有模糊类关联规则结论中的单个类别相比，具有置信分布结论的置信类关联规则可以有效刻画位于重叠区域内样本的信息，因而能更好地处理复杂分类边界问题。此外，在所提出的规则结构中，前提变量的任何差异都可以清晰而又灵活地反映在规则结论中，从而提升规则的信息表示能力。

(2) 从规则前提角度来看，BRBCS 方法中的置信分类规则前提是固定的（即包含了所有的前提特征），而置信类关联规则的前提可以表示任意大小的模糊区域。因此，表征特征空间和类空间之间关联关系所需的置信类关联规则数目会更少。此外，所提出的规则前提特征较少，结构也相对更简单，因而能更好地扩展和泛化。

5.2.2 支持度与置信度定义

在关联规则分类体系中，支持度和置信度是度量每条关联规则有效性的重要方式。定义 1.12 与 1.13 分别给出了类关联规则和模糊类关联规则的支持度与置信度定义，但它们不适用于结论为多个类别的置信类关联规则。为此，将针对所提出的规则给出新的支持度和置信度定义。

定义 5.1 (支持度) 给定训练集 $T = \{(\boldsymbol{x}_1, \omega^{(1)}), (\boldsymbol{x}_2, \omega^{(2)}), \cdots, (\boldsymbol{x}_N, \omega^{(N)})\}$，其中每个样本均由 P 个特征和属于预先定义的类别集 $\Omega = \{\omega_1, \omega_2, \cdots, \omega_M\}$ 中的某个类别标签所描述，则公式 (5.3) 所示的 k-规则项的支持度定义为

$$\text{esup}(\text{RI}_k^j) = \sum_{s=1}^{M} \theta_s\, \text{sup}(\langle \text{Ant\_RI}_k^j, \omega_s \rangle) \tag{5.4}$$

式中，

$$\theta_s = \beta_s^j + \frac{1}{M}\left(1 - \sum_{l=1}^{M} \beta_l^j\right) \tag{5.5}$$

是公式 (5.2) 所表示的 mass 函数的 Pignistic 转换概率值；$\text{sup}(\langle \text{Ant\_RI}_k^j, \omega_s \rangle)$ 是规则项 $\langle \text{Ant\_RI}_k^j, \omega_s \rangle$ 的支持度，可利用公式 (1.44) 计算得出。

在上述支持度计算中，为了降低前提特征数目对规则支持度值的影响，采用几何平均算子来计算样本 $\boldsymbol{x}_i$ 与前提 $\boldsymbol{A}^j = (A_{j_1}^j, A_{j_2}^j, \cdots, A_{j_k}^j)$ 的匹配度，具体公式如下：

$$\mu_{\boldsymbol{A}^j}(\boldsymbol{x}_i) = \left[\prod_{p=j_1}^{j_k} \mu_{A_p^j}(x_{i,p}) \right]^{1/k} \tag{5.6}$$

式中，$\mu_{A_p^j}(\cdot)$ 是模糊集 A_p^j 的隶属度函数。考虑到具有过低隶属度值的样本意义不大，在这里，采用每个模糊集的 α-截集，并将 α 取值设为 0.5，以此来保证每个样本被分配到单个模糊区域内。

定义 5.2（置信度）　给定训练集 $T = \{(\boldsymbol{x}_1, \omega^{(1)}), (\boldsymbol{x}_2, \omega^{(2)}), \cdots, (\boldsymbol{x}_N, \omega^{(N)})\}$，其中每个样本均由 P 个特征和属于预先定义的类别集 $\Omega = \{\omega_1, \omega_2, \cdots, \omega_M\}$ 中的某个类别标签所描述，则 ECAR_j 的置信度定义为在前提 Ant_RI_k^j 发生的情况下，结论 Con_RI_k^j 也同时发生的条件概率，其公式如下：

$$\text{econf}(\text{ECAR}_j) = \frac{\text{esup}(\text{RI}_k^j)}{\sup(\text{Ant\_RI}_k^j)} \tag{5.7}$$

通过代入公式 (5.4) 所给出的支持度定义，上述置信度定义进一步表示为

$$\text{econf}(\text{ECAR}_j) = \sum_{s=1}^{M} \theta_s \, \text{conf}(\text{Ant\_RI}_k^j \Rightarrow \omega_s) \tag{5.8}$$

式中，θ_s 和 $\text{conf}(\text{Ant\_RI}_k^j \Rightarrow \omega_s)$ 分别根据公式 (5.5) 和公式 (1.45) 计算。

置信度是通过条件概率来衡量每条置信类关联规则的可靠度，而规则结论中的置信分布形式就决定了置信度的度量形式区别于传统的（模糊）置信度。如公式 (5.8) 所示，置信度的定义涉及参数 θ_s，它是建立在置信函数理论框架下的 Pignistic 转换基础上的。下面将通过一个简单的例子来进一步理解支持度和置信度的概念。

例 5.1　在这个例子中，从具有四个特征和三个类别的 Iris 数据集中收集五组样本，如表 5.1 所示。对于输入空间的模糊划分，采用基于三角模糊集的简单模糊网格划分，划分数取 5。假设给定一条置信类关联规则 $A_{2,1} \times A_{4,3} \Rightarrow \{(\omega_1, 0.1), (\omega_2, 0.7)\}$，其中 $A_{i,j}$ 是对第 i 个特征的第 j 个模糊划分。实际上，该规则对应一个置信 2-规则项 $\text{RI}_2 = \langle A_{2,1} \times A_{4,3}, \{(\omega_1, 0.1), (\omega_2, 0.7)\} \rangle$。为了计算置信支持度 $\text{esup}(\text{RI}_2)$，首先，将每个样本的特征值转化为模糊隶属值，模糊集 $A_{2,1}$ 和 $A_{4,3}$ 的隶属度值分别为

$$\mu_{A_{2,1}}(x_{1,2}) = 0, \mu_{A_{2,1}}(x_{2,2}) = 0.67, \mu_{A_{2,1}}(x_{3,2}) = 0, \mu_{A_{2,1}}(x_{4,2}) = 1, \mu_{A_{2,1}}(x_{5,2}) = 0.67;$$
$$\mu_{A_{4,3}}(x_{1,4}) = 0, \mu_{A_{4,3}}(x_{2,4}) = 0, \mu_{A_{4,3}}(x_{3,4}) = 0, \mu_{A_{4,3}}(x_{4,4}) = 0.6, \mu_{A_{4,3}}(x_{5,4}) = 0.6$$

其次，利用公式 (5.6) 计算每个样本与规则前提的匹配度：

$$\mu_A(x_1) = 0, \ \mu_A(x_2) = 0, \ \mu_A(x_3) = 0, \ \mu_A(x_4) = 0.6, \ \mu_A(x_5) = 0.6 \times 0.67 \approx 0.4$$

式中，$A = A_{2,1} \times A_{4,3}$ 是规则前提。进一步，利用公式 (1.44) 可计算对应于单个类别标签以及模糊前提的支持度：

$$\sup(\langle A, \omega_1 \rangle) = 0, \ \sup(\langle A, \omega_2 \rangle) = 0.2, \ \sup(\langle A, \omega_3 \rangle) = 0, \ \sup(A) = 0.2$$

同时，利用公式 (5.5) 计算可得对应类别 ω_1 和 ω_2 的 Pignistic 值分别为 $\theta_1 = 0.2$，$\theta_2 = 0.8$。最后，利用公式 (5.4) 计算可得该规则项的支持度为

$$\text{esup}(\text{RI}_2) = \theta_1 \sup(\langle A, \omega_1 \rangle) + \theta_2 \sup(\langle A, \omega_2 \rangle) = 0.2 \times 0 + 0.8 \times 0.2 = 0.16$$

利用公式 (5.7) 计算可得该规则的置信度为

$$\text{econf}(\text{ECAR}) = \text{esup}(\text{RI}_2)/\sup(A) = 0.16/0.2 = 0.8$$

表 5.1   来自 Iris 数据集中的五组样本信息

样本	萼片长度/cm	萼片宽度/cm	花瓣长度/cm	花瓣宽度/cm	类别
x_1	5.4	3.9	1.3	0.4	ω_1
x_2	7.4	2.8	6.1	1.9	ω_3
x_3	6.7	3.1	4.4	1.4	ω_2
x_4	5.6	2.7	4.2	1.3	ω_2
x_5	6.1	2.8	4.0	1.3	ω_2

注 5.1   与传统模糊类关联规则结构中支持度和置信度的定义相似，这里定义的支持度和置信度分别从规则的重要性和可靠性两方面来量化规则本身的有效性。需要指出，定义 5.1 和定义 5.2 是对传统的模糊类关联规则的支持度和置信度度量的推广。特别地，如果置信类关联规则的结论是以全部的置信分配给单个类别，那么定义 5.1 与定义 5.2 可退化为传统的模糊支持度与置信度定义。

5.3   精确且可解释的置信关联规则分类方法

为了自适应地生成一系列具有可变前提特征数目的置信类关联规则集，本节将在置信函数理论框架下开展关联规则分类方法研究，由此发展出一种基于置信关联规则的分类方法。如图 5.1 所示，该分类模型的构建基于以下两个阶段：置信类关联规则挖掘（evidential association rule-based classification-rule mining, EARC-RM）和置信类关联规则削减（evidential association rule-based classification-rule pruning, EARC-RP）。在规则挖掘阶段, 采用 Apriori 候选生成方式[76] 搜索频繁模糊项集作为所有可能的规则前提。对每一个频繁模糊项集, 在置信函数理论框架下组合该前提覆盖的所有样本的类别信息来得到对应的规则结论, 再根据定义 5.1 与定义 5.2 中所给出的支持度和置信度度量, 提取一系列可靠的置信类关联规则。在规则削减阶段, 首先通过预筛选来删除冗余的规则, 然后基于规则排序, 选择部分规则集来构建更加精确的分类模型。利用所构建的分类模型, 通过组合所激活的分类模型中的规则对每个未知输入样本进行分类。

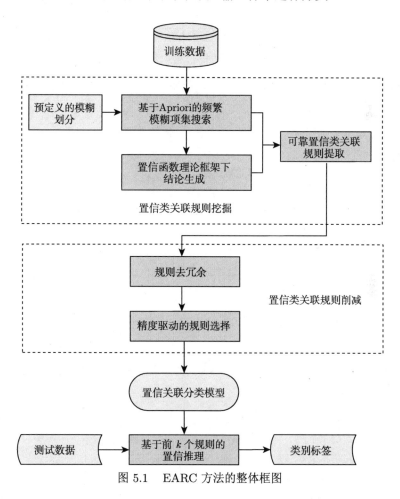

图 5.1　EARC 方法的整体框图

5.3.1 置信类关联规则挖掘

本节提出一种新的规则挖掘算法, 从训练数据中挖掘一组前提数目可变且结论为置信分布的置信类关联规则集。与现有关联规则分类算法不同, 所提出的规则挖掘算法将规则的前提与结论在两个阶段中分别生成，以获得具有置信分布形式的结论。基于简单模糊划分所得到的前提模糊集，置信类关联规则挖掘算法由以下三个阶段组成。

(1) **基于 Apriori 的频繁模糊项集搜索**：采用 Apriori 候选生成方式搜索频繁模糊项集作为所有可能的规则前提，这些频繁模糊项集的支持度值均高于预先给定的最小支持度阈值。

(2) **置信函数理论框架下规则结论生成**：在生成所有可能的规则前提之后，该阶段的思想是在置信函数理论框架下组合所有被该前提激活样本的类别信息，从而获得与该前提对应的具有置信分布的规则结论。

(3) **可靠置信类关联规则提取**：利用所定义的置信度度量，提取一系列满足给定最小置信度阈值的可靠的置信类关联规则。

所提出的置信类关联规则挖掘算法的伪代码见算法 5.1，其中第 1 行中的 Fu-

算法 5.1　　置信类关联规则挖掘算法

Require: 训练集 $T = \{(\boldsymbol{x}_1, \omega^{(1)}), (\boldsymbol{x}_2, \omega^{(2)}), \cdots, (\boldsymbol{x}_N, \omega^{(N)})\}$, $\boldsymbol{x}_i \in \mathbb{R}^P$ 且 $\omega^{(i)} \in \{\omega_1, \omega_2, \cdots, \omega_M\}$, 模糊划分数目 L, 最小支持度阈值 minsup, 最小置信度阈值 minconf

1: $T_F = \text{Fuzziness}(T, L)$;

2: $F_1 \leftarrow \{A_{ij} \mid A_{ij} \in T_F$ 且 $\sup(A_{ij}) \geqslant \text{minsup}\}$;

3: **while** $k < P$ 且 $F_k \neq \varnothing$ **do**

4: 　　$k \leftarrow k + 1$;

5: 　　$F_k = \text{Apriori\_gen}(F_{k-1}, \text{minsup})$;

6: **end while**

7: $k_{\max} \leftarrow k$;

8: **for** $k = 1$ to $k_{\max}$ **do**

9: 　　初始化 $\mathcal{R}_k \leftarrow \varnothing$;

10: 　　**for** 每一个产生的频繁模糊项集 $\boldsymbol{A}^j \in F_k$ **do**

11: 　　　　利用公式 (5.9)，将每个被前提 $\boldsymbol{A}^j$ 覆盖的训练样本 $\boldsymbol{x}_i$ 的类别信息表示为 mass 函数 $m_{\boldsymbol{A}^j}(\cdot \mid \boldsymbol{x}_i)$;

12: 　　　　利用公式 (5.11)，分别组合具有相同类别的样本对应的 mass 函数，得到 M 个类内组合结果 $\{m_{\boldsymbol{A}^j}(\cdot \mid \Gamma_s^{\boldsymbol{A}^j})\}_{s=1}^M$;

13: 　　　　利用公式 (5.14)，组合上述得到的 M 个类内组合结果，得出总的结果 $m_{\boldsymbol{A}^j}(\cdot)$;

14: 　　　　$\boldsymbol{C}^j \leftarrow \{(\omega_1, m_{\boldsymbol{A}^j}(\omega_1)), (\omega_2, m_{\boldsymbol{A}^j}(\omega_2)), \cdots, (\omega_M, m_{\boldsymbol{A}^j}(\omega_M))\}$;

15: 　　　　**if** $\text{econf}(\boldsymbol{A}^j \Rightarrow \boldsymbol{C}^j) \geqslant \text{minconf}$ **then**

16: 　　　　　　$\mathcal{R}_k \leftarrow \mathcal{R}_k \cup \{\boldsymbol{A}^j \Rightarrow \boldsymbol{C}^j\}$;

17: 　　　　**end if**

18: 　　**end for**

19: **end for**

20: **return** 一组置信类关联规则集 $\mathcal{R} = \{\mathcal{R}_k\}_{k=1}^{k_{\max}}$

zziness(·) 表示基于简单模糊网格的特征空间划分 [70]。下面将详细介绍以上三个阶段的实现过程。

在第一阶段（算法 5.1 的第 2~7 行），通过对训练集 T 进行多次扫描，搜索所有的频繁模糊项集。在第一次扫描中，首先计算每个单模糊项（$k=1$）的支持度值，进而确定支持度值大于等于最小阈值 minsup 的所有频繁 1-模糊项。接下来，在每一次后续的扫描中执行 Apriori_gen 函数所对应的操作，该函数是以候选生成和测试的方式生成频繁模糊 k-项集，其过程如下：首先，合并上一步搜索到的频繁 $(k-1)$-项集产生候选模糊 k-项集；其次，利用公式 (1.43)，在扫描过程中计算每一个候选模糊项集的支持度值；最后，模糊支持度值不低于最小阈值 minsup 的候选项集将作为新的频繁模糊 k-项集 F_k。当 k 达到上限值 P 或者当前频繁项集 F_k 为空时，该操作停止。

在第二阶段（算法 5.1 的第 8~14 行），将研究如何获得由上一阶段生成的频繁模糊项集（规则前提）所对应的结论部分。令 $\Gamma^{\boldsymbol{A}^j}$ 为前提 $\boldsymbol{A}^j$ 所覆盖的训练样本集。在置信函数理论框架下，对任一训练样本 $\boldsymbol{x}_i \in \Gamma^{\boldsymbol{A}^j}$，其类别信息 $\omega^{(i)} = \omega_s$ 可表示为满足如下条件的 mass 函数 $m_{\boldsymbol{A}^j}(\cdot \mid \boldsymbol{x}_i)$：

$$\begin{cases} m_{\boldsymbol{A}^j}(\{\omega_s\} \mid \boldsymbol{x}_i) = \mu_{\boldsymbol{A}^j}(\boldsymbol{x}_i) \\ m_{\boldsymbol{A}^j}(\Omega \mid \boldsymbol{x}_i) = 1 - \mu_{\boldsymbol{A}^j}(\boldsymbol{x}_i) \end{cases} \tag{5.9}$$

在将所有被覆盖的训练样本类别信息转化为对应 mass 函数之后，接下来的问题是如何将它们组合起来，以获得分配给所有可能类别标签的置信度。考虑到组合过程中涉及的 mass 函数数目可能很多（特别是在前提部分更一般的情况下），给出一种分层组合方法，包括类内组合与类间组合。

在第一层次，利用置信函数理论中的 Dempster 组合规则将具有相同类别标签的样本对应的 mass 函数进行组合。令 $\Gamma_s^{\boldsymbol{A}^j}$（$s = 1, 2, \cdots, M$）是被前提 $\boldsymbol{A}^j$ 所覆盖且类别标签为 ω_s 的所有训练样本集。通过类内组合可得到 mass 函数 $m_{\boldsymbol{A}^j}(\cdot \mid \Gamma_s^{\boldsymbol{A}^j})$：

$$m_{\boldsymbol{A}^j}(\cdot \mid \Gamma_s^{\boldsymbol{A}^j}) = \bigoplus_{\boldsymbol{x}_i \in \Gamma_s^{\boldsymbol{A}^j}} m_{\boldsymbol{A}^j}(\cdot \mid \boldsymbol{x}_i) \tag{5.10}$$

式中，$\bigoplus$ 表示 Dempster 组合规则。代入 Dempster 组合规则公式 (1.8) 后可得

$$\begin{cases} m_{\boldsymbol{A}^j}(\{\omega_s\} \mid \Gamma_s^{\boldsymbol{A}^j}) = 1 - \prod_{\boldsymbol{x}_i \in \Gamma_s^{\boldsymbol{A}^j}} (1 - \mu_{\boldsymbol{A}^j}(\boldsymbol{x}_i)) \\ m_{\boldsymbol{A}^j}(\Omega \mid \Gamma_s^{\boldsymbol{A}^j}) = \prod_{\boldsymbol{x}_i \in \Gamma_s^{\boldsymbol{A}^j}} (1 - \mu_{\boldsymbol{A}^j}(\boldsymbol{x}_i)) \\ m_{\boldsymbol{A}^j}(X \mid \Gamma_s^{\boldsymbol{A}^j}) = 0, \quad \forall X \in 2^\Omega \setminus \{\Omega, \{\omega_s\}\} \end{cases} \tag{5.11}$$

式中，$\mu_{\boldsymbol{A}^j}(\boldsymbol{x}_i)$ 是训练样本 $\boldsymbol{x}_i$ 与前提 $\boldsymbol{A}^j$ 之间的匹配度，可利用公式 (5.6) 计算得出。

在第二层次，利用 Dempster 组合规则将第一层次得到的所有 mass 函数进行组合。考虑到这些类内组合结果分别支持不同的类别标签，即它们之间可能存在较大的冲突，采用 Shafer 折扣运算对部分不可靠证据进行处理。对于 mass 函数 $m_{\boldsymbol{A}^j}(\cdot \mid \varGamma_s^{\boldsymbol{A}^j})$，其折扣因子是通过类别标签为 ω_s 的样本占所有被覆盖样本的比例来度量，计算公式如下：

$$\gamma_s = \frac{\mid \varGamma_s^{\boldsymbol{A}^j} \mid}{\mid \varGamma^{\boldsymbol{A}^j} \mid} \tag{5.12}$$

于是，将支持不同类别的 mass 函数折扣后进行组合可得 $m_{\boldsymbol{A}^j}(\cdot)$：

$$m_{\boldsymbol{A}^j} = \bigoplus_{s=1,2,\cdots,M} {}^{\gamma_s}m_{\boldsymbol{A}^j}(\cdot \mid \varGamma_s^{\boldsymbol{A}^j}) \tag{5.13}$$

式中，${}^{\gamma_s}m_{\boldsymbol{A}^j}(\cdot \mid \varGamma_s^{\boldsymbol{A}^j})$ 是指将初始的 mass 函数 $m_{\boldsymbol{A}^j}(\cdot \mid \varGamma_s^{\boldsymbol{A}^j})$ 利用因子 γ_s 进行 Shafer 折扣运算后所得到的 mass 函数。代入 Shafer 折扣运算和 Dempster 组合公式，公式 (5.13) 所示的类间组合可进一步解析表示为

$$\begin{cases} m_{\boldsymbol{A}^j}(\{\omega_s\}) = \dfrac{\gamma_s}{K_j} \left(1 - \displaystyle\prod_{\boldsymbol{x}_i \in \varGamma_s^{\boldsymbol{A}^j}} (1 - \mu_{\boldsymbol{A}^j}(\boldsymbol{x}_i))\right) \\ \qquad \cdot \displaystyle\prod_{r \neq s} \left(1 - \gamma_r + \gamma_r \displaystyle\prod_{\boldsymbol{x}_i \in \varGamma_r^{\boldsymbol{A}^j}} (1 - \mu_{\boldsymbol{A}^j}(\boldsymbol{x}_i))\right) \\ m_{\boldsymbol{A}^j}(\varOmega) = \dfrac{1}{K_j} \displaystyle\prod_{s=1}^{M} \left(1 - \gamma_s + \gamma_s \displaystyle\prod_{\boldsymbol{x}_i \in \varGamma_s^{\boldsymbol{A}^j}} (1 - \mu_{\boldsymbol{A}^j}(\boldsymbol{x}_i))\right) \end{cases} \tag{5.14}$$

式中，$s = 1,2,\cdots,M$ 且归一化系数 K_j 的值满足等式：

$$m_{\boldsymbol{A}^j}(\varOmega) + \sum_{s=1}^{M} m_{\boldsymbol{A}^j}(\{\omega_s\}) = 1 \tag{5.15}$$

在算法 5.1 的最后阶段（第 15~17 行），根据定义 5.2，计算由前两个阶段生成规则的置信度，进而提取所有置信度值超过给定阈值的可靠置信类关联规则。与其他关联规则分类算法相比，该算法的独特之处在于规则结论的生成过程是建立在置信函数理论框架下，可有效刻画复杂的分类边界。下面将通过一个例子展示置信结论的生成过程。

例 5.2　基于例 5.1 中所给的数据和模糊划分,考虑如何获得与前提部分 $A_{2,1}$ 相对应的置信结论。表 5.1 中所列的五组样本对应模糊集 $A_{2,1}$ 的隶属度值分别为

$$\mu_{A_{2,1}}(x_{1,2}) = 0, \quad \mu_{A_{2,1}}(x_{2,2}) = 0.67, \quad \mu_{A_{2,1}}(x_{3,2}) = 0, \quad \mu_{A_{2,1}}(x_{4,2}) = 1,$$
$$\mu_{A_{2,1}}(x_{5,2}) = 0.67$$

由此看出,前提部分 $A_{2,1}$ 共激活了三组样本(分别为样本 $\boldsymbol{x}_2$、$\boldsymbol{x}_4$ 与 $\boldsymbol{x}_5$)。首先,将每个被激活样本的类别信息转化为相应的 mass 函数:

$$\begin{cases} m_{A_{2,1}}(\omega_3 \mid \boldsymbol{x}_2) = 0.67 \\ m_{A_{2,1}}(\Omega \mid \boldsymbol{x}_2) = 0.33 \end{cases} \quad \begin{cases} m_{A_{2,1}}(\omega_2 \mid \boldsymbol{x}_4) = 1 \\ m_{A_{2,1}}(\Omega \mid \boldsymbol{x}_4) = 0 \end{cases} \quad \begin{cases} m_{A_{2,1}}(\omega_2 \mid \boldsymbol{x}_5) = 0.67 \\ m_{A_{2,1}}(\Omega \mid \boldsymbol{x}_5) = 0.33 \end{cases}$$

然后,对上述所得到的 mass 函数进行分层组合。在第一层次,利用公式 (5.11) 将 mass 函数 $m_{A_{2,1}}(\cdot \mid \boldsymbol{x}_4)$ 与 $m_{A_{2,1}}(\cdot \mid \boldsymbol{x}_5)$ 进行组合,得到类内组合结果为 $m_{A_{2,1}}(\omega_2 \mid \{\boldsymbol{x}_4, \boldsymbol{x}_5\}) = 1$。在第二层次,将代表类别标签为 ω_2 的 mass 函数 $m_{A_{2,1}}(\omega_2 \mid \{\boldsymbol{x}_4, \boldsymbol{x}_5\})$ 与代表类别标签为 ω_3 的 mass 函数 $m_{A_{2,1}}(\cdot \mid \boldsymbol{x}_2)$ 进行组合。在此之前,利用公式 (5.12) 计算这两组 mass 函数的折扣因子,结果分别为 $\gamma_2 = 2/3$ 与 $\gamma_3 = 1/3$。将它们代入公式 (5.14),可得最终的 mass 函数 $m_{A_{2,1}}(\cdot)$:

$$m_{A_{2,1}}(\omega_2) = 0.61, \quad m_{A_{2,1}}(\omega_3) = 0.09, \quad m_{A_{2,1}}(\Omega) = 0.30$$

因此,与前提部分 $A_{2,1}$ 相对应的置信结论部分为 $\{(\omega_2, 0.61), (\omega_3, 0.09)\}$。

5.3.2　置信类关联规则削减

在本节中,给出一种规则削减策略来提高分类效率,主要思想是从所挖掘到的规则集中去除部分多余的或者不能改进分类性能的规则。该策略主要分为两个阶段:规则预筛选阶段以删除冗余规则和规则选择阶段以构建更加精确的分类模型。

1. 规则预筛选阶段

虽然利用 5.3.1 小节提出的规则挖掘算法能够获得一组满足阈值的置信类关联规则集,但是所生成的规则数目可能相当大,其中一个主要原因是所得到的规则集中很可能存在一些无用或者冗余的规则。因此,规则削减策略第一阶段的主要目的是从生成的规则集中筛选出一组没有冗余的规则集。

该阶段是利用前提更一般且置信度更高的规则来删除那些相对具体且置信度相对较低的规则,即如果规则 R 的置信度值不高于规则 R^-(通过从规则 R 的前提部分中删除一个特征得到)的置信度值,则将规则 R 从规则集中删除。该阶段主要分为两步:第一步是计算所有挖掘到的规则的置信度(算法 5.2 的第 1 行);第二步是从最具体的规则开始,将其置信度与前提更一般的规则的置信度进行比

较，如果存在一个具有较高置信度且前提更一般的规则，则将相对具体的那条规则删除（算法 5.2 的第 2~10 行），最终获得一组无冗余的规则集，记作 $\tilde{\mathcal{R}}$。

算法 5.2　规则去冗余算法

Require: 一组规则集　$\mathcal{R} = \{\mathcal{R}_k\}_{k=1}^{k_{\max}}$

 1: 计算集合 $\mathcal{R}$ 中每条规则的置信度;

 2: **for** $k = k_{\max}$ to 2 **do**

 3:　　$\tilde{\mathcal{R}}_k \leftarrow \mathcal{R}_k$;

 4:　　**for** 每条规则　$R \in \mathcal{R}_k$ **do**

 5:　　　　选择前提更一般的规则 $R^- \in \mathcal{R}_{k-1}$;

 6:　　　　**if** $\text{econf}(R^-) \geqslant \text{econf}(R)$ **then**

 7:　　　　　　$\tilde{\mathcal{R}}_k \leftarrow \tilde{\mathcal{R}}_k \setminus R$;

 8:　　　　**end if**

 9:　　**end for**

10: **end for**

11: **return**　一组无冗余的规则集 $\tilde{\mathcal{R}} = \{\tilde{\mathcal{R}}_k\}_{k=1}^{k_{\max}}$

---

2. 规则选择阶段

该阶段的任务是从所得到的集合 $\tilde{\mathcal{R}}$ 中选择部分规则来覆盖训练样本集 T，以最小化训练样本的分类误差。最终的分类器由一组规则集 $\tilde{\tilde{\mathcal{R}}} \subseteq \tilde{\mathcal{R}}$ 和一个默认类组成，即

$$\mathcal{C} = \langle \tilde{\tilde{\mathcal{R}}}, \text{Default\_class} \rangle \tag{5.16}$$

式中，Default_class 是指在输入样本没有激活 $\tilde{\tilde{\mathcal{R}}}$ 中的任意一条规则情况下所分配的默认类别。为构建精确的分类模型，本节提出了一种精度驱动的规则选择算法（算法 5.3），主要包括以下三个步骤。

(1) **步骤 1：记录集合 $\tilde{\mathcal{R}}$ 中每条规则分类正确和错误的样本数目。** 分别用变量 Num_Right 与 Num_Wrong 来记录被每条规则分类正确和错误的样本数目。对于训练集 T 中的每个样本，首先，利用公式 (5.6) 计算其与 $\tilde{\mathcal{R}}$ 中每条规则的匹配度大小；其次，将 $\tilde{\mathcal{R}}$ 中的规则按照所求得的匹配度值降序排列；最后，依据该顺序检验每条规则是否能正确分类该样本，同时更新 Num_Right 与 Num_Wrong 的值，直至该样本被 K 条规则正确分类，其中参数 K 的取值与 5.3.3 小节给出的推理分类过程中的参数取值相同。

(2) **步骤 2：根据分类正确率对规则集 $\tilde{\mathcal{R}}$ 中的规则排序。** 假定 R_i 与 R_j 是集合 $\tilde{\mathcal{R}}$ 内的任意两条规则，那么，规则 R_i 优于规则 R_j 当且仅当满足以下条件之一。

① 规则 R_i 的分类正确率高于规则 R_j 的分类正确率，其中每条规则的分类正确率可由 Num_Right/(Num_Right+Num_Wrong) 来计算；

② 在规则 R_i 与 R_j 的分类正确率相同的情况下，两条规则正确分类数目满足 Num_Right(R_i) >Num_Right(R_j)；

③ 在两条规则的分类正确率与分类数目均相同情况下，规则 R_i 的前提数目少于规则 R_j。

算法 5.3　　规则选择算法

Require: 训练集 T, 无冗余的规则集 $\tilde{\mathcal{R}}$, 参数 K, 容错阈值 ϵ

1: 初始化 Num_Right$(R_j) \leftarrow 0$, Num_Wrong$(R_j) \leftarrow 0$, $\forall R_j \in \tilde{\mathcal{R}}$;

2: **for** 每个训练样本 $\boldsymbol{x}_i \in T$ **do**

3:　　计算每个样本 $\boldsymbol{x}_i$ 与集合 $\tilde{\mathcal{R}}$ 中每条规则的匹配度;

4:　　将 $\tilde{\mathcal{R}}$ 中的规则按照匹配度值的降序排列;

5:　　Num_Rule $\leftarrow 0$;

6:　　**for** 排序后的序列中的每条规则 $R_j \in \tilde{\mathcal{R}}$ **do**

7:　　　　**if** 规则 R_j 能够正确分类样本 $\boldsymbol{x}_i$ **then**

8:　　　　　　Num_Right$(R_j) \leftarrow$ Num_Right$(R_j) + 1$, Num_Rule $\leftarrow$ Num_Rule $+ 1$;

9:　　　　　　**if** Num_Rule $= K$ **then**

10:　　　　　　　　**break**;

11:　　　　　　**end if**

12:　　　　**else**

13:　　　　　　Num_Wrong$(R_j) \leftarrow$ Num_Wrong$(R_j) + 1$;

14:　　　　**end if**

15:　　**end for**

16: **end for**

17: 将 $\tilde{\mathcal{R}}$ 按照分类正确率排序;

18: $\tilde{\tilde{\mathcal{R}}} \leftarrow \varnothing$;

19: **for** 排序后的序列中的每条规则 $R_j \in \tilde{\mathcal{R}}$ **do**

20:　　$\tilde{\tilde{\mathcal{R}}} \leftarrow \tilde{\tilde{\mathcal{R}}} \cup R_j$;

21:　　确定默认类 Default_class;

22:　　计算当前分类模型 $\langle \tilde{\tilde{\mathcal{R}}}, \text{Default\_class} \rangle$ 的误差率 e，并记录所有分类模型的最小误差率 $e_{\min}$;

23:　　**if** $e - e_{\min} > \epsilon$ **then**

24:　　　　**break**;

25:　　**end if**

26: **end for**

27: **return** 具有最小误差率的分类模型 $\mathcal{C} = \langle \tilde{\tilde{\mathcal{R}}}, \text{Default\_class} \rangle$

(3) **步骤 3：根据上一步得到的优先级顺序选择能够改进训练集分类精度的规则组成分类模型**。首先，优先级最高的规则将组成第一个分类规则，同时将被该规则所覆盖的样本从训练集中删除，剩余训练样本中的数目最多的类别作为默认类；其次，计算由该分类模型对训练样本进行分类的误差率；最后，通过将具有较低优先级顺序的规则纳入分类模型对上述过程不断迭代，同时获取新的默认类。如果所构建的分类模型误差率增加，并且增加的程度超过给定的阈值 ϵ（默认值设为 0.2），那么迭代终止并将具有最小分类误差率的分类模型作为最终分类模型。

注 5.2　近年来，基于不同的出发点一些学者也开展了规则削减相关算法研究。Chen 等 [164] 面向插值问题发展了一种规则削减算法，用于选择最小的模糊规则集对某些特定的观测值进行插值。在该过程中，删除某个规则的前提是不能违背所观测到的特征值与相应规则集之间定义的一致性准则。由此看出，该方法与本章所提出的规则削减方法在削减的目的和准则方面存在本质差别。

5.3.3　置信推理分类

在本节中，基于所构建的分类模型提出一种基于前 K 个规则的置信推理算法对输入样本进行分类。考虑到可能存在大量激活的规则，在 BRBCS 方法中所提出的置信推理分类算法的基础上，给出一种改进的基于前 K 个激活规则的置信推理分类方法。

在置信函数理论框架下，集合 $\tilde{\mathcal{R}}$ 中每条规则的结论可以表示为一个公式 (5.2) 所示的 mass 函数。对于某个给定的输入样本，其激活的规则数目往往比 BRBCS 中激活的规则数目大，因为所提出的分类模型中的规则前提更趋于一般性。传统的融合所有激活规则的置信推理算法将不再适用于分类模型，具体原因如下：一方面，随着规则数目的增加，利用 Dempster 组合规则融合所有 mass 函数的计算复杂度会大幅度增加；另一方面，在所有激活的规则中，那些具有较低匹配度的规则与样本的相关性较弱。因此，只需要融合那些具有较高匹配度的规则进行分类。在所提出的置信推理算法中，预先给定一个参数 K 用来限定所需要融合的规则数目（如果激活的规则数目少于 K，那么将融合所有激活的规则）。令 $\tilde{\mathcal{R}}_K$ 表示被输入样本激活的前 K 条权重最大的规则组成的集合，则输入样本的分类结果可表示为一个 mass 函数，满足：

$$m = \bigoplus_{R \in \tilde{\mathcal{R}}_K} {}^{\alpha} m(\cdot \mid R) \tag{5.17}$$

式中，$m(\cdot \mid R)$ 是指规则 R 的结论所对应的如公式 (5.2) 所示的 mass 函数；α 是指输入样本与规则 R 之间的关联度，其定义为匹配度与规则权重的乘积。

注意到该分类结果是一个 mass 函数，它为输入样本提供了一种软决策形式。如果要进行硬决策，可利用最大 Pignistic 概率决策规则，即利用 Pignistic 转换得到对应不同类的概率值，并将输入样本分配给具有最大概率值的类别标签。

5.3.4　计算复杂度分析

为了展示所提出的 EARC 方法的计算效率，本节给出了该方法的计算复杂度分析。在分类模型训练阶段，计算复杂度主要体现在规则挖掘阶段，其中计算量最大的部分是频繁项集的搜索（对应算法 5.1 的第 2~7 行）和置信结论的生成（对应算法 5.1 的第 8~14 行）。

(1) **频繁模糊项集搜索阶段**：首先，通过执行项之间的合并操作导出候选频繁 k-项集 C_k。为此，需要扫描 F_{k-1} 中每一对可能的项集来判断是否其前 $k-2$ 个项均相同，并且最后一个项不同，该过程至多需要 $k-1$ 次比对。因此，合并操作所需要的总代价为 $O\left(\sum_{k=2}^{k_{\max}}(k-1)|F_{k-1}|^2\right)$（$k_{\max}$ 为所有频繁项集中的最大长度）。接下来，利用公式 (1.43) 和公式 (5.6) 计算每个候选模糊 k-项集的支持度值，该过程主要包含 $N(k-1)$ 次乘法运算和 N 次求根运算。因此，支持度计算操作的总代价为 $O\left(N\sum_{k=2}^{k_{\max}}k|C_k|\right)$。

(2) **规则结论生成阶段**：在该阶段，需要分别执行类内和类间的组合操作来获得对应每个频繁模糊项集的结论部分。根据公式 (5.11)，类内组合的计算代价为 $O(NM)$，根据公式 (5.14)，类间组合的计算代价为 $O(M^2)$（M 为类别数目）。在实际的分类问题中，由于 N 远大于 M，因此该阶段的总代价为 $O\left(NM\sum_{k=1}^{k_{\max}}|F_k|\right)$。

结合上面的分析，并考虑到 $|C_k|$ 的值不小于 $|F_k|$，因此，模型训练阶段的计算代价至多为 $O\left(\sum_{k=2}^{k_{\max}}\left[k|F_{k-1}|^2+N(k+M)|C_k|\right]\right)$，这就表明该复杂度与训练样本的数目和类别数目均近似呈线性关系。此外，它还与候选 k-项集的数目 $|C_k|$ 呈线性关系，而与频繁 k-项集的数目 $|F_k|$ 呈二次方关系，而这两者都取决于最小支持度阈值 minsup，模糊划分数目 L 和特征维数 P。可以看出，总的计算复杂度会随着频繁项集的长度 k（其上限值 $k_{\max}$ 与维数 P 密切相关）的增加而增加。总的来说，在特征维数较高的情况下，所生成的频繁项集的长度往往会更长，这就导致了高维数据在训练阶段的计算复杂度较高。为此，本节针对高维数据分类问题增加了一个特征选择的预处理阶段。

在分类的测试阶段，计算输入样本与分类模型中每个规则的匹配度所需的

代价至多为 $O(PS)$，其中 S 为分类模型中的规则数目。由于公式 (5.17) 中涉及的 mass 函数的焦元均为单元素或者整个辨识框架，因此，融合前 K 个规则所需要的代价为 $O(KM)$，则测试阶段总的计算代价为 $O(PS+KM)$。考虑到所有涉及的变量值均不大，所以整个测试阶段的复杂度较低。

为了更加全面地评估该方法的复杂度，接下来将简要给出与之相关的两种方法的复杂度分析：CBA[13] 与 BRBCS[128]。

(1) 对于 CBA 方法，模型训练的复杂度主要体现在规则挖掘阶段，其中利用 Apriori 候选生成和测试方式搜索频繁规则项的过程所需要的计算量最大，其代价至多为 $O\left(\sum\limits_{k=2}^{k_{\max}}\left[k|F_{k-1}|^2+N|C_k|\right]\right)$。

(2) 对于 BRBCS 方法，模型训练的复杂度主要体现在对所有定义的模糊区间生成相应的结论阶段，其所需的代价为 $O(NP+M^2L^P)$，其中 L 和 P 分别是指模糊划分数目和特征维数。

由以上分析可知，本节所提出的 EARC 的模型训练复杂度相对 CBA 与 BRBCS 更大一些。尽管如此，由于所提出的方法是离线进行的，并且测试阶段的复杂度较低，所以能够满足分类的实时性需求。

5.4　实　验　分　析

在本节中，从 UCI 数据库[140] 和进化学习知识挖掘（knowledge extraction based on evolutionary learning, KEEL）数据库[165] 中选取了 24 组代表性数据集，通过多组实验评估所提出的 EARC 的分类性能。首先，5.4.1 小节描述了相关的实验设置，包括所用的数据集、对比方法、参数设置，以及所采用的统计检验方法。然后，在 5.4.2 小节，通过与其他方法进行对比给出了分类精度分析。在 5.4.3 小节，通过与 BRBCS 进行对比，给出了可解释性分析。此外，为了全面评估所提出的方法，5.4.4 与 5.4.5 小节中分别给出了参数分析与运行时间分析。

5.4.1　实验设置

在该实验中，考虑了 24 个典型的标准数据集，它们在特征数（3~166）、样本数（90~20560）和类别数（2~8）方面跨度很大，表 5.2 给出了这些数据集的主要特征信息。对于特征数超过 10 的数据集，在利用所提出的方法之前首先执行序列特征选择操作，以降低数据的特征维数。为了开展不同的实验，采用 5-折交叉验证的方法对数据集进行处理，即每个数据集被划分成 5 份，其中 80% 的样本用来作训练，而剩下的 20% 用来作测试。最后，计算这 5 次划分下的分类结果的平均值作为每个数据集的最终结果。

表 5.2　实验所采用数据集的主要特征信息

数据集	特征数	样本数	类别数
Appendicitis	7	106	2
Balance	4	625	3
Banknote	4	1372	2
Cancer	9	683	2
Cryotheropy	6	90	2
Diabetes	8	393	2
Ecoli	7	336	8
Gas-sensors	128	13910	6
Haberman	3	306	2
Happiness	6	143	2
HTRU	8	17898	2
Immunotherapy	7	90	2
Ionosphere	34	351	2
Iris	4	150	3
Liver	6	345	2
Musk	166	6598	2
Occupancy	5	20560	2
Pima	8	336	2
Saheart	9	462	2
Sonar	60	187	2
Transfusion	4	748	2
Waveform	21	5000	3
Wdbc	30	569	2
Wine	13	178	3

本实验将所提出的 EARC 与经典的关联规则分类方法（CBA [13]、FARC-HD [73]）、产生式规则分类方法（FRBCS [64]、BRBCS [128]）和决策树分类方法（CART [78]）进行对比。此外，还将 EARC 与置信神经网络分类方法（evidential neural network-based classification, ENNC）[166] 进行对比，因为该方法所基于的原型向量和对应的类别可分别看作规则的前提与结论部分，其分类思想与基于规则的分类方法具有一定的相似性。表 5.3 给出了该实验中各对比方法的参数设

表 5.3　实验中各对比方法的参数设置

方法	参数设置
CART	maxDepth = 90
CBA	minsup = 0.01, minconf = 0.5, RuleLimit = 80000
FRBCS	PartitionNum = 5
FARC-HD	minsup = 0.05, maxconf = 0.8, PartitionNum = 5, Depthmax = 3 , k_t = 2, δ = 0.2, BitsPerGen = 30, PartitionNum = 50, EvaluationNum = 15000
ENNC	PrototypesPerClass = 5
BRBCS	PartitionNum = 5
EARC	PartitionNum = 5, minsup = 0.01, minconf = 0.5, K = 5

置，其中与 CART、CBA、FRBCS 和 FARC-HD 的对比是在 KEEL 软件平台[165] 中进行的，相应的参数设置是该软件中所给出的默认值，也是相应作者所建议的能够取得较好分类性能的参数取值。对于 ENNC 和 BRBCS，Jiao 等[128] 和 Denœux[166] 分别给出了不同参数取值下的分类性能对比，本实验所采用的是能够取得较好平均分类精度的参数取值。

与各对比方法相比，本章所提出的 EARC 涉及的公共参数包括：模糊划分数目（PartitionNum）、最小支持度阈值（minsup）和最小置信度阈值（minconf）。如表 5.3 所示，PartitionNum 与其他模糊分类方法中的取值相一致，minsup 和 minconf 与 CBA 中的阈值设置相同，这也是多数关联规则分类方法[24,82,106] 中所推荐的阈值设置。在所提出的方法中，通过大量的数据测试给出了独有参数 K 的默认设置。

为了评估多个方法性能之间是否存在显著性差异，采用非参数检验[135] 对所涉及的方法在多个数据集下的分类结果进行统计性比较。首先，采用 Friedman 检验和 Iman-Davenport 检验来判断所获得的结果之间是否存在显著差异。如果存在显著差异，接下来将采用 Bonferroni-Dunn 测试来检验性能最优的方法是否明显优于其他方法。

5.4.2 分类精度评估

表 5.4 给出了各方法在不同数据集下的分类精度对比结果，其中括号内的数字表示各方法在对应数据集下的分类精度排序，并将性能最优的分类结果用粗体标记。表格的最后两行分别列出了各方法在所有数据集下的平均分类精度和平均精度排序。实验结果表明，所提出的 EARC 在大多数数据集下的分类性能优于其他方法，并具有最高的平均分类精度和平均精度排序。

为了对分类结果进一步开展统计性分析，基于所得到的平均精度排序对多种方法进行非参数检验，具体过程如下：首先，采用 Friedman 检验和 Iman-Davenport 检验来判断不同方法之间是否存在显著性差异。表 5.5 和表 5.6 分别给出了显著水平为 0.05 时 Friedman 和 Iman-Davenport 统计值（服从自由度为 6 和 138 的 $\mathcal{F}$-分布），同时也给出了显著水平 $\alpha = 0.05$ 下的临界值和对应的 p 值。可以看出，Friedman 和 Iman-Davenport 检验的统计值均明显高于临界值，因此，在显著水平为 0.05 时不同方法的分类结果存在显著差异。接下来，进一步采用 Bonferroni-Dun 检验对比具有最高平均排序值的 EARC 方法与其他方法之间的性能差异。图 5.2 形象地给出了显著水平为 0.05 时 Bonferroni-Dunn 统计检验结果，其中临界值（CD）用水平线标示，则任意一个在该水平线之外的方法明显差别于具有最高平均排序值的方法。实验结果表明，在显著水平为 0.05 时，EARC 的分类精度明显优于 CART、CBA、FRBCS、ENNC 和 BRBCS；而在

表 5.4　各方法在不同数据集下的分类精度对比结果

数据集	CART	CBA	FRBCS	FARC-HD	ENNC	BRBCS	EARC
Appendicitis	0.8208(6)[a]	0.8498(5)	0.7745(7)	0.8584(2)	0.8571(3.5)	0.8571(3.5)	**0.8762**(1)
Balance	0.6129(7)	0.7408(6)	0.7888(5)	0.8672(3)	**0.8976**(1)	0.7936(4)	0.8864(2)
Banknote	0.9796(4)	0.9344(7)	0.9628(5)	**0.9971**(1)	0.9803(3)	0.9620(6)	0.9847(2)
Cancer	0.9531(6)	0.9605(4)	0.9518(7)	0.9678(2)	**0.9721**(1)	0.9574(5)	0.9662(3)
Cryotheropy	**0.9000**(1.5)	0.8778(4.5)	0.8222(6)	0.8778(4.5)	0.7556(7)	0.8889(3)	**0.9000**(1.5)
Diabetes	0.6966(7)	0.7487(3)	0.7279(6)	0.7304(5)	0.7481(4)	0.7564(2)	**0.7615**(1)
Ecoli	0.7529(7)	0.7680(6)	0.8096(5)	0.8155(4)	0.8418(3)	**0.8567**(1)	0.8478(2)
Gas-sensors	0.8571(2)	**0.8741**(1)	0.7571(5)	0.8201(4)	0.7214(7)	0.7549(6)	0.8270(3)
Haberman	0.7157(6)	0.7287(5)	0.7289(4)	0.7386(2)	0.7148(7)	0.7377(3)	**0.7574**(1)
Happiness	0.5950(3)	0.5384(7)	0.5429(5.5)	0.6579(2)	0.5429(5.5)	0.5643(4)	**0.6929**(1)
HTRU	0.9295(6)	0.9712(3)	0.9681(4)	0.9675(5)	0.9243(7)	0.9723(2)	**0.9738**(1)
Immunotherapy	0.7778(6)	**0.8333**(1)	0.7889(5)	0.8000(4)	0.7556(7)	0.8111(3)	0.8222(2)
Ionosphere	0.8176(7)	0.9146(3)	0.9089(5)	0.9117(4)	0.9171(2)	0.9060(6)	**0.9259**(1)
Iris	0.9467(5.5)	0.9400(7)	0.9533(4)	0.9467(5.5)	0.9600(3)	**0.9667**(1)	0.9633(2)
Liver	0.6029(5)	0.5768(7)	0.6203(4)	0.6377(3)	**0.6754**(1)	0.5971(6)	0.6725(2)
Musk	0.8113(6)	0.8745(4)	0.8783(3)	0.8593(5)	0.7442(7)	0.8802(2)	**0.8832**(1)
Occupancy	0.9638(7)	0.9820(3)	0.9815(4)	0.9854(2)	0.9780(5)	0.9759(6)	**0.9876**(1)
Pima	0.7057(6)	0.7461(4)	0.6887(7)	0.7551(3)	0.7412(5)	0.7761(2)	**0.7910**(1)
Saheart	0.6017(7)	0.6862(3)	0.6457(6)	0.6861(4)	0.6804(5)	0.6957(2)	**0.7022**(1)
Sonar	0.7402(6.5)	0.7402(6.5)	0.7458(5)	0.7837(2)	**0.7902**(1)	0.7646(4)	0.7794(3)
Transfusion	0.7594(6)	0.7620(4)	0.7607(5)	0.7726(2)	0.7530(7)	0.7705(3)	**0.7758**(1)
Waveform	0.7200(7)	0.8122(3)	0.7450(6)	0.8320(2)	**0.8688**(1)	0.7606(5)	0.7648(4)
Wdbc	0.9280(6)	0.9455(4)	0.9420(5)	**0.9683**(1)	0.9274(7)	0.9526(3)	0.9666(2)
Wine	0.8771(6)	0.9435(4)	0.9497(3)	0.9379(5)	0.7429(7)	0.9663(2)	**0.9665**(1)
平均分类精度	0.7944	0.8229	0.8101	0.8406	0.8121	0.8302	**0.8531**
平均精度排序	5.69	4.38	5.06	3.21	4.46	3.52	**1.69**

a 括号内数字代表方法的分类精度排序。

显著水平为 0.1 时也明显优于 FARC-HD。结合上述分析可以得出 EARC 的分类精度在所有对比方法中是显著占优的。

表 5.5　显著水平为 0.05 时 Friedman 统计检验结果

统计值 ($\mathcal{X}_F^2$)	临界值	p 值
54.16	12.59	6.85×10^{-10}

表 5.6　显著水平为 0.05 时 Iman-Davenport 统计检验结果

统计值 ($\mathcal{F}_F$)	临界值	p 值
14.86	2.16	4.66×10^{-13}

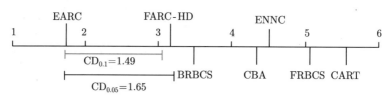

图 5.2 显著水平为 0.05 时 Bonferroni-Dunn 统计检验结果

5.4.3 可解释性评估

在基于规则的分类方法中，分类模型的可解释性是除了分类精度之外的另外一个重要的评估指标。在本节中，通过与置信函数理论框架下一种代表性的基于规则的分类方法 BRBCS 进行对比，来评估所提出的 EARC 方法的可解释性。采用以下三种广泛使用的可解释性度量指标[88]。

(1) **规则数目**：根据奥卡姆剃刀原理（即适合系统行为中最简单的模型是最优的），在保证一定分类性能的情况下，学到的规则集规模应尽可能小。

(2) **条件数目**：为了增强规则的可读性，规则的前提条件数目应尽可能少。

(3) **融合的规则数目**：为了提高语义可解释性，对输入样本进行分类时所融合的规则数目应尽可能少。

表 5.7 给出了 EARC 与 BRBCS 在以上三种可解释性指标下的对比结果，其中每个数值代表 5-折交叉验证下的平均结果，并将每个数据集下的最优结果用粗体标记。通过对表 5.7 中结果进行分析，可以得到如下结论。

(1) **可解释性指标——规则数目**：在保证较优的分类性能情况下，EARC 在多数数据集下的可解释性更好。由于 BRBCS 为每个包含训练样本的模糊划分生成一个具体的规则，所以当训练样本数目较大时，所生成的规则数目也比较多。实际上，在所生成的规则中，某些相邻区域内的规则结论很可能相同，因此，可以通过前提合并得到数目更少且更一般的规则。

(2) **可解释性指标——条件数目**：在所有数据集下，EARC 的可解释性均优于 BRBCS，这一点是由方法本身的特点所决定的。对于某个特定的数据集，由 BR-BCS 所生成的每条规则的条件数目是固定的，均为样本的特征维数。然而，EARC 所生成的规则条件数目是可变的，并且经过规则削减之后，所保留的是更加一般（条件数目更少）且置信度更高的规则。

(3) **可解释性指标——融合的规则数目**：相比 BRBCS，EARC 在多数数据集下的可解释性更好，这一点可以从以下两方面来解释：一方面，EARC 所生成的规则数目在多数数据集下更少，这就使得该方法在分类过程中所激活和融合的规则数目会更少；另一方面，在 BRBCS 中，所有被输入样本激活的规则均用来进行融合，而 EARC 只融合具有较高匹配度的部分规则。

表 5.7   EARC 与 BRBCS 在三种可解释性指标下的对比结果

数据集	规则数目		条件数目		融合的规则数目	
	BRBCS	EARC	BRBCS	EARC	BRBCS	EARC
Appendicitis	**56.6**	59.4	7	**2.0**	8.4	**5.0**
Balance	500.0	**63.4**	4	**2.3**	**0.9**	3.8
Banknote	74.8	**28.0**	4	**2.0**	9.1	**4.6**
Cancer	266.4	**85.4**	9	**2.0**	**2.2**	4.4
Cryotheropy	64.2	**44.0**	6	**2.3**	**1.5**	4.9
Diabetes	248.2	**165.6**	8	**2.9**	6.3	**5.0**
Ecoli	**111.2**	127.0	7	**3.5**	8.5	**5.0**
Gas-sensors	397.4	**160.2**	10	**3.6**	68.0	**5.0**
Haberman	49.6	**13.2**	3	**2.2**	4.5	**3.3**
Happiness	98.4	**55.4**	6	**2.1**	**0.3**	4.4
HTRU	348	**36.4**	8	**2.1**	23.7	**5.0**
Immunotherapy	**69.4**	74.0	7	**2.8**	**0.7**	5.0
Ionosphere	122.6	**57.0**	5	**2.0**	6.7	**4.9**
Iris	42.6	**26.2**	4	**1.6**	6.0	**3.5**
Liver	111.8	**84.6**	6	**2.7**	15.6	**5.0**
Musk	1834	**80.4**	10	**2.7**	37.1	**4.8**
Occupancy	131.4	**21.8**	5	**2.7**	11.2	**4.7**
Pima	229.4	**139.6**	8	**2.9**	**3.3**	5.0
Saheart	319.2	**144.2**	9	**3.4**	10.2	**5.0**
Sonar	44.2	**31.0**	3	**1.8**	6.6	**5.0**
Transfusion	29.0	**8.0**	4	**2.3**	5.9	**4.4**
Waveform	514.2	**94.2**	6	**2.4**	40.5	**5.0**
Wdbc	74.2	**23.2**	4	**1.7**	10.9	**5.0**
Wine	59.4	**51.0**	4	**1.8**	8.6	**5.0**
平均值	241.5	**69.7**	6.1	**2.4**	12.4	**4.7**

5.4.4 参数分析

在所提出的 EARC 中，确定一个合适的模糊划分数目 L 对置信类关联规则的挖掘十分重要。一方面，如果模糊划分过粗，即划分数目较小，则规则的分类能力将有所下降；另一方面，如果模糊划分过细，即划分数目较大，则规则挖掘所需要的计算代价较大，并且在小样本训练集情况下很可能会出现过拟合问题。除此之外，分类过程中需要融合的规则数目 K 是所提出方法的另一个重要参数。一个较小的规则融合数目意味着可能会漏掉一些匹配度较高的规则，而一个较大的规则融合数目则意味着可能会包含一些相关性较弱的规则。为此设计该实验来分析参数 L 和 K 对分类精度的影响。为了便于展示，选择了五组代表性的数据集：Haberman、Transfusion、Ecoli、Diabetes 和 Ionosphere（对应特征维数分别为 3、4、7、8 和 34）。图 5.3 和图 5.4 分别给出了测试数据在不同模糊划分数目（$L = 3, 5, 7$）和不同规则融合数目（$K = 1, 3, 5, 7, 9$）下的分类精度结果。通过对这两个图进行分析，可以得出以下结论：

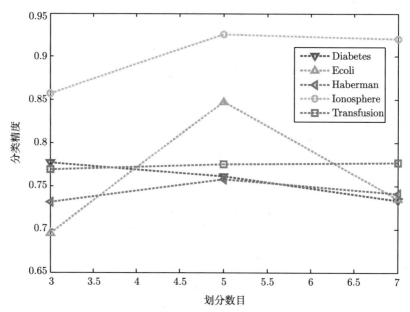

图 5.3 $K = 5$ 时所提出的 EARC 在不同模糊划分数目下的分类精度

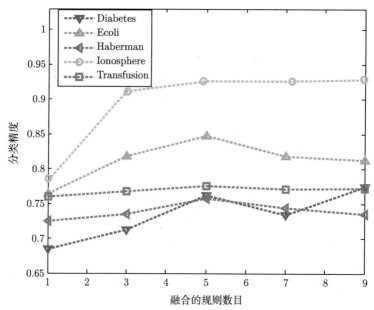

图 5.4 $L = 5$ 时所提出的 EARC 在不同的融合规则数目下的分类精度

(1) 对于多数的数据集，划分数目 $L = 5$ 时能获得最好的分类结果，但分类精度的变化总体上是趋于稳定的，这一点与其他模糊分类方法 [64,73,128] 中所得到的结论一致。

(2) 从总体上看，EARC 的分类性能随着融合的规则数目 K 的增加而增加。然而，当融合的规则数目超过某个特定的值（$K = 5$）时，分类性能将趋于稳定甚至有所下降，这是因为具有较低匹配度的规则对分类可能起到负面作用。

5.4.5　运行时间分析

为了评估 EARC 的可用性，本节针对前面几节所用到的 24 组标准数据集进行运行时间分析。该实验是在 Intel(R) Core(TM) i7-8700 CPU @ 3.20GHZ 且内存为 32GB 的计算机上进行的。第一组实验是针对所提出的 EARC 方法，分析了其平均运行时间随训练样本数、特征数、生成规则数和分类规则数的变化情况，结果如表 5.8 所示；第二组实验是针对所有的方法，统计了各方法在不同数据集下的平均运行时间，结果如表 5.9 所示。

表 5.8　EARC 在训练与测试阶段的平均运行时间

数据集	训练样本数	特征数	生成规则数	分类规则数	训练时间/s	测试时间/s
Appendicitis	85	7	1908.2	59.4	2.0	8.9×10^{-5}
Balance	500	4	100.0	63.4	1.4	1.7×10^{-4}
Banknote	1098	4	246.4	28.0	1.4	4.5×10^{-5}
Cancer	547	9	4496.8	85.4	9.3	1.2×10^{-4}
Cryotheropy	72	6	1535.6	44.0	1.4	9.5×10^{-5}
Diabetes	315	8	3377.4	165.6	10.6	1.8×10^{-4}
Ecoli	269	7	1293.6	127.0	3.0	1.4×10^{-4}
Gas-sensors	11128	10	6097.4	160.2	203.0	2.3×10^{-4}
Haberman	245	3	94.6	13.2	0.2	1.2×10^{-4}
Happiness	115	6	1193.4	55.4	1.1	9.2×10^{-5}
HTRU	14319	8	1779.4	36.4	40.1	9.2×10^{-5}
Immunotherapy	72	7	3757.4	74.0	6.5	1.1×10^{-4}
Ionosphere	281	5	454.6	57.0	0.9	9.7×10^{-5}
Iris	120	4	223.4	26.2	0.1	5.7×10^{-5}
Liver	276	6	871.8	84.6	1.3	1.2×10^{-4}
Musk	5271	10	13778.6	80.4	192.6	1.2×10^{-4}
Occupancy	16448	5	367.2	21.8	9.7	1.2×10^{-4}
Pima	269	8	3439.6	139.6	14.6	1.4×10^{-4}
Saheart	370	9	8185.2	144.2	37.2	1.4×10^{-4}
Sonar	167	3	79.2	31.0	0.1	5.2×10^{-5}
Transfusion	599	4	102.0	8.0	0.4	2.9×10^{-5}
Waveform	4000	6	990.2	94.2	25.1	1.3×10^{-4}
Wdbc	456	4	143.2	23.2	0.4	4.2×10^{-5}
Wine	143	4	212.4	51.0	0.2	7.9×10^{-5}

表 5.9　　各方法在不同数据集下的平均运行时间　　　　（单位：s）

数据集	CART	CBA	FRBCS	FARC-HD	ENNC	BRBCS	EARC
Appendicitis	0.6	0.1	0.4	1.2	0.2	0.1	2.0
Balance	12.8	0.4	0.6	7.0	0.3	0.1	1.4
Banknote	72.5	0.6	0.6	3.8	0.4	0.1	1.4
Cancer	73.8	0.8	0.6	3.0	0.2	0.1	9.3
Cryotheropy	0.2	0.3	0.2	0.8	0.2	0.1	1.4
Diabetes	82.0	0.6	0.6	6.6	0.3	0.1	10.6
Ecoli	17.2	0.4	0.6	12.0	0.3	0.1	3.0
Gas-sensors	535.1	9.8	9.0	140.0	5.7	3.2	203.6
Haberman	1.6	0.6	0.2	1.4	0.2	0.1	0.2
Happiness	0.6	0.4	0.2	2.0	0.2	0.1	1.1
HTRU	51.0	13.6	10.2	40.8	6.4	3.3	40.4
Immunotherapy	0.4	0.4	0.4	1.4	0.2	0.1	6.5
Ionosphere	10.8	0.6	0.2	1.8	0.2	0.1	0.9
Iris	0.4	0.4	0.1	0.6	0.1	0.1	0.1
Liver	4.4	0.4	0.3	2.4	0.3	0.1	1.3
Musk	240.0	6.4	15.0	33.4	1.6	5.1	192.8
Occupancy	80.5	6.4	6.6	41.8	8.6	1.4	10.2
Pima	75.4	0.8	0.8	7.4	0.5	0.1	14.6
Saheart	26.0	0.6	0.5	5.8	0.3	0.1	37.2
Sonar	1.0	0.4	0.2	1.2	0.3	0.1	0.1
Transfusion	14.6	0.6	0.4	1.6	0.2	0.1	0.4
Waveform	102.4	1.4	1.8	74.6	1.6	0.9	25.1
Wdbc	17.6	0.6	0.4	2.0	0.2	0.1	0.4
Wine	0.8	0.3	0.2	1.2	0.2	0.1	0.2

通过分析表 5.8 和表 5.9 中的结果，可以得出以下结论：

(1) 对于所提出的 EARC，训练时间的长短主要与训练样本数、生成规则数和所用的特征数密切相关，而测试时间主要取决于构建分类模型最终所用的规则数，这与 5.3.4 小节中给出的计算复杂度结论是一致的。

(2) 在所有数据集下，BRBCS 的平均运行时间都较低，而 CART 的平均运行时间则均较长（特别是当训练样本数目较多时）。通过对比可知，所提出的 EARC 的平均运行时间比 CBA、FRBCS、ENNC 和 BRBCS 要长，而与 FARC-HD 的运行时间基本相当。尽管 EARC 的运行时间不占优，但从分类精度上看，其性能是最好的。

(3) 在 EARC 中，训练阶段实际上是离线进行的，这就意味着相对较长的训练时间并不影响分类的实时性。考虑到该方法的测试时间较短，故可以满足实际应用中实时性需求。

5.5　本 章 小 结

在本章中,通过在置信函数理论框架下将分类与关联挖掘相结合,发展了一种基于置信关联规则的分类方法,以获得一种精确且可解释的分类模型。该方法包括以下三个阶段:首先,基于新定义的支持度和置信度度量,发展了一种基于 Apriori思想的置信类关联挖掘算法;其次,设计了一种组合规则削减策略,从挖掘到的规则集中删除冗余规则,并选择部分能够提高训练集分类精度的规则组成分类模型;最后,提出了一种基于前 K 个规则的置信推理方法对未知输入样本进行分类。本章基于标准数据集开展了多组实验来评估所提出方法的性能。实验结果表明,相比其他基于规则的分类方法,所提出的 EARC 能够获得更高的分类精度与可解释性。

第 6 章   面向高维数据的置信关联规则分类

6.1   引　言

在诸如复杂战场目标识别等问题中，描述目标的特征呈现出多样化趋势，这就造成了数据特征的高维度问题[167,168]。随着数据维度的增加，可能会产生一些冗余特征，因而通过随机的特征抽取将很难得到有用的规则集，而且会导致生成规则的数目较多。现有关联规则分类方法中的规则挖掘阶段主要是在固定特征划分的基础上执行的，这将给高维特征空间中规则的有效提取带来较大的困难，从而导致分类精度下降。在第 5 章中，所提出的 EARC 方法在处理高维数据时是先采用特征选择来对数据进行降维预处理，之后再利用特征选择后的数据进行规则学习。结果表明这种预处理方式在一定程度上能够解决部分高维数据问题，因而该方法从总体上来看可以满足分类结果的精确且可解释需求。然而，特征选择预处理过程有时可能会删除一些重要的特征，因而该方法无法保证在处理高维数据问题时所获得的分类性能的稳定性。

面向高维数据的分类问题，一些学者通过某些高维数据处理技术来重新构造分类模型[169]，还有一些学者则提出采用集成分类方法[170,171]。在基于规则的分类方法研究中，多数方法采用基于样本数据点的学习方式来生成一组分类规则集[64,128]。这种产生式规则分类方法在样本数目较多时可能会产生组合爆炸，而在样本数目较少时将很难产生有效的规则。因此研究者们发展出一系列算法来解决该问题[172,173]，如 Casillas 等[172] 提出一种遗传特征选择过程来避免规则搜索空间的指数增长。针对高维特征数据，一些学者提出了改进的（模糊）类关联规则挖掘算法[101-104]，如 Alcalá-Fdez 等[73] 提出了一种处理高维数据的模糊关联分类方法。然而，上述这些关联规则分类方法均没有同时考虑数据的不确定性以及数据特征的高维度问题。

针对数据特征的高维度问题，本章在第 5 章研究的基础上发展了一种面向高维数据的置信关联规则分类（evidential association rule-based classification for high dimensional data, EARC-HD）方法[174]，该方法的具体实现包括以下四个阶段：基于熵的自适应模糊划分、置信类关联规则挖掘、规则预筛选和遗传规则选择。所提出方法的主要思想如下：

(1) 为了能够在高维特征空间下进行有效的规则挖掘，提出了基于熵指标来自适应地构造对应各特征的模糊划分集。与 EARC 方法中所提出的基于固定模糊网格划分方式相比，这种数据驱动的划分方式虽然在一定程度上降低了语义可解释性，但可以更好地解决高维数据分类问题。

(2) 从高维数据下挖掘得到的大规模初始规则集中选择少量有效的规则组建分类模型，提出了子群发现算法对规则进行预筛选，在此基础上设计了遗传规则选择模型，在精确性与可解释性折中的优化目标下实现最优规则的选择。

本章的内容安排如下：6.2 节重点对所提出的 EARC-HD 方法框架及各阶段的具体实现过程进行描述；6.3 节基于标准数据集来评估所提出的方法在处理高维数据分类问题时的有效性；最后，6.4 节总结本章的主要工作。

6.2　高维数据置信关联规则分类方法

本章提出一种面向高维数据的置信关联规则分类方法，整体框图如图 6.1 所示。

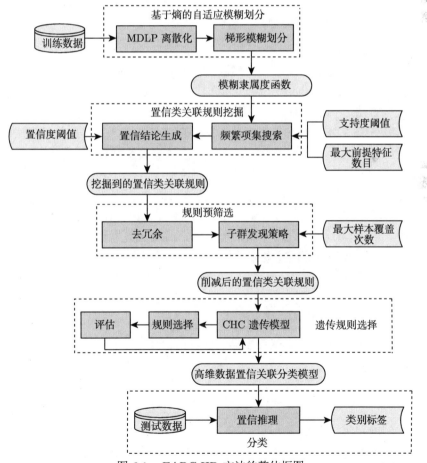

图 6.1　EARC-HD 方法的整体框图

分类方法的构建包括四个阶段：基于熵的自适应模糊划分、置信类关联规则挖掘、规则预筛选和遗传规则选择。为了获得连续属性的模糊划分，首先，提出了一种基于熵的离散化过程来自适应地搜索划分边界。其次，基于得到的模糊划分，采用 Apriori 候选生成方式挖掘所有满足最小支持度阈值和置信度阈值的置信类关联规则。在规则挖掘过程中，通过限定规则前提特征数目来降低规则生成过程中的计算复杂性。在此之后，通过规则去冗余和子群发现策略进行规则预筛选以降低规则数目，为后续遗传规则选择提供基础。最后，提出一种改进的跨代精英选择–异物种重组–灾变变异（cross generation elitist selection , heterogeneous recombination, cataclysmic mutation, CHC）遗传模型进一步选择能够改进训练集分类精度的规则组成最终的分类模型。基于所构建的分类模型，利用置信推理方法对输入样本进行分类。下面将介绍所提出的 EARC-HD 方法中每个阶段的设计思想和具体实现。

6.2.1 基于熵的自适应模糊划分

为了从训练数据中挖掘一系列置信类关联规则，首先需要采用离散化方法将连续特征转化为由有限区间组成的离散特征。由 Fayyad 和 Irani 提出的最小描述长度准则（minimum description length principle, MDLP）[175] 是应用最为广泛的离散化方法之一，其主要思想是使用熵最小化原理递归地选择最优的二边界。需要指出，MDLP 还能够为分类去除一些弱相关性或者不相关的特征，这在一定程度上会降低规则挖掘过程的计算复杂性，为处理高维特征数据提供便利。

令 $U_p = [a_p, b_p]$ 为第 p 个特征 X_p 的取值范围，$\{c_{p,1}, \cdots, c_{p,l_p}\}$ 为由 MDLP 离散化过程所获得的二边界集合，那么区间集 $\{[a_p, c_{p,1}], [c_{p,1}, c_{p,2}], \cdots, [c_{p,l_p}, b_p]\}$ 就构成了对特征 X_p 的硬化分。本节将采用梯形隶属度函数将硬化分转换为梯形模糊划分，因为梯形模糊划分不仅易于构建，而且能更好地解释接近离散边界的数据值。下面给出具体的模糊划分过程，对于边界点 $c_{p,j}$（$j = 1, 2, \cdots, l_p$），首先在其两侧分别选取点 $f_{p,2j-1}$ 与 $f_{p,2j}$ 满足：

$$f_{p,2j} - c_{p,j} = c_{p,j} - f_{p,2j-1} = d \cdot \gamma, \quad j = 1, 2, \cdots, l_p \tag{6.1}$$

式中，参数 $\gamma \in (0, 0.5]$ 用来度量模糊的程度；d 表示各个相邻边界点之间的最短距离，即

$$d = \min\{|c_{p,1} - a_p|, \cdots, |c_{p,j+1} - c_{p,j}|, \cdots, |b_p - c_{p,l_p}|\} \tag{6.2}$$

进而可得到由点集 $\{f_{p,1}, \cdots, f_{p,2l_p}\}$ 唯一确定的一系列对应于不同模糊集的梯形隶属度函数。图 6.2 直观地展示了在 $\gamma = 0.3$ 时对特征 X_p 进行模糊划分的一个例子。显然，γ 值越大，集合 $A_{p,j}$（$j = 1, 2, \cdots, l_p + 1$）的模糊程度也就越高。

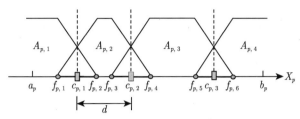

图 6.2　在 $\gamma = 0.3$ 时对特征 X_p 进行模糊划分的示例图

在确定了一系列梯形模糊划分之后，采用 Apriori 候选生成方式搜索所有支持度值超过阈值的频繁模糊项集。为解决因数据的特征维数较高而带来的计算复杂性较高的问题，EARC-HD 在频繁模糊项集搜索过程中限制了组合的项数，即提前给定一个参数 D（默认值为 3）用来限定规则的最大前提特征数目。之后，采用与第 5 章类似的方法，在置信函数理论框架下组合所有被激活规则的类别信息生成相应结论，并保留那些置信度值超过最小阈值的可靠规则。

与第 5 章的固定网格模糊划分相比，本章提出的基于熵的自适应模糊划分可根据每个特征上的数据分布自适应地确定划分位置和数目。因此，在高维数据条件下，该方法可有效提升规则对复杂高维特征空间的表征能力。但任何事物都有两面性，与固定网格模糊划分相比，基于熵的自适应模糊划分降低了规则前提的语义性，从而在一定程度上影响了规则的可解释性。

6.2.2　基于子群发现的规则预筛选

在 6.2.1 小节中从训练数据集中挖掘出一系列置信类关联规则，但是所得到的规则数目可能会比较大（特别是在高维数据情况下）。为了降低后续计算的复杂性，首先利用 5.3 节给出的去冗余算法从前面生成的规则集中删除冗余的规则。为了进一步降低规则数目，本节将采用子群发现策略从得到的无冗余规则集中选择出部分权重最高的规则。为此，下面引入一种基于子群发现的规则权重度量方式。

针对单个类别标签的情况，Kavšek 等[176]给出了被所选规则覆盖的样本的权重随样本覆盖次数的变化公式：

$$w(\boldsymbol{x}_i) = \frac{1}{k(\boldsymbol{x}_i) + 1} \tag{6.3}$$

式中，$\boldsymbol{x}_i$ 是被某个所选规则覆盖的样本；$k(\boldsymbol{x}_i)$ 用来统计目前为止样本 $\boldsymbol{x}_i$ 被所有选择的规则覆盖的次数。可以看出，随着样本覆盖次数的增加，其所赋予的权重有所降低。子群发现策略的具体实施步骤如下：在第一次迭代中，所有训练样本的权重被初始化为 $w(\boldsymbol{x}_i, 0) = 1$；在后面的迭代中，样本的权重反比于其被之前所选规则覆盖的次数（如公式 (6.3) 所示），这就保证了那些之前没有被覆盖的样本在后面的迭代中更有可能被覆盖。在每一次的迭代过程中，需要对规则集中的每条规则进行评估。针对每条具有单个类别标签的规则，其权重评估准则为[176]

$$\text{wWRAcc}'(\boldsymbol{A}^j \to \omega_j) = \frac{n'(\boldsymbol{A}^j)}{N'} \cdot \left(\frac{n'(\boldsymbol{A}^j \cdot \omega_j)}{n'(\boldsymbol{A}^j)} - \frac{n(\omega_j)}{N} \right) \tag{6.4}$$

式中，N 是训练样本的数目；$n(\omega_j)$ 是类别标签为 ω_j 的样本数目；N' 是所有样本的权重之和；$n'(\boldsymbol{A}^j)$ 是所有被覆盖的样本的权重之和；$n'(\boldsymbol{A}^j \cdot \omega_j)$ 是被覆盖且能正确分类的样本权重之和。

为了评估由模糊前提和置信结论组成的置信类关联规则，将公式 (6.4) 所示的规则权重评估准则修改为

$$\text{wWRAcc}''(\boldsymbol{A}^j \to \boldsymbol{C}^j) = \frac{n''(\boldsymbol{A}^j)}{N'} \cdot \left(\frac{n''(\boldsymbol{A}^j \cdot \boldsymbol{C}^j)}{n''(\boldsymbol{A}^j)} - \frac{n'(\boldsymbol{C}^j)}{N} \right) \tag{6.5}$$

式中，$n''(\boldsymbol{A}^j)$ 是所有被前提 $\boldsymbol{A}^j$ 覆盖的样本权重与相应匹配度的乘积之和；$n'(\boldsymbol{C}^j)$ 和 $n''(\boldsymbol{A}^j \cdot \boldsymbol{C}^j)$ 分别通过下式计算：

$$n'(\boldsymbol{C}^j) = \sum_{s=1}^{M} \beta_s \cdot N_{\omega_s} \tag{6.6}$$

$$n''(\boldsymbol{A}^j \cdot \boldsymbol{C}^j) = \sum_{s=1}^{M} \beta_s \cdot \sum_{\text{Class}(\boldsymbol{x}_i) \to \omega_s} w(\boldsymbol{x}_i, k(\boldsymbol{x}_i)) \cdot \mu_{\boldsymbol{A}^j}(\boldsymbol{x}_i) \tag{6.7}$$

式中，N_{ω_s} 表示类别标签为 ω_s 的样本数目。利用公式 (6.5)，对当前规则集中每一个规则进行评估，并选择出具有最高权重的规则；在选择出最优规则之后，被当前所选规则覆盖的样本将被重新赋予新的权重；当样本的覆盖次数超过某个给定的参数值（记作 k_t）时，则将该样本从训练集中剔除；重复该过程直至当前训练集或者规则集为空。算法 6.1 给出了上述基于子群发现的规则预筛选算法的伪代码。

算法 6.1   基于子群发现的规则预筛选算法

Require: 训练数据集 $\mathcal{T} = \{\boldsymbol{x}_i\}_{i=1}^{N}$，类别集 $\Omega = \{\omega_s\}_{s=1}^{M}$，规则集 IR 以及最大样本覆盖次数 k_t

1: 初始化 $\mathcal{R} \leftarrow \varnothing$，$w(\boldsymbol{x}_i) \leftarrow 0$，$i = 1, 2, \cdots, N$；
2: **repeat**
3:     利用公式 (6.5) $\sim$ 公式 (6.7)，计算每条规则 $R \in$ IR 的 wWRAcc″ 值；
4:     $R_{\text{best}} \leftarrow \underset{R \in \text{IR}}{\arg\max} \{\text{wWRAcc}''(R)\}$；
5:     利用公式 (6.3)，降低被规则 R_{best} 覆盖的样本的权重；
6:     $\mathcal{T} \leftarrow \mathcal{T}/\{\boldsymbol{x}_i \mid k(\boldsymbol{x}_i) = k_t\}$；
7:     IR $\leftarrow$ IR$/R_{\text{best}}$；
8:     $\mathcal{R} \leftarrow \mathcal{R} \cup R_{\text{best}}$；
9: **until** 集合 $\mathcal{T}$ 或 IR 为空。
10: **return** 规则集 $\mathcal{R}$

6.2.3　遗传规则选择

在规则预筛选之后，考虑使用某种搜索策略从上述得到的集合 $\mathcal{R}$ 中获得一组最优的规则集组成分类模型，以实现分类精度和模型可解释性的折中。遗传算法是当前应用最为广泛且最为有效的全局最优搜索方法之一[177]。因此，本节基于先进的 CHC 遗传模型[178] 设计了一种规则选择算法。CHC 遗传模型的主要优点是利用近亲阻止机制和一个重启过程来增强种群的多样性。在复制过程中，种群中的个体首先通过随机配对作为父代，但并不是所有的配对个体之间都可以进行交叉操作。根据近亲阻止机制，需要计算任意两个可能的组合个体之间的汉明距离，只有当它们之间距离的一半超过给定的差别阈值 L（初始化为染色体中的基因数目除以 4）时才作为父代执行交叉操作。如果在某一代中不产生新的个体，则将距离阈值 L 减去其初始值的 10%。

接下来给出基于 CHC 遗传模型的规则选择算法设计过程，包括基因库的初始化、染色体评估、半均匀交叉操作和种群的重新初始化。下面将具体阐述这四个阶段的实现过程。

(1) **基因库的初始化**：为了执行后续的规则选择操作，将每个染色体表示为由 1 和 0 组成的二值向量，从而确定当前分类模型的规则组成。假设 NR 是集合 $\mathcal{R}$ 中的规则数目，则每个染色体将表示为如 $\mathrm{Chro} = \{c_1, c_2, \cdots, c_{\mathrm{NR}}\}$ 所示的形式，其中 c_i 的值代表了第 i 条规则 R_i 的存在性。具体地，如果 c_i 的值为 1，则当前分类模型包含规则 R_i；否则，当前分类模型不包含该规则。令 H 表示基因库中染色体的数目，为了充分利用集合 $\mathcal{R}$ 中每条规则的信息，初始基因库中的第一个染色体中的所有基因值均为 1，而其他 $H-1$ 个染色体中的基因值则均随机生成。

(2) **染色体评估**：为了评估每一代种群中染色体的性能给出了一种基于分类精度（反映分类性能）和规则数目（反映模型可解释性）的适应度函数定义方式。对于染色体 Chro，其适应度值定义为

$$F(\mathrm{Chro}) = \frac{\tilde{N}}{N} + \rho \cdot \frac{\mathrm{NR} - \mathrm{NR}_s}{\mathrm{NR}} \tag{6.8}$$

式中，$\tilde{N}$ 表示当前分类模型能够正确分类的样本数目；NR_s 表示染色体 Chro 对应的规则数目；参数 ρ 是度量分类精度和规则数目相对重要性的权重比值。在精英选择的过程中，首先对 H 个父代交叉组合生成 H 子代，然后通过计算每个染色体的适应度值来选择前 H 个具有较高适应度值的染色体组成下一代种群。

(3) **半均匀交叉操作**：对于每一组选择的染色体对采用半均匀交叉策略[179] 执行染色体之间的交叉操作。首先计算参与交叉的两个个体之间的汉明距离，然

后将两个个体中不同取值的等位基因上的值相互交换生成新的个体，交换的位数是个体间汉明距离的一半，而交换的位置是在两个个体不同取值位上随机选取。该交叉操作保证了子代与父代之间的最大距离，从而更有助于维持种群的多样性，并降低出现过早收敛问题的风险。

(4) **种群的重新初始化**：在遗传算法中，距离阈值 L 是用来判断搜索是否停滞的一个给定参数。在阈值 L 小于 0 的情况下，与传统遗传模型中的变异操作不同，CHC 遗传模型采用对种群进行初始化的方式来避免出现局部最优解，即保留最优的染色体，并随机改变其他染色体中一定比例（该比例值通常取为 35%）的比特值。

6.3 实 验 分 析

本章实验分析从以下三个方面开展：6.3.1 小节针对 Wine 数据集进行算例分析，以展示本章所提方法的具体实现过程；在 6.3.2 小节中，通过与代表性方法进行对比来评估所提出方法的性能；6.3.3 小节针对所提方法涉及的关键参数进行分析，为方法参数选择提供依据。

6.3.1 算例分析

Wine 数据集包含来自 3 种不同葡萄酒的共 178 个样本，每个样本的 13 个特征表示的是葡萄酒的 13 种化学成分（酒精、苹果酸、灰分、灰分的碱度、镁、总酚、黄酮类化合物、非黄烷类酚类、原花色素、颜色强度、色调、稀释葡萄酒的 OD280/OD315、脯氨酸）的数量。表 6.1 给出了这 13 个特征的取值范围以及基于 MDLP 离散化方法得到的离散点。从表中可以看出，与固定网格划分方式不同，基于 MDLP 的离散化方法可以根据各个特征上不同类别的样本分布特性自适应地确定离散点的位置和数目。基于上述获得的各个特征的离散点，利用本章提出的模糊划分方法可以获得各个特征的模糊划分。为了便于展示，图 6.3 和图 6.4 分别给出了特征 X_{13}（脯氨酸浓度）上不同类别的样本分布和模糊划分（模糊度 $\gamma = 0.5$）。从图中可以看出，本章提出的基于熵的自适应模糊划分方法可以

表 6.1 Wine 数据集 13 个特征的取值范围和离散点

特征	X_1	X_2	X_3	X_4	X_5	X_6	X_7	X_8	X_9	X_{10}	X_{11}	X_{12}	X_{13}
最小值	11.03	0.74	1.36	10.60	70.00	0.98	0.34	0.13	0.41	1.28	0.48	1.29	278.00
最大值	14.39	5.80	3.22	30.00	162.00	3.88	3.75	0.66	3.58	13.00	1.71	4.00	1547.00
离散点	12.78	1.42	2.03	17.45	88.50	1.85	0.95	0.39	1.56	3.46	0.78	2.12	468.76
	—	2.35	—	—	—	2.32	1.40	—	—	7.55	—	2.48	760.00
	—	—	—	—	—	—	2.31	—	—	—	—	—	987.50

实现与不同类别的样本分布特性相一致的模糊划分。例如，模糊集 $A_{13,1}$ 和 $A_{13,4}$ 分别较为精确地刻画了类别 ω_1 和 ω_2，而模糊集 $A_{13,2}$ 和 $A_{13,3}$ 则分别刻画了类别 ω_2 和 ω_3 以及 ω_2 和 ω_1 交叠的部分。

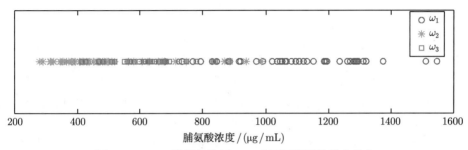

图 6.3　Wine 数据集特征 X_{13} 上不同类别的样本分布

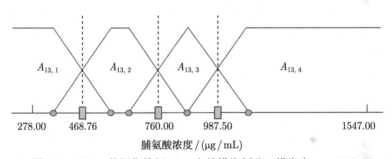

图 6.4　Wine 数据集特征 X_{13} 上的模糊划分（模糊度 $\gamma = 0.5$）

进一步考察规则的预筛选过程。在前提特征自适应模糊划分的基础上，利用置信类关联规则挖掘算法可以获得满足置信度和支持度要求的初始规则集。表 6.2 第 2 列给出了具有不同前提特征数目的初始规则数目和总的规则数目（最大前提特征数目 $D = 3$），可以看出初始的规则集比较庞大，不便于直接用来进行分类。为此，首先考虑规则之间的冗余性，删去冗余的规则。例如，相对于规则 R：" 如果 x_1 是 $A_{1,1}$，则结论为 ω_1，置信度为 0.61"，规则 R'："如果 x_1 是 $A_{1,1}$ 且 x_8 是 $A_{8,2}$，则结论为 ω_1，置信度为 0.52" 是冗余的，因为规则 R' 比规则 R 更具体（规则 R' 的特征空间包含于规则 R 的特征空间）但置信度更低，所以应将 R' 删去。表 6.2 第 3 列给出了去冗余后的规则数目，可以看出总的规则数得到了有效降低，但是仍然比较多。为此，进一步利用子群发现策略从得到的无冗余规则集中选择部分权重最高的规则。表 6.2 第 4 列给出了利用子群发现策略筛选后的规则数目，可以看出规则数目得到了大幅下降，这为后续遗传规则选择的高效计算奠定了基础。

表 6.2　　Wine 数据集规则预筛选前后规则数目变化情况

前提特征数目	初始规则数目	去冗余后规则数目	子群发现筛选后规则数目
1 个前提	17	17	4
2 个前提	398	232	5
3 个前提	2914	632	5
合计	3329	881	14

最后考察遗传规则选择过程。经过规则预筛选只保留了 14 条总的重要的规则。下面利用上述 CHC 遗传模型从得到的 14 条规则中选择一组最优的规则集组成分类模型，以实现分类精度和模型可解释性的折中。首先进行基因库的初始化，即产生一定规模（种群数目 $H = 50$）的 14 维由 1 和 0 组成的二值向量，其中，第一个染色体中的所有基因值均为 1，表示所有的 14 条规则都使用，其余的 49 个染色体随机产生。其次对这 50 个初始父代随机配对进行半均匀交叉操作，得到 50 个子代。如进行交叉的两个父代分别是 $f_1 = \{1,1,1,0,1,1,0,1,0,0,1,1,0,0\}$ 和 $f_2 = \{1,0,0,0,1,0,1,1,0,1,1,0,0,1\}$，二者间的汉明距离（即等位置基因值不同的位数）为 7，随机选择其中一半的（即 3 个，如第 6、7、12 位）等位基因进行交换，可得两个后代分别为 $s_1 = \{1,1,1,0,1,0,1,1,0,0,1,0,0,0\}$ 和 $s_2 = \{1,0,0,0,1,1,0,1,0,1,1,0,1\}$。最后将 50 个初始父代和 50 个子代放在一起进行评估，选择其中适应值最大的 50 个染色体构成下一代的种群。如考察染色体 s_1 的适应度值评估：选择的规则数目 $\mathrm{NR}_s = 7$，利用选择的规则组成分类模型的正确分类样本数 $\tilde{N} = 141$，总的规则数目 $\mathrm{NR} = 14$，总的测试样本数目 $N = 143$，参数 $\rho = 0.1$，根据公式 (6.8) 计算可得该染色体适应度值为 $F(s_1) = \dfrac{141}{143} + 0.1 \times \dfrac{14-7}{14} \approx 1.04$。重复执行 30 次上述遗传操作，最后一代个体中适应值最大的染色体为 Chro $= \{1,0,1,0,0,1,0,0,0,0,0,0,1,0\}$，即选择第 1、3、6、13 共 4 个规则组成最后的分类模型。

6.3.2　对比分析

在本节中，选取了第 5 章所用数据集中 7 个维度大于 10 的数据集来评估所提出的 EARC-HD 方法的分类性能。表 6.3 给出了这 7 组数据集的主要特征信息，其中样本数在 178~13910，特征数在 13~166，而类别数在 2~6。实验采用 5-折交叉验证的方式，即将初始数据集划分成 5 份，其中的 4 份（即初始数据的 80%）用来作训练，而剩余的用来测试，五次划分的平均值作为每个数据集的最终分类结果。

表 6.3　实验所采用数据集的主要特征信息

数据集	样本数	特征数	类别数
Gas-sensors	13910	128	6
Ionosphere	351	34	2
Musk	6598	166	2
Sonar	187	60	2
Waveform	5000	21	3
Wdbc	569	30	2
Wine	178	13	3

在该实验中, 所提出的 EARC-HD 方法与代表性的关联规则分类方法, 包括 CBA [13]、FARC-HD [73] (基于模糊关联规则的分类方法)、EARC [163] 和经典决策树的分类方法 C4.5 [79] 进行对比。表 6.4 给出了实验中各方法推荐的能够取得较好分类性能的参数设置。

表 6.4　实验中各对比方法的参数设置

方法	参数设置
C4.5	Pruned = yes, Conf = 0.25, InstancesPerLeaf = 2
CBA	minsup = 0.01, minconf = 0.5, RuleLimit = 80000
FARC-HD	minsup = 0.05, maxconf = 0.8, PartitionNum = 5,
	Depthmax = 3, k_t = 2, δ = 0.2, BitsPerGen = 30,
	PartitionNum = 50, EvaluationNum = 15000
EARC	minsup = 0.01, minconf = 0.5, PartitionNum = 5
EARC-HD	minsup = 0.01, minconf = 0.5, D = 3, γ = 0.5,
	k_t = 2, PopulationNum = 50, IterationNum = 30

表 6.5 列出了不同方法的分类精度和对应的分类精度排序 (括号内的数值), 并给出了 EARC 与 EARC-HD 这两种方法中所选择的平均规则数目 (斜线后的数值), 其中每个数据集最优的结果用粗体标记。在 EARC-HD 方法中, 参数 ρ 在遗传规则选择时用来表征分类精度及所选规则数目的相对重要性。该实验中考虑了该参数在两种取值下的分类性能, 即 $\rho = 0$ (只考虑分类性能) 与 $\rho = 0.1$ (分类性能与模型可解释性的折中)。结果表明, 所提出的方法在 $\rho = 0$ 时能够获得 6 组数据集下最高的分类精度, 而在 $\rho = 0.1$ 时, 所提出的方法能够获得分类性能与模型可解释性之间较好的折中, 即使用较少规则数目情况下能够获得较好的分类性能。因此, 在实际应用中, 用户可以根据对分类性能与模型可解释性的不同需求来设置参数 ρ 的不同取值。

表 6.5   各方法在不同数据集下的分类精度及其排序

数据集	C4.5	CBA	FARC-HD	EARC	EARC-HD ($\rho = 0$)	EARC-HD ($\rho = 0.1$)
Gas-sensors	0.8443 (4)	0.8741 (2)	0.8201 (6)	0.8270 (5) / 160.2	**0.8797 (1)** [a] / 132.0 [b]	0.8543 (3) / **97.2**
Ionosphere	0.8804 (6)	0.9146 (4)	0.9117 (5)	0.9259 (2) / 57.0	**0.9314 (1)** / 10.0	0.9229 (3) / **4.4**
Musk	0.8821 (4)	0.8745 (5)	0.8593 (6)	0.8832 (3) / 80.4	**0.8976 (1)** / 92.4	0.8897 (2) / **48.6**
Sonar	0.7164 (6)	0.7402 (5)	0.7837 (2)	0.7794 (4) / 31.0	**0.8244 (1)** / 12.2	0.7805 (3) / **5.0**
Waveform	0.7638 (6)	0.8122 (3)	**0.8320 (1)**	0.7648 (5) / 94.2	0.8180 (2) / 63.2	0.8008 (4) / **45.4**
Wdbc	0.9385 (6)	0.9455 (5)	0.9683 (2)	0.9666 (3) / 23.2	**0.9698 (1)** / 11.4	0.9646 (4) / **4.4**
Wine	0.9551 (4)	0.9435 (5)	0.9379 (6)	0.9665 (2) / 51.0	0.9829 (1) / 10.8	0.9657 (3) / **4.6**
平均值	0.8544 (5.1)	0.8721 (4.1)	0.8733 (4.0)	0.8733 (3.4)/71.0	**0.9005 (1.1)**/47.4	0.8826 (3.1)/**29.9**

a 括号内数字代表方法的分类精度排序。

b 斜线后数字代表方法的平均规则数目。

6.3.3　参数分析

在所提出的 EARC-HD 中，确定一个合适的最大前提特征数目 D 对置信类关联规则的挖掘是很重要的。如果最大前提特征数目过小，则有可能遗漏一些表征能力强的规则；反之，如果最大前提特征数目过大，则可能挖掘出大量无用规则，给后续规则预筛选和遗传规则选择带来负担。除此之外，规则预筛选过程中最大样本覆盖次数 k_t 是所提出方法的另一个重要参数，该参数决定了每个规则在分类过程中的最多使用次数，可间接地影响最终的分类精度。为此，设计实验来分析参数 D 和 k_t 对分类性能的影响。为了便于展示，选择了表 6.3 中的四组典型数据集：Ionosphere、Sonar、Wdbc 和 Wine 进行分析。

表 6.6 给出了不同最大前提特征数目 D 时的规则数目与分类精度对比。从表中可以看出，最大前提特征数目 D 对规则的数目有很大的影响，随着最大前提特征数目 D 的增加，初始挖掘的平均规则数目（#R1）急剧增加，进一步造成预筛选后的平均规则数目（#R2）和遗传规则选择后的平均规则数目（#R3）的增加。从分类精度角度来看，$D = 3$ 时的分类精度比 $D = 2$ 时有较大提升，然而随着 D 进一步增加，平均分类精度的提升十分有限，甚至对于有些数据集（Wdbc 和 Wine）还出现了精度退化，这主要是由于生成的大量无效规则对规则的精准选择造成了困难。因此，综合考虑计算代价及分类精度，最大前提特征数目 $D = 3$ 是一个合适的选择。

表 6.6　不同最大前提特征数目 D 时的规则数目与分类精度对比

数据集	$D = 2$				$D = 3$				$D = 4$			
	#R1[a]	#R2[b]	#R3[c]	ACC[d]	#R1	#R2	#R3	ACC	#R1	#R2	#R3	ACC
Ionosphere	133.4	15.0	4.2	0.9143	6181.2	16.4	4.4	0.9229	23191.0	44.8	8.6	0.9244
Sonar	32.8	10.8	4.0	0.7429	498.6	18.0	5.0	0.7805	4428.6	24.2	7.8	0.7880
Wdbc	86.6	16.4	4.2	0.9469	2974.2	16.4	4.4	0.9646	14275.4	26.8	5.8	0.9558
Wine	16.0	11.4	4.0	0.9614	416.6	13.2	4.6	0.9657	3395.6	17.0	6.4	0.9643

a #R1 代表初始挖掘的平均规则数目。
b #R2 代表规则预筛选后的平均规则数目。
c #R3 代表遗传规则选择后的平均规则数目。
d ACC 代表平均分类精度。

图 6.5 给出了不同最大样本覆盖次数 k_t 时的分类精度对比。从图中可以看出，最大样本覆盖次数 k_t 对各个数据集的分类精度都有一定程度的影响，该参数通过规则预筛选间接地影响最终的分类精度，参数过大或过小都不利于规则的精准选择。实验结果表明，最大样本覆盖次数 $k_t = 2$ 时在所有数据集上都可以获得最好的分类精度。

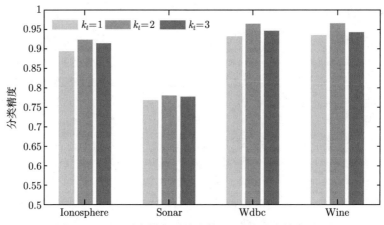

图 6.5   不同最大样本覆盖次数 k_t 时的分类精度对比

6.4 本 章 小 结

为了更好地处理高维数据的分类问题，本章在第 5 章所提出的置信关联规则分类方法的基础上，发展了一种新的高维数据的置信关联规则分类方法。在该方法设计中，提出的基于熵的模糊划分策略可自适应获得各连续特征的模糊集，相比传统的基于固定模糊网格的划分方式，所提出的划分策略有助于生成更为有效的规则来建模高维特征空间。另外，提出的遗传规则选择算法通过选取一个最优的规则集来构建分类模型，从而能够实现用较少的规则来获得较好的分类精度。实验结果表明，与经典的关联分类方法相比，所提出的 EARC-HD 方法能够更好地处理高维数据的分类问题，从而获得更好的分类性能。

第 7 章　面向软标签数据的置信关联规则分类

7.1　引　　言

在实际分类问题中，受外界环境干扰及数据采集方式等因素的影响，精确标注的训练数据有时候很难获得。此外，有时候也会借助专家来对样本的类别进行人工标注，而专家对没有把握的样本通常会给出复合类别标签，这些因素都会导致不精确类别数据大量出现 [180-183]。在机器学习领域，部分监督学习是介于完全监督学习与完全无监督学习之间的一种数据学习范畴 [184]，其主要是用来处理具有不精确类别的数据。

在部分监督学习方法研究中，存在着多种不精确数据类别标签的表示形式。一些学者 [185-187] 开展了模糊标签形式的数据分类问题研究，其中每个训练数据由一组候选类别集进行标注，而只有其中的某个类别是可靠的。此外，考虑到在对数据进行标注过程中可能会涉及多个且不一致的专家知识，一些学者 [188,189] 开展了概率标签形式的数据分类问题研究。在置信函数理论框架下，数据类别的不精确性通过 mass 函数来表示，它涵盖了上述两种形式的不精确类别标签，通常称这种形式的标签为软标签 [190,191]。也有一些学者开展软标签数据学习方法研究。例如，Côme 等 [192] 构建了一种面向软标签数据的高斯混合分类模型，其中的参数由置信函数理论框架下所发展的 EM 算法进行优化；之后，Denœux[193] 在传统 k 近邻分类方法的基础上发展了一种不精确数据学习方法。上述这些分类方法虽然能够处理数据类别的不精确问题，但它们的共同问题在于缺乏较好的可解释性，因而难以应用于如战场目标识别、医学预测诊断等对可解释性要求较高的实际分类问题中。

基于以上考虑，本章提出一种面向软标签数据的置信关联规则分类（association rule-based classification with soft labels，ARC-SL）方法 [194]，以克服现有关联规则分类方法无法处理数据类别不精确性的局限性。该方法的关键是提出一种含有复合类的不精确类关联规则（imprecise class association rule，ICAR）结构，其结论可能为类别集中的任一子集，因而可以较好地表征数据类别的不精确性，在此基础上构建了软标签关联规则分类模型。首先，针对连续特征的模糊划分问题，提出了一种软标签数据下基于熵的离散化方法来获得最优划分边界，在此基础上利用模糊划分策略得到一系列模糊划分集。其次，针对所提出的不精确类关联规则结构，定义了不精确类别数据下的支持度与置信度度量，在此基础上设计了自适应的多支持度阈值与置信度阈值来进行关联规则挖掘，以保证所产生的规则集中类别的均衡性。最后，针对所生成的不精确类关联规则集，提出了一种由以下三个阶段组成的规则削减过程：基于长规则削减策略的冗余规则削减、两层（类内与类间）规则排序、基于数据库覆盖的规则选择。

本章的内容安排如下：7.2 节给出了不精确类关联规则的具体结构以及相应支持度和置信度定义；7.3 节重点对提出 ARC-SL 方法框架及各阶段的实现过程进行描述；7.4 节基于标准数据集和面部表情识别应用来评估所提出方法的有效性；最后，7.5 节总结本章的主要工作。

7.2　不精确类关联规则

为了处理数据标签的不精确性，本节提出一种更具有一般性的规则结构，称之为不精确类关联规则，其结论比传统的类关联规则更加灵活。基于所提出的规则结构，从数据挖掘的角度，给出了新的支持度与置信度定义来度量规则的有效性。

7.2.1　不精确类关联规则结构

如 7.1 节所述，传统的（模糊）类关联规则结构中限定其结论仅包含单个的类别标签，这给不精确标签数据的学习带来了困难。为此，本节引入一种不精确类关联规则结构，其结论可以是整个类别集 Ω 的任意子集。一般地，第 j 条不精确类关联规则（ICAR_j）的基本结构可以表示为

$$\text{如果 } X_{j_1} \text{ 是 } A_{j_1}^j \text{ 且} \cdots \text{且 } X_{j_k} \text{ 是 } A_{j_k}^j, \text{ 则结论是 } C^j, \text{ 规则权重为 } \text{RW}_j \quad (7.1)$$

式中，$\boldsymbol{X} = \{X_1, X_2, \cdots, X_P\}$ 是数据的特征集；$\boldsymbol{A}^j = (A_1^j, A_2^j, \cdots, A_P^j)$ 是前提模糊集，每一个 A_p^j 对应特征 X_p 的某一个模糊划分；k 是规则的前提特征数目；$C^j \subset \Omega$ 是规则的结论；规则权重 RW_j 刻画了规则 ICAR_j 的可靠程度，其可通过置信度来度量。

公式 (7.1) 中定义的规则结构的一个显著特点是其结论不局限于单个类别，即它可能是一个复合类。特别地，如果规则的结论 C^j 是单个的类别，该定义就退化为传统的模糊类关联规则。从总体上看，所提出的 ICAR 结构的优势主要体现在以下两个方面：

(1) 利用新定义的规则结构，类别标签的不精确性（如 $\omega_1 \cup \omega_2$）可以直观地反映在规则结论中。与传统的（模糊）类关联规则结构相比，不精确类关联规则结构能够更好地刻画每个样本软标签中蕴含的不精确信息。

(2) 在一些复杂分类问题中，具有不同类别的样本在某些区域可能是高度重叠的，此时将那些不可区分的样本分配给任意的一个单类是不合适的。不精确类

关联规则结构能够将这些高度重叠的样本分配给复合类，因此更有助于构建精确的分类模型。

为了更好地理解 ICAR 结构的合理性，下面给出一个具有三个类别的分类问题示例。

例 7.1　图 7.1 通过一个三个类别的分类问题阐释了 ICAR 结构的合理性。该例子包含 20 个数据点。在利用三角隶属度函数对二维特征空间进行模糊划分之后，根据阴影区域内的样本分布，可以得到分别对应于区域 A 与 C 的两条规则：$A_{11} \times A_{21} \Rightarrow \omega_1$ 和 $A_{13} \times A_{23} \Rightarrow \omega_2$。对于区域 B 来说，在该区域内具有类别 ω_1 与 ω_3 的样本高度重叠，因此很难确定某个单类别结论。在这种情况下，可以利用 ICAR 结构：$A_{12} \times A_{22} \Rightarrow \omega_1 \cup \omega_3$ 建模该区域。该例子表明了传统的模糊分类规则很难刻画不精确区域内的类别信息，而不精确类关联规则结构则可以较好地处理该问题。

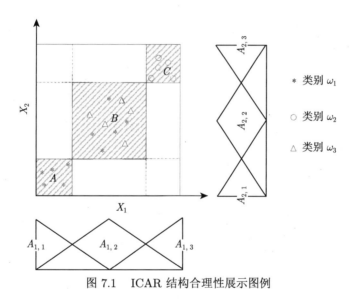

图 7.1　ICAR 结构合理性展示图例

7.2.2　软标签数据支持度与置信度定义

令 $T = \{(\boldsymbol{x}_1, m_1), (\boldsymbol{x}_2, m_2), \cdots, (\boldsymbol{x}_N, m_N)\}$ 表示含有 N 个样本的训练集，其中第 i 个样本是由 P 个特征 $x_{i,1}, x_{i,2}, \cdots, x_{i,P}$ 以及定义在类别框架 Ω 上表示类别分配的软标签 $\{m_i\}_{i=1}^N$ 刻画。令 $\mathcal{C} = \{C_1, C_2, \cdots, C_Q\}$ 表示 mass 函数 $\{m_i\}_{i=1}^N$ 中涉及的所有类别焦元集合（Ω 除外）。

为了度量公式 (7.1) 所示规则的有效性，下面给出如何在软标签数据环境下计算关联规则的支持度和置信度。规则 ICAR_j 的支持度实质上是度量规则项 $\langle \boldsymbol{A}^j, C^j \rangle$ 出现的频率。与传统的精确标签下规则支持度定义不同，它不仅和

样本与前提 $\boldsymbol{A}^j$ 的匹配度有关，也和各样本分配给类别 $C^j \in \mathcal{C}$ 的置信度有关。基于此，下面给出针对 ICAR_j 的更具有一般意义的支持度计算公式：

$$\mathrm{sup}(\mathrm{ICAR}_j) = \frac{1}{N} \sum_{\boldsymbol{x}_i \in T} \mu_{\boldsymbol{A}^j}(\boldsymbol{x}_i) \, m_i(C^j) \tag{7.2}$$

式中，$\mu_{\boldsymbol{A}^j}(\boldsymbol{x}_i)$ 是样本 $\boldsymbol{x}_i$ 与前提 $\boldsymbol{A}^j$ 的匹配度，它是通过对所有隶属度函数取几何平均求得：

$$\mu_{\boldsymbol{A}^j}(\boldsymbol{x}_i) = \left[\prod_{p=1}^{P} \mu_{A_p^j}(x_{i,p}) \right]^{1/P} \tag{7.3}$$

式中，$\mu_{A_p^j}(\cdot)$ 代表模糊集 A_p^j 的隶属度函数。

置信度表示的是规则可靠性，可通过计算在前提 $\boldsymbol{A}^j$ 发生的情况下结论 C^j 也发生的概率值得到，即

$$\mathrm{conf}(\mathrm{ICAR}_j) = \frac{\mathrm{sup}(\mathrm{ICAR}_j)}{\mathrm{sup}(\boldsymbol{A}^j)} = \frac{\displaystyle\sum_{\boldsymbol{x}_i \in T} \mu_{\boldsymbol{A}^j}(\boldsymbol{x}_i) \, m_i(C^j)}{\displaystyle\sum_{\boldsymbol{x}_i \in T} \mu_{\boldsymbol{A}^j}(\boldsymbol{x}_i)} \tag{7.4}$$

特别地，在所有软标签 $\{m_i\}_{i=1}^{N}$ 均为绝对 mass 函数（即精确标签）的情况下，公式 (7.2) 与公式 (7.4) 所示的支持度和置信度定义就分别退化为传统模糊规则的支持度和置信度定义。

7.3 基于关联规则的软标签数据分类

基于 7.2 节引入的不精确类关联规则结构，本节提出一种基于关联规则的软标签数据分类方法，以克服传统的关联规则分类在处理不精确标签数据中的局限性。如图 7.2 所示，软标签关联规则分类模型的构建包括以下三个阶段。

(1) **模糊划分**：对于连续值特征，提出了一种基于熵的软标签数据模糊划分方法，从而自适应地产生一组能很好刻画不同类别特征空间分布的模糊隶属度函数。

(2) **规则挖掘**：考虑到训练集中的类别分配可能是不均衡的，按照类别的不均衡比例，对各类别设置不同的支持度阈值和置信度阈值。基于设定的多个阈值，提出了一种基于 Apriori 思想的规则挖掘方法，旨在从不精确标签数据中挖掘出一组可靠的不精确类关联规则。

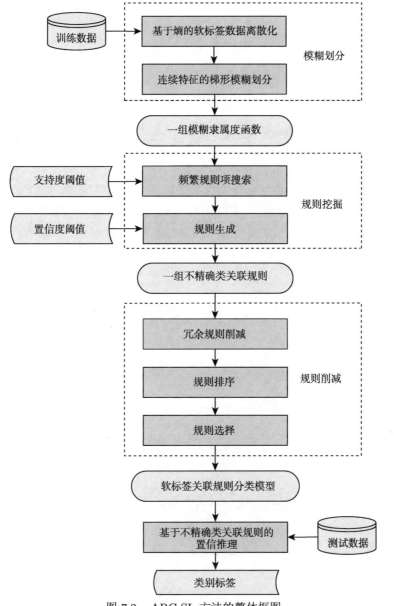

图 7.2　ARC-SL 方法的整体框图

　　(3) **规则削减**: 为了提高分类效率, 设计了一种规则削减策略来从挖掘到的规则集合中删除冗余性的规则, 并选择至少能够分类正确一个训练样本的规则。该策略包括三个步骤: 冗余规则削减、规则排序和规则选择。

　　最后, 利用所构建的软标签关联规则分类模型, 设计了一种置信推理方法来对输入样本进行分类。

7.3.1 基于熵的软标签数据自适应模糊划分

离散化是将连续特征转换为由有限区间组成的离散特征的过程，其是连续特征模糊划分的先决条件。第 6 章给出了一种精确标签数据下基于熵的自适应模糊划分方法，该方法建立在 Fayyad 与 Irani 提出的 MDLP [195] 方法的基础上。MDLP 离散化过程实质上是不断地从候选划分中选择能使类信息熵最小的二分边界点。基于该思想，本节提出一种推广的离散化方法，以解决如何从软标签数据中自适应地搜索连续值特征的边界点。

首先，给出一种针对不精确标签训练数据集 T 的类信息熵的定义。传统的类信息熵是通过具有不同类别的样本比例来度量，这不再适用于使用软标签进行部分监督学习的情况。在不精确环境下，需要考虑与不精确标签训练集 T 相关的平均类别 mass 函数，记作 m_T。对于类别焦元 $C_s \in \mathcal{C}$，$m_T(C_s)$ 表示所有与集合 T 相关的 mass 函数在焦元 C_s 下的平均值，即

$$m_T(C_s) = \frac{\kappa_T}{N} \sum_{i=1}^{N} m_i(C_s) \tag{7.5}$$

式中，κ_T 是由公式 $\sum_{C_s \in \mathcal{C}} m_T(C_s) = 1$ 所确定的归一化系数。基于公式 (7.5)，不精确标签训练集 T 的类信息熵定义为

$$\text{Ent}(T) = -\sum_{C_s \in \mathcal{C}} m_T(C_s) \log_2 m_T(C_s) \tag{7.6}$$

接下来讨论如何从连续特征值区间中选择最优的切割点。对于连续值特征 X_p，将集合 T 中的样本按照相应特征值的升序排列，并将升序排列后的每个连续值区间的中点作为一个可能的切割点。根据公式 (7.6)，由切割点 c_p 所确定的划分类信息熵 $E(X_p, c_p; T)$ 可以由划分产生的两个区间集对应类信息熵的加权平均 [195] 求得

$$E(X_p, c_p; T) = \frac{|T_1|}{N} \text{Ent}(T_1) + \frac{|T_2|}{N} \text{Ent}(T_2) \tag{7.7}$$

式中，T_1 与 T_2 是由切割点 c_p 划分得到的对应集合 T 的两个子集。因此，特征 X_p 的二划分只需要通过选择使熵值 $E(X_p, c_p; T)$ 最小化的切割点来确定。对于切割点的选择，给出下面的定理。

定理 7.1 使划分类信息熵 $E(X_p, c_p; T)$ 最小化的切割点总是介于具有不同类别 mass 函数的样本特征值之间。

证明　令 $T = \{(\boldsymbol{x}_1, m_1), (\boldsymbol{x}_2, m_2), \cdots, (\boldsymbol{x}_N, m_N)\}$ 是一组具有软标签的训练集，$\mathcal{C} = \{C_1, C_2, \cdots, C_Q\}$ 是训练样本软标签涉及的焦元集合。假设切割点 c_p 出现在具有相同软标签（mass 函数）的 n_p 个样本序列中的某处，并且在特征值小于 c_p 的区域中存在 n_c 个样本，即 $0 \leqslant n_c \leqslant n_p$。将上述具有相同软标签样本的特征值范围记作 $[c_1, c_2]$，在该范围之外，存在特征值小于 c_1 的 L 个样本以及特征值大于 c_2 的 R 个样本。接下来将说明划分类信息熵 $E(X_p, c_p; T)$ 在 $n_c = 0$ 或 $n_c = n_p$ 时取得最小值。

根据公式 (7.5)~ 公式 (7.7)，可得

$$
\begin{aligned}
&E(X_p, c_p; T) \\
&= \frac{L + n_c}{N} \text{Ent}(T_1) + \frac{R + n_p - n_c}{N} \text{Ent}(T_2) \\
&= -\frac{1}{N} \sum_{s=1}^{Q} \sum_{\boldsymbol{x}_i \in \text{Left}(c_p)} m_i(C_s) \left[\log_2 \left(\sum_{\boldsymbol{x}_i \in \text{Left}(c_p)} m_i(C_s) \right) - \log_2(L + n_c) \right] \\
&\quad - \frac{1}{N} \sum_{s=1}^{Q} \sum_{\boldsymbol{x}_i \in \text{Right}(c_p)} m_i(C_s) \left[\log_2 \left(\sum_{\boldsymbol{x}_i \in \text{Right}(c_p)} m_i(C_s) \right) - \log_2(R + n_p - n_c) \right]
\end{aligned}
\tag{7.8}
$$

式中，

$$
\sum_{\boldsymbol{x}_i \in \text{Left}(c_p)} m_i(C_s) = \sum_{\boldsymbol{x}_i \in \text{Left}(c_1)} m_i(C_s) + \sum_{\boldsymbol{x}_i \in [c_1, c_p]} m_i(C_s) \tag{7.9}
$$

$$
\sum_{\boldsymbol{x}_i \in \text{Right}(c_p)} m_i(C_s) = \sum_{\boldsymbol{x}_i \in \text{Right}(c_2)} m_i(C_s) + \sum_{\boldsymbol{x}_i \in [c_p, c_2]} m_i(C_s) \tag{7.10}
$$

注意到公式 (7.9) 与公式 (7.10) 的第一项形式相同，而第二项是关于 c_p 的变量。为了简便起见，令

$$
\sum_{\boldsymbol{x}_i \in \text{Left}(c_1)} m_i(C_s) = k_s^L, \quad \sum_{\boldsymbol{x}_i \in \text{Right}(c_2)} m_i(C_s) = k_s^R \tag{7.11}
$$

$$
\sum_{\boldsymbol{x}_i \in [c_1, c_p]} m_i(C_s) = t_s, \quad \sum_{\boldsymbol{x}_i \in [c_p, c_2]} m_i(C_s) = k_s - t_s \tag{7.12}
$$

式中，常数 k_s 表示所有特征值属于区间 $[c_1, c_2]$ 的样本在焦元 C_s 上的 mass 函数值之和。将公式 (7.8) 的等号两边同时乘以 N，可得

$$
N \cdot E(X_p, c_p; T) = -\sum_{s=1}^{Q} (k_s^L + t_s) \cdot \log_2(k_s^L + t_s) + \log_2(L + n_c) \sum_{s=1}^{Q} (k_s^L + t_s)
$$

$$-\sum_{s=1}^{Q}(k_s^R + k_s - t_s) \cdot \log_2(k_s^R + k_s - t_s)$$

$$+ \log_2(R + n_p - n_c)\sum_{s=1}^{Q}(k_s^R + k_s - t_s) \qquad (7.13)$$

令 $Y(n_c) = N \cdot E(X_p, c_p; T)$，并通过以下等价替换：

$$\sum_{s=1}^{Q}(k_s^L + t_s) = L + n_c, \quad \sum_{s=1}^{Q}(k_s^R + k_s - t_s) = R + n_p - n_c \qquad (7.14)$$

则公式 (7.13) 就转换为

$$Y(n_c) = -\sum_{s=1}^{Q}(k_s^L + t_s) \cdot \log_2(k_s^L + t_s) + (L + n_c) \cdot \log_2(L + n_c)$$

$$-\sum_{s=1}^{Q}(k_s^R + k_s - t_s) \cdot \log_2(k_s^R + k_s - t_s)$$

$$+ (R + n_p - n_c) \cdot \log_2(R + n_p - n_c) \qquad (7.15)$$

从公式 (7.15) 可以看出，$E(X_p, c_p; T)$ 是关于变量 n_c 的复合函数。接下来，将通过证明其二阶导数是负值来说明该函数是下凸的。对于函数 $Y(n_c)$，有

$$\frac{\mathrm{d}Y}{\mathrm{d}n_c} = \sum_{s=1}^{Q}\frac{\partial Y}{\partial t_s} \cdot \frac{\mathrm{d}t_s}{\mathrm{d}n_c} = \sum_{s=1}^{Q}\left[\log_2(k_s^R + k_s - t_s) - \log_2(k_s^L + t_s)\right] \cdot \frac{\mathrm{d}t_s}{\mathrm{d}n_c} \qquad (7.16)$$

$$\frac{\mathrm{d}^2Y}{\mathrm{d}n_c^2} = \frac{\mathrm{d}}{\mathrm{d}n_c}\left(\frac{\mathrm{d}Y}{\mathrm{d}n_c}\right) = \sum_{s=1}^{Q}\left(-\frac{1}{k_s^R + k_s - t_s} - \frac{1}{k_s^L + t_s}\right) \cdot \left(\frac{\mathrm{d}t_s}{\mathrm{d}n_c}\right)^2$$

$$+ \sum_{s=1}^{Q}[\log_2(k_s^R + k_s - t_s) - \log_2(k_s^L + t_s)] \cdot \frac{\mathrm{d}^2t_s}{\mathrm{d}n_c^2} \qquad (7.17)$$

根据公式 (7.11) 与公式 (7.12)，可得

$$k_s^R + k_s - t_s > 0 \quad 且 \quad k_s^L + t_s > 0, \quad s = 1, 2, \cdots, Q \qquad (7.18)$$

从公式 (7.12) 容易看出 t_s 的一阶导数是非负常数（因为 $[c_1, c_2]$ 中所有样本的软标签对应的 mass 函数均相同），这就进一步推导出 t_s 的二阶导数为 0。不失一般性，假设 $C_Q = \arg\max\limits_{s=1,2,\cdots,Q} m_i(C_s)$，那么 $\mathrm{d}t_Q/\mathrm{d}n_c > 0$。因而可以导出：

$$\frac{\mathrm{d}^2 Y}{\mathrm{d} n_c^2} < 0, \qquad \forall n_c \in [0, n_p] \tag{7.19}$$

这就说明了 $E(X_p, c_p; T)$ 在区间 $0 \leqslant n_c \leqslant n_p$ 内是下凸函数,因而可以得出其最小值取在边界 $n_c = 0$ 或 $n_c = n_p$ 处。

定理 7.1 表明,不需要选择那些两侧相邻样本具有相同类别 mass 函数的切割点,这在一定程度上减少了不必要的计算,提高了二划分的效率。利用导出的最佳切割点 c_p,应用 MDLP 中给出的判断准则来决定是否接受该点。如果它被接受为边界点,则相同的过程将以嵌套的方式用于两个划分集 T_1 和 T_2,直到不再满足判定准则。在导出所有的边界点之后,利用模糊划分方法可获得对应特征 X_p 的一组模糊隶属度函数。

7.3.2　不精确类关联规则挖掘

支持度阈值和置信度阈值是关联规则挖掘的两个重要参数,它们决定着生成规则的数量和种类。在软标签分类问题中,公式 (7.5) 给出的 mass 函数表征了分配给每个类别焦元的置信值,而不同类之间的置信值可能有很大差异。将具有较高置信分配值的类别称为频繁类,而将具有较低置信分配值的类别称为非频繁类。如果阈值设置得很高,将很难找到具有非频繁类的规则;相反,如果阈值设置得很低,找到的具有频繁类的规则将可能存在冗余或者过拟合。为了解决该问题,采用多个支持度阈值和置信度阈值来处理不均衡类别的问题。

对于每个可能的类标签 $C_s \in \mathcal{C}$,通过考虑相应的置信分配相对于最大置信分配的比率来对其设置新的阈值,分别记作 minsup_s 和 $\mathrm{minconf}_s$,即

$$\mathrm{minsup}_s = \mathrm{t\_minsup} \cdot \frac{m_T(C_s)}{m_T(C_{\max})}, \quad \mathrm{minconf}_s = \mathrm{t\_minconf} \cdot \frac{m_T(C_s)}{m_T(C_{\max})} \tag{7.20}$$

式中,t_minsup 与 t_minconf 是给定的支持度阈值与置信度阈值;$C_{\max} = \arg\max\limits_{C_s \in \mathcal{C}} m_T(C_s)$ 是具有最大置信度的类别。如公式 (7.20) 所示,频繁类被分配较高的阈值,非频繁类则被分配相对较低的阈值,这在一定程度上保证生成规则的类别均衡性。

利用公式 (7.20) 所定义的新的支持度阈值和置信度阈值,下面给出一种从具有软标签的训练集中挖掘一组不精确类关联规则的算法。该算法基于 Agrawal 等 [76] 提出的 Apriori 频繁项集搜索的思想,其主要包括以下两个阶段:

(1) **频繁规则项的搜索**:利用导出的模糊集 $\{\{A_{p,j}\}_{j=1}^{l_p}\}_{p=1}^{P}$ 和类别焦元 $\{C_s\}_{s=1}^{Q}$,采用 Apriori 候选生成方式搜索所有支持度大于新支持度阈值的频繁规则项。

(2) **不精确类关联规则的生成**:利用公式 (7.4) 所给出的置信度度量,从上一步得到的频繁规则项中生成所有置信度超过新置信阈值的不精确类关联规则。

在第一阶段，通过对训练集 T 进行多次扫描来发现所有的频繁规则项。令每个 k-规则项（$k = 1, 2, \cdots, P$）的形式为

$$\mathrm{RI}_k = \langle \{A_{i_1,j_1}, A_{i_2,j_2}, \cdots, A_{i_k,j_k}\}, C_s \rangle, \quad 1 \leqslant i_1 < i_2 < \cdots < i_k \leqslant P \quad (7.21)$$

根据公式 (7.2) 给出的支持度度量，在第一次扫描中，计算每个对应单个模糊集的规则项支持度，并通过利用新的支持度阈值来确定所有的频繁 1-规则项。为了生成频繁 k-规则项（$k \geqslant 2$），将具有相同类别的频繁 $(k-1)$-规则项在后续每次扫描过程中以 Apriori 候选生成方式合并，在此过程中，需要计算每个候选 k-规则项的支持度。在每一轮扫描结束时，从支持度值高于阈值的候选项中选择所有的频繁 k-规则项。在第二阶段，利用公式 (7.4) 计算第一阶段导出的频繁规则项的置信度值，然后将所有置信度的值高于阈值的规则组成最后挖掘到的规则集。

算法 7.1 给出了所提出的不精确类关联规则挖掘算法的伪代码，其中函数 Fuzziness（第 3 行）表示 7.3.1 小节中描述的模糊划分过程，函数 GenRules（第 8 行与第 21 行）表示从频繁规则项生成规则的操作。为了详细说明该算法是如何实现的，下面给出一个四类分类问题的示例。

算法 7.1　不精确类关联规则挖掘算法

Require: 训练集 $T = \{(\boldsymbol{x}_1, m_1), (\boldsymbol{x}_2, m_2), \cdots, (\boldsymbol{x}_N, m_N)\}$, m_i 是定义在类别框架 Ω 上对应样本 $\boldsymbol{x}_i \in \mathbb{R}^P$ 的类别 mass 函数, 全局支持度阈值和置信度阈值: t_minsup 与 t_minconf

1: $\mathcal{C} \leftarrow \{C, C \subset \Omega \mid \exists\, \boldsymbol{x}_i \in T, \text{ s.t. } m_i(C) > 0\}$;

2: $Q \leftarrow |\mathcal{C}|$;

3: $T_F \leftarrow \mathrm{Fuzziness}(T, \mathcal{C})$;

4: **for all** $C_s \in \mathcal{C}$ **do**

5: $\quad \mathcal{R}^s \leftarrow \varnothing$;

6: $\quad$ 利用公式 (7.20), 计算 minsup_s 与 $\mathrm{minconf}_s$;

7: $\quad F_1 \leftarrow \{\langle A_{p,j},\ C_s \rangle \mid A_{p,j} \in T_F, 1 \leqslant p \leqslant P \text{ 且 } \sup(\langle A_{p,j},\ C_s \rangle) \geqslant \mathrm{minsup}_s\}$;

8: $\quad \mathcal{R}_1 \leftarrow \mathrm{GenRules}(F_1, \mathrm{minconf}_s)$;

9: $\quad \mathcal{R}^s = \mathcal{R}^s \cup \mathcal{R}_1$;

10: $\quad$ **while** $k < P$ 且 $F_k \neq \varnothing$ **do**

11: $\quad\quad k \leftarrow k + 1$;

12: $\quad\quad F_k \leftarrow \varnothing$;

13: $\quad\quad$ **for all** $\mathrm{RI}_{k-1}^{(1)}$, $\mathrm{RI}_{k-1}^{(2)} \in F_{k-1}$ **do**

14: $\quad\quad\quad$ **if** $\mathrm{RI}_{k-1}^{(1)} = \langle \{A_{i_1,j_1}, A_{i_2,j_2}, \cdots, A_{i_{k-2},j_{k-2}}, A_{i_{k-1},j_{k-1}}\}, C_s \rangle$, $\mathrm{RI}_{k-1}^{(2)} = \langle \{A_{i_1,j_1}, A_{i_2,j_2}, \cdots, A_{i_{k-2},j_{k-2}}, A_{i_k,j_k}\}, C_s \rangle$ **then**

15: $\quad\quad\quad\quad \mathrm{RI}_k = \langle \{A_{i_1,j_1}, A_{i_2,j_2}, \cdots, A_{i_{k-1},j_{k-1}}, A_{i_k,j_k}\},\ C_s \rangle$;

16: $\quad\quad\quad\quad$ **if** $\sup(\mathrm{RI}_k) > \mathrm{minsup}_s$ **then**

17: $\quad\quad\quad\quad\quad F_k \leftarrow F_k \cup \mathrm{RI}_k$;

18: $\quad\quad\quad\quad$ **end if**

19:　　　　**end if**
20:　　　**end for**
21:　　　$\mathcal{R}_k \leftarrow \text{GenRules}(F_k, \text{minconf}_s);$
22:　　　$\mathcal{R}^s \leftarrow \mathcal{R}^s \cup \mathcal{R}_k;$
23:　　**end while**
24: **end for**
25: **return**　一组不精确类关联规则集 $\mathcal{R} = \{\mathcal{R}^s\}_{s=1}^Q$

例 7.2　在该分类问题中, 软标签训练集是由 20 个二维数据点组成, 如图 7.3 所示, 这 20 个数据点的软标签由以下 mass 函数表示:

$$\begin{cases} m_i(\omega_1) = 1, & i = 1, 2, 3 \\ m_i(\omega_2) = 1, & i = 6, 7, 8 \\ m_i(\omega_3) = 1, & i = 11, 12, 13 \\ m_i(\omega_4) = 1, & i = 16, 17, 18 \end{cases} \qquad \begin{cases} m_i(\omega_1 \cup \omega_2) = 1, & i = 4, 5 \\ m_i(\omega_1 \cup \omega_3) = 1, & i = 9, 19 \\ m_i(\omega_2 \cup \omega_4) = 1, & i = 10, 20 \\ m_i(\omega_3 \cup \omega_4) = 1, & i = 14, 15 \end{cases}$$

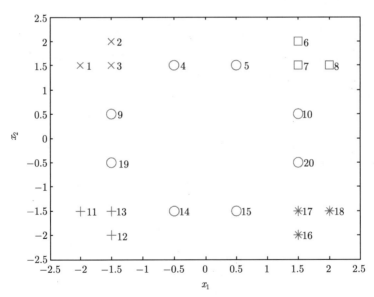

图 7.3　示例中 20 个二维数据点的分布情况

基于上面给出的类别 mass 函数, 首先, 利用第 6 章提出的离散化方法对连续特征进行离散化处理, 可得特征 X_1 与 X_2 的划分边界点集均为 $\{-1, 1\}$。基于这两个边界点, 如图 7.4 所示, 可分别导出对应于各特征的模糊集 $A_{p,1}$、$A_{p,2}$ 和 $A_{p,3}$ ($p = 1, 2$)。

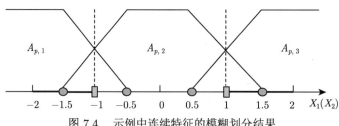

图 7.4   示例中连续特征的模糊划分结果

该例子的类别焦元集合可表示为 $\mathcal{C} = \{\omega_1, \omega_2, \omega_3, \omega_4, \omega_1 \cup \omega_2, \omega_1 \cup \omega_3, \omega_2 \cup \omega_4, \omega_3 \cup \omega_4\}$。给定全局最小支持度阈值和置信度阈值 $\mathrm{minsup}_t = 1\%$，$\mathrm{minconf}_t = 50\%$，利用公式 (7.20)，每个类别焦元 $C_s \in \mathcal{C}$ 对应的最小支持度阈值和置信度阈值可分别调整为 $\mathrm{minsup}_s = 1\%$，$\mathrm{minconf}_s = 50\%$（$s = 1$、$2$、$3$、$4$）和 $\mathrm{minsup}_s = 0.667\%$，$\mathrm{minconf}_s = 33.33\%$（$s = 5$、$6$、$7$、$8$）。利用调整后的支持度阈值，执行算法 7.1 来搜索所有频繁规则项，表 7.1 列出了所有挖掘到的频繁规则项及其对应的支持度值。然后，使用调整后的置信度阈值，如表 7.2 所示，从导出的频繁规则项中生成一组不精确类关联规则集。结果表明，挖掘到的规则能够准确描述样本特征值和类别信息之间的关系，从而证明了所提出的不精确类关联规则结构和规则挖掘算法对解决软标签数据学习问题的有效性。

表 7.1   示例中所有挖掘到的频繁规则项及其对应的支持度值

	前提数目 $k = 1$			前提数目 $k = 2$	
规则项	支持度	规则项	支持度	规则项	支持度
$\langle A_{11}, \omega_1 \rangle$	0.15	$\langle A_{21}, \omega_3 \rangle$	0.15	$\langle \{A_{11}, A_{23}\}, \omega_1 \rangle$	0.15
$\langle A_{11}, \omega_1 \cup \omega_3 \rangle$	0.1	$\langle A_{21}, \omega_3 \cup \omega_4 \rangle$	0.1	$\langle \{A_{12}, A_{23}\}, \omega_1 \cup \omega_2 \rangle$	0.1
$\langle A_{11}, \omega_3 \rangle$	0.15	$\langle A_{21}, \omega_4 \rangle$	0.15	$\langle \{A_{13}, A_{23}\}, \omega_2 \rangle$	0.15
$\langle A_{12}, \omega_1 \cup \omega_2 \rangle$	0.1	$\langle A_{22}, \omega_1 \cup \omega_3 \rangle$	0.1	$\langle \{A_{11}, A_{22}\}, \omega_1 \cup \omega_3 \rangle$	0.1
$\langle A_{12}, \omega_3 \cup \omega_4 \rangle$	0.1	$\langle A_{22}, \omega_2 \cup \omega_4 \rangle$	0.1	$\langle \{A_{13}, A_{22}\}, \omega_2 \cup \omega_4 \rangle$	0.1
$\langle A_{13}, \omega_2 \rangle$	0.15	$\langle A_{23}, \omega_1 \rangle$	0.15	$\langle \{A_{11}, A_{21}\}, \omega_3 \rangle$	0.15
$\langle A_{13}, \omega_2 \cup \omega_4 \rangle$	0.1	$\langle A_{23}, \omega_1 \cup \omega_2 \rangle$	0.1	$\langle \{A_{12}, A_{21}\}, \omega_3 \cup \omega_4 \rangle$	0.1
$\langle A_{13}, \omega_4 \rangle$	0.15	$\langle A_{23}, \omega_2 \rangle$	0.15	$\langle \{A_{13}, A_{31}\}, \omega_4 \rangle$	0.15

表 7.2   示例中所有挖掘到的不精确类关联规则

序列号	不精确类关联规则
1	如果 x_1 是 A_{12}，则结论为 $\omega_1 \cup \omega_2$，规则置信度为 0.5
2	如果 x_1 是 A_{12}，则结论为 $\omega_3 \cup \omega_4$，规则置信度为 0.5
3	如果 x_2 是 A_{12}，则结论为 $\omega_1 \cup \omega_3$，规则置信度为 0.5
4	如果 x_2 是 A_{12}，则结论为 $\omega_2 \cup \omega_4$，规则置信度为 0.5
5	如果 x_1 是 A_{11} 且 x_2 是 A_{23}，则结论为 ω_1，规则置信度为 1
6	如果 x_1 是 A_{12} 且 x_2 是 A_{23}，则结论为 $\omega_1 \cup \omega_2$，规则置信度为 1
7	如果 x_1 是 A_{13} 且 x_2 是 A_{23}，则结论为 ω_2，规则置信度为 1

续表

序列号	不精确类关联规则
8	如果 x_1 是 A_{11} 且 x_2 是 A_{22}，则结论为 $\omega_1 \cup \omega_3$，　规则置信度为 1
9	如果 x_1 是 A_{13} 且 x_2 是 A_{22}，则结论为 $\omega_2 \cup \omega_4$，　规则置信度为 1
10	如果 x_1 是 A_{11} 且 x_2 是 A_{21}，则结论为 ω_3，　规则置信度为 1
11	如果 x_1 是 A_{12} 且 x_2 是 A_{21}，则结论为 $\omega_3 \cup \omega_4$，　规则置信度为 1
12	如果 x_1 是 A_{13} 且 x_2 是 A_{21}，则结论为 ω_4，　规则置信度为 1

7.3.3　规则削减

7.3.2 小节已经从具有软标签的训练集中生成了一组不精确类关联规则，但是规则的数量可能很大。为了使所构建的分类模型更高效，本节进一步考虑删除冗余的规则且只保留可以提高分类精度的规则，该规则削减过程包括以下三个阶段。

(1) **冗余规则削减**：通过删除具有较低置信度且更具体的规则，将最小化规则集中的冗余性。

(2) **规则排序**：根据支持度和置信度度量，给出一种同时考虑不均衡类别分配的规则排序方案。

(3) **规则选择**：采用数据库覆盖策略构建一个精确而紧凑的分类器，其基本思想是只选择那些至少正确分类一个训练样本的规则，且该样本没有被具有更高排序的规则所覆盖。

在第一阶段，比较具有不同前提条件数目的规则的置信度值，以保留那些更可靠且更具一般性的规则，将这一阶段得到的规则集记作 $\mathcal{R}^-$。在第二阶段，为了避免分类模型中规则类别分配比例差距较大，首先将 $\mathcal{R}^-$ 中的规则按照结果类划分成不同的集合，然后执行如下的两级规则排序过程。

(1) **类内排序**：根据置信度和支持度对不同类别集合内的规则分别排序。假设 R_1 与 R_2 是具有相同结果类的两条规则，则规则 R_1 具有比规则 R_2 更高的优先级当且仅当

$$\begin{cases} \mathrm{conf}(R_1) > \mathrm{conf}(R_2) & \text{或者} \\ \mathrm{conf}(R_1) = \mathrm{conf}(R_2), \text{ 但是 } \mathrm{sup}(R_1) > \mathrm{sup}(R_2) & \text{或者} \\ \mathrm{conf}(R_1) = \mathrm{conf}(R_2), \mathrm{sup}(R_1) = \mathrm{sup}(R_2), \text{ 但是 } R_1 \text{ 的生成顺序早于} R_2 \end{cases}$$

(2) **类间排序**：从上述步骤中导出的每个类别集合中依次提取一个规则，然后根据置信度和支持度对提取的规则进行重新排序。特别地，如果某两条规则的置信度和支持度均相同，则根据如下的类别概率进行排序：

$$p(C_s) = \frac{1}{N} \sum_{i=1}^{N} m_i(C_s), \quad \forall C_s \in \mathcal{C} \tag{7.22}$$

在最后一个阶段，基于数据库覆盖的思想选择具有较高优先级的规则组建分类模型，以最大化训练集的分类精度。为了适应训练集中的软标签，每个样本的类别标签首先被硬化为具有最大 mass 函数值的类别焦元。对于每一个规则 $R \in \mathcal{R}^-$（按照降序排列），遍历训练集中每一个样本，以找到与规则 R 匹配的所有样本。如果规则 R 能够至少正确分类一个训练样本，则将该规则插入到分类模型中，并且将被该规则覆盖的所有样本从训练集中移除。相反，如果该规则不能正确分类任何一个样本，则将其丢弃。重复该过程，直至考虑了所有的规则或者覆盖了所有的样本。最终，构建了一个由一组不精确类关联规则组成的软标签关联规则分类模型，其默认类设置为集合 $\mathcal{C}$ 中具有最大概率（通过公式 (7.22) 计算）的类别标签。

7.3.4 软标签下的置信推理分类

经过削减后保留下来的规则集将用于对未标记的输入样本进行分类。5.3.3 小节提出了一种基于前 K 个规则的置信推理方法，即在置信函数理论框架下通过组合匹配度最大的前 K 个规则来对输入样本进行分类。然而，与之前不同的是，本章所构建的分类模型中每条规则的结果并不局限于单个的类别。为了适应数据类别标签的不精确性，本节将研究如何利用上面所构建的软标签关联规则分类模型对输入样本进行分类。

给定一个输入样本 $\boldsymbol{y}$，假设 R_j 是分类模型中激活该样本的其中一条规则，其结果类别为 $C^j \in \mathcal{C}$。在置信函数理论框架下，规则 R_j 的类别信息可以看作支持样本 $\boldsymbol{y}$ 的类别标签为 C^j 的一条证据，可由如下的 mass 函数 $m\{R_j\}$ 来表示：

$$\begin{cases} m\{R_j\}\,(C^j) = \beta_j \\ m\{R_j\}\,(\Omega) = 1 - \beta_j \end{cases} \tag{7.23}$$

式中，β_j 是该规则的置信度。然而，该证据对于该样本的分类问题并不完全可靠，其可靠度可以用相应的激活度（记作 α_j）来衡量。在这种情况下，通常使用 Shafer 折扣对原始的 mass 函数 $m\{R_j\}$ 进行折扣处理，以推导出新的 mass 函数 $m^{\alpha_j}\{R_j\}$：

$$\begin{cases} m^{\alpha_j}\{R_j\}\,(C^j) = \alpha_j\,\beta_j \\ m^{\alpha_j}\{R_j\}\,(\Omega) = 1 - \alpha_j\,\beta_j \end{cases} \tag{7.24}$$

在导出所有与激活规则相关的 mass 函数（公式 (7.24)）之后，接下来将所有这些 mass 函数在置信函数理论框架下进行融合，进而推断出样本 $\boldsymbol{y}$ 的类别。这里只融合部分具有较高匹配度的规则，原因可从以下两个方面分析：一方面，分类模型中规则的前提更趋于一般性（如 7.3.2 小节所述），这就造成被输入样本所激活的规则数目可能较多，融合所有被激活规则的计算复杂性大大增加；另一方面，那些具有较低匹配度的规则可能会对该样本产生负面作用。

令 $\mathcal{R}' \subseteq \mathcal{R}^-$ 是被样本 $\boldsymbol{y}$ 激活的匹配度最大的前 K（默认值设置为 5）个规则，利用 Dempster 组合规则将相应 mass 函数进行组合，得到如下的 mass 函数 $m\{\boldsymbol{y}\}$：

$$m\{\boldsymbol{y}\} = \bigoplus_{R_j \in \mathcal{R}'} m^{\alpha_j}\{R_j\} \tag{7.25}$$

根据 Dempster 组合规则，公式 (7.25) 进一步解析表示为

$$\begin{cases} m\{\boldsymbol{y}\}(C^j) = \dfrac{\left(\prod\limits_{R_s \in \mathcal{R}'_j} \alpha_s\, \beta_s\right)\left[\prod\limits_{R_t \in \mathcal{R}'/\mathcal{R}'_j}(1 - \alpha_t\, \beta_t)\right]}{1 - \kappa} \\ \qquad\qquad + \sum\limits_{R_s \in \mathcal{R}'_j} \alpha_s\, \beta_s \left[\prod\limits_{t \neq s}(1 - \alpha_t\, \beta_t)\right] \\ m\{\boldsymbol{y}\}(\varOmega) = \dfrac{1}{1 - \kappa} \prod\limits_{R_s \in \mathcal{R}'}(1 - \alpha_s\, \beta_s) \end{cases} \tag{7.26}$$

式中，$\mathcal{R}'_j$ 是所有具有结果类 C^j 的规则集合（$j = 1, 2, \cdots, n$），n 是集合 $\mathcal{R}'$ 中规则的类别数目；κ 用来量化不同 mass 函数之间的冲突，满足以下等式：

$$\sum_{j=1}^{n} m\{\boldsymbol{y}\}(C^j) + m\{\boldsymbol{y}\}(\varOmega) = 1 \tag{7.27}$$

需要指出，公式 (7.26) 给输入样本 $\boldsymbol{y}$ 提供了一个软分类决策。如果需要做出硬决策，可以利用 Pignistic 转换将上述 mass 函数转换成概率，然后将具有最大概率值的类别分配给样本 $\boldsymbol{y}$。

7.4　实验分析

为了评估所提出的 ARC-SL 方法的有效性，本节将给出两组实验将该方法与其他五种有代表性的基于规则的分类模型进行对比，包括 C4.5[79]、FRBCS[64]、CBA[13]、FARC-HD[73] 和 EARC[163]。第一组实验是针对 12 个标准数据集在类别信息完全监督和部分监督情况下进行测试分析，第二组实验是针对实际的面部表情识别问题进行应用分析。

7.4.1　标准数据集测试

本节考虑了来自 UCI 数据库[140] 的 12 个有代表性的标准数据集，其特征数在 3 到 60 之间变化，样本数在 150 到 2000 之间变化，类别数在 2 到 6 之间变

化，如表 7.3 所示。各数据集的分类结果将通过 5-折交叉验证来估算，即数据集中的 80% 用来作训练，而剩余的 20% 用来作测试。最后，对每个数据集计算 5 次划分下分类精度的平均值。

表 7.3　实验中所采用的各数据集特征信息

数据集	特征数	样本数	类别数
Balance	4	625	3
Cancer	9	683	2
Diabetes	8	393	2
Glass	9	214	6
Haberman	3	306	2
Iris	4	150	3
Localization	7	2000	4
Pima	8	336	2
Seeds	7	210	3
Sonar	60	187	2
Vertebral	7	248	3
Wine	13	178	3

1. 完全监督的情况

对于上面提到的数据集，首先考虑完全监督的情况，即每个样本的真实类标签（单类）是已知的。在这种情况下，将所提出的 ARC-SL 与五种有代表性的基于规则的监督学习方法（C4.5、FRBCS、CBA、FARC-HD 和 EARC）进行比较。在该实验中，各对比方法的参数设置是根据每个方法中相应作者的建议，并使用 KEEL 软件[165] 实现。所提出的 ARC-SL 中涉及的参数包括：全局最小支持度阈值与置信度阈值（t_minsup 与 t_minconf）以及融合的规则数目（K）。与 CBA 和 EARC 中阈值的设置一致，参数 t_minsup 和 t_minconf 的值分别设置为 1% 和 50%；与 EARC 中融合的规则数目一致，参数 K 的值设置为 5，这些参数取值均为默认设置。表 7.4 给出了各方法在不同数据集下的分类精度，其中每个数据集的最优分类精度用粗体标记，最后一行列出各方法在所有数据集下的平均分类精度。实验结果表明，在完全监督的情况下，ARC-SL 在大多数数据集上优于其他方法，且能获得最高的平均分类精度。

表 7.4　完全监督情况下各方法在不同数据集下的分类精度

数据集	C4.5	FRBCS	CBA	FARC-HD	EARC	ARC-SL
Balance	0.7152	0.7808	0.7152	0.8672	**0.8736**	0.7664
Cancer	0.9544	0.9559	0.9632	**0.9662**	0.9632	0.9618
Diabetes	0.7641	0.7103	0.7513	**0.7821**	0.7641	0.7513
Glass	0.6476	0.5762	0.6714	0.6429	0.6476	**0.6952**
Haberman	0.7377	0.7148	0.7410	0.7246	0.7410	**0.8328**

续表

数据集	C4.5	FRBCS	CBA	FARC-HD	EARC	ARC-SL
Iris	0.9400	**0.9600**	0.9467	**0.9600**	0.9533	**0.9600**
Localization	0.9665	0.9525	0.9710	**0.9755**	0.9335	0.9630
Pima	0.7791	0.7313	0.7821	0.7821	0.7701	**0.7970**
Seeds	0.9238	0.8905	0.9286	0.9190	0.9048	**0.9381**
Sonar	0.7264	0.7403	0.7791	0.8171	0.7691	**0.9182**
Vertebral	0.7871	0.7129	**0.7903**	0.7742	0.7409	**0.7903**
Wine	0.9159	0.9381	0.9271	0.9608	0.9497	**0.9717**
平均分类精度	0.8215	0.8053	0.8306	0.8476	0.8342	**0.8622**

2. 部分监督的情况

在软标签数据学习中，一个合理的方法能够有效利用软标签中所蕴含的信息来提高分类性能。相反，一个不合理的方法会使得现有的软标签数据不利于分类精度的提高，反而会使得分类性能更差。因此，关注的是所提出的 ARC-SL 的分类性能是否优于传统的基于规则的监督学习（只使用具有精确标签的数据）方法。为了验证所提出的 ARC-SL 在处理软标签数据问题中的有效性，本节以上面提到的五种方法作为基准开展如下实验。

首先，将标准数据集中的部分样本类别修改为软标签。对于训练样本 x_i，将根据其相邻样本的信息来分配一个最有可能的类别标签，该标签可能是单类或者复合类。在给定所考虑的近邻样本数目的情况下，下面讨论如何根据 x_i 的近邻样本的类别信息对各样本赋予相应的软标签。令 $\omega_i! \omega_{i'} \in \Omega$ 分别是 x_i 的近邻样本中具有最大和次大样本数目的类别，根据最大类 ω_i 的类别分配比例，可设计如下两种形式的软标签。

(1) 标签 1：在样本 x_i 的所有近邻样本中，如果具有类别 ω_i 的样本数比例大于 50%，则将该样本分配给单类 ω_i；

(2) 标签 2：如果具有类别 ω_i 的样本数比例不高于 50%，则将该样本分配给复合类 $\omega_i \cup \omega_{i'}$。

在置信函数理论框架下，以上两种标签实际上可以看作两条具有不同可靠度的证据。对于标签 1 来说，其可靠度可通过具有类别 ω_i 的样本比例来度量。同样地，对于标签 2 来说，其可靠度则为具有类别 ω_i 和 $\omega_{i'}$ 的样本比例之和。为了将这些信息全部考虑进去，利用 Shafer 折扣公式，上述两种标签所对应的 mass 函数可表示为

$$标签 1:\ m_i(\omega_i) = p_i, \qquad m_i(\Omega) = 1 - p_i$$
$$标签 2:\ m_i(\omega_i \cup \omega_{i'}) = p_i + p_{i'}, \quad m_i(\Omega) = 1 - (p_i + p_{i'})$$

式中，p_i 和 $p_{i'}$ 分别是指样本 x_i 的近邻样本中具有类别 ω_i 和 $\omega_{i'}$ 样本比例。

　　针对表 7.3 中给出的 12 组数据集，计算各方法在不同的不精确率（软标签样本的比例）下的分类误差。如图 7.5 所示，分别考虑了各方法在不同数据集下的平均分类误差随不精确率的变化情况。

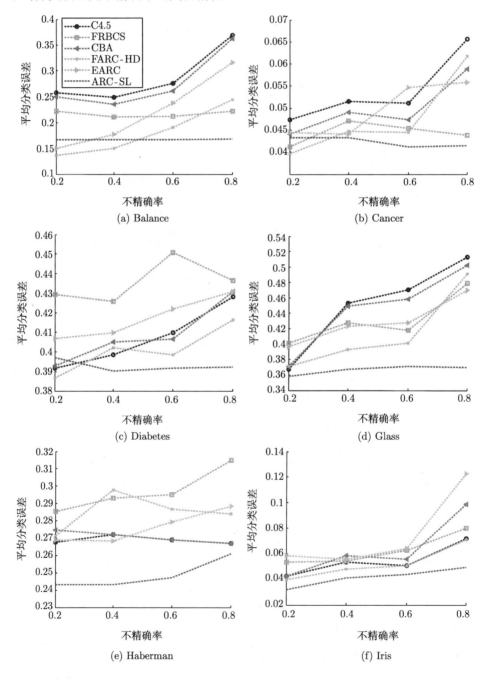

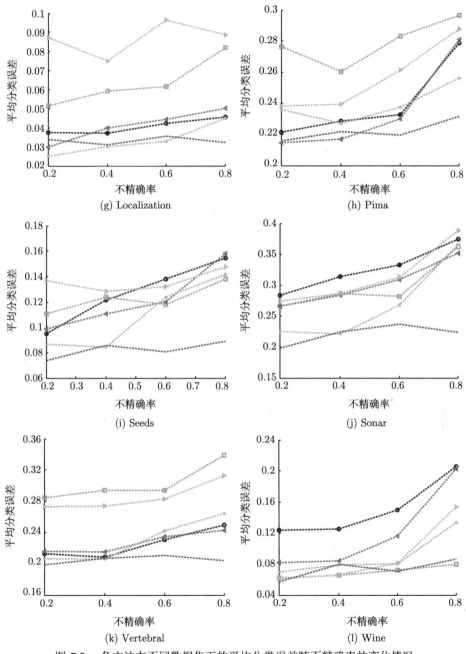

图 7.5　各方法在不同数据集下的平均分类误差随不精确率的变化情况

分析图 7.5 可以看出，虽然不同数据集下的分类结果具有不同的变化特点，但从总体上看，可以得出以下结论：

(1) 对于大多数数据集来说,所提出的 ARC-SL 的分类性能优于其他方法。特别地,在不精确率较高的情况下,该算法的优势更加突出。这就说明了所提方法能够有效地利用蕴含在软标签中的类别信息。

(2) 相比于其他方法,所提出的 ARC-SL 对小规模数据集（如 Iris）所体现的性能优势比对大规模数据集（如 Localization）更加显著。这是因为传统监督学习方法的分类性能在小规模数据集下对不精确率更加敏感。

(3) 总的来说,随着不精确数据比例的增加,ARC-SL 的分类性能比较稳定,这就说明了所提出的方法对于不精确标签具有较好的鲁棒性。

7.4.2　面部表情识别应用

本节将所提出的 ARC-SL 用于解决从图像中识别面部表情的问题。在实际中,由于人类的主观认知不同或者所采集图像本身的模糊性,人们往往很难获得各个面部表情的精确类别标签,这是一个典型的软标签数据分类问题。

在该实验中,从 CMU-Pittsburgh 图像数据库[196] 中选择了 180 幅面部图像,其中包括六种典型的面部表情类别:"恐惧""惊讶""悲伤""愤怒""厌恶""快乐"。为了避免一些无关因素（头发、背景等）的干扰,需要预先对图像进行配准和裁剪[190,197],以最小化其他可能变量的影响。先利用仿射变换对采集的图像进行配准,再将其裁剪成尺寸为 60×70 （对应于 4200 维的像素矢量）的图像。在这些具有 4200 个特征的 180 幅图像中,选取 90 幅用来作训练,而剩余的 90 幅用来作测试。首先,分别由两位专家独立对训练集中每幅面部图像进行标注,以获得对应每个图像的两组类别标签。然后,将这两组标签在置信函数理论框架下利用 Dempster 组合规则进行组合,将组合后的 mass 函数作为每幅图像的软标签。以其中的两幅面部图像为例,图 7.6 给出了来自两位专家的类别标签和组合后的类别标签。从图中可以看出,不同的评估者对于同一幅面部表情的识别存在不一致性。为了对每幅面部图像分配更加合理的类别标签,采用 Dempster 组合规则来削弱这种不一致性,并将更多的置信分配给公共的类别标签。

考虑到采集的图像数据维度较高,作为预处理,分别采用主成分分析（principal component analysis, PCA）和 Sammon 映射（Sammon mapping, SAM）[198] 这两种代表性的线性与非线性降维方法来降低数据的维度。基于极大似然估计的最优维数估计算法,求得最佳降维数是 8。因此,在该实验中,选择在降维过程中保留 8 个特征。利用这两种降维方法,将所提出的 ARC-SL 与 7.4.1 小节考虑的五种方法进行对比,分别计算各方法的识别正确率。图 7.7 和图 7.8 分别给出了各方法在两种降维方式下面部表情识别正确率。从图中可以看出,所提出的 ARC-SL 的面部表情识别正确率高于其他方法,进一步证明了所提出的方法在处理实际软标签问题中的有效性。

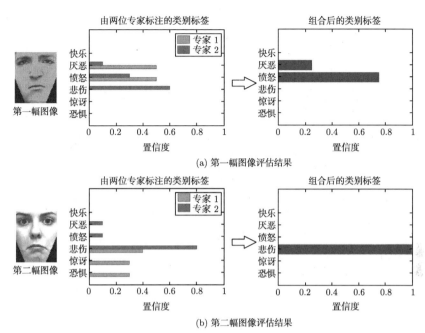

图 7.6　由两位专家标注的类别标签和组合后的类别标签

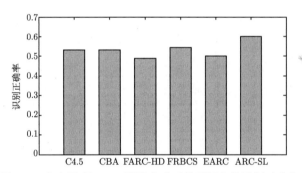

图 7.7　各方法在 PCA 降维方式下的面部表情识别正确率

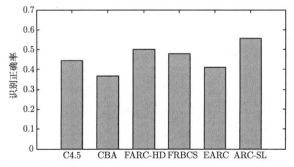

图 7.8　各方法在 SAM 降维方式下的面部表情识别正确率

7.5 本 章 小 结

为了克服传统的关联规则分类方法在处理不精确类别信息中的局限性,本章提出一种基于关联规则的软标签分类方法,以实现软标签信息的有效利用。首先,提出了一种更具有一般性的不精确类关联规则结构来刻画标签的不精确性,并定义了该规则的支持度和置信度度量。其次,基于该规则形式构建了一种软标签关联规则分类方法,包括以下四个阶段:基于熵的软标签数据自适应模糊划分、基于 Apriori 思想的不精确类关联规则挖掘、规则削减和软标签下的置信推理分类。最后,针对 12 组标准数据集,通过与其他几种代表性的基于规则的分类方法进行对比来验证所提出方法的有效性。实验结果表明,所提出的 ARC-SL 在类别信息完全监督和部分监督情况下都能取得较好的分类性能。此外,还给出了一个面部表情识别问题的具体应用,结果进一步表明了所提出的 ARC-SL 在处理实际软标签问题中的有效性。

第 8 章　基于置信规则推理的编队目标识别

8.1　引　　言

航母编队是以航空母舰为核心，由舰载机、水面舰艇等组成的一体化战斗群，具有灵活机动、综合作战能力强、威慑效果好等特点，可以在陆、海、空、电磁多维领域实施全天候、大范围、高强度的连续作战。航母编队在平时进行训练，实施武力威慑；战时进行战略机动，控制海、空，为军事干涉实施封锁、攻击[199]。因此，对航母编队进行早期预警对于保卫国土安全具有重大的现实意义。

天波超视距雷达（over-the-horizon radar, OTHR）作为远程预警系统的主要装备，其距离覆盖范围为 800～3500km，对低空飞行器、海面舰船目标具有远距离连续监视的能力，目前尚无其他系统可以取代[200]。然而，OTHR 的探测跟踪输出结果为一系列目标的航迹信息，无法给出目标的属性信息。国内外有许多学者对目标识别问题进行了广泛研究，然而这些工作主要关注基于图像传感器[201,202]、电子侦察设备[203] 或多个传感器融合[204,205] 对单个目标进行识别，尚没有有效的方法对目标群的整体属性进行识别。航母编队作为一个战斗群体，各个子目标之间存在一定的空间位置和从属关系约束，充分挖掘这种约束关系可以实现对战斗群整体的识别。

基于天波超视距雷达的航迹输出进行航母编队识别面临着非常复杂的问题，主要体现在：①由于监视范围广，目标种类多，军民目标交叠在一起，具有较大的概率不确定性；②由于探测精度有限，目标信息存在很大的模糊不确定性；③由于雷达提供的数据有限，有时不可避免地要使用专家提供的不完整或不精确的主观信息。要想解决这些问题，就需要应用一种有效的方法对不确定性信息、主观信息进行合理的、系统的、灵活的表示和推理。

为了处理雷达航迹输出以及主观决策中的不确定信息，本章突破了目标群整体属性识别的技术难点，提出一种基于置信规则推理的航母编队识别方法[206]。基于航母编队中子目标的约束关系构建航母编队识别置信规则库，在此基础上实现多层置信规则库的推理，研究利用历史数据对置信规则库参数进行学习的方法，最后基于仿真数据对基于置信规则推理的航母编队识别方法进行验证。

本章的内容安排如下：在 8.2 节中，首先给出置信规则推理方法的描述；8.3 节重点介绍基于置信规则推理的航母编队识别方法；8.4 节基于仿真实验来评估所提出方法的有效性；最后，8.5 节总结本章的主要工作。

8.2　置信规则推理方法描述

置信规则推理方法主要包括知识的表达和知识的推理。其中知识的表达通过构建 BRB 来实现[123]，而知识的推理则通过证据推理（evidential reasoning, ER）算法实现[207]。BRB 中第 k 条置信规则的结构如下：

$$R_k : \text{if } x_1 \text{ is } A_1^k \ \wedge \ x_2 \text{ is } A_2^k \ \wedge \cdots \ \wedge x_M \text{ is } A_M^k$$
$$\text{then } \{(D_1, \beta_{1,k}), (D_2, \beta_{2,k}), \cdots, (D_N, \beta_{N,k})\},$$
$$\text{规则权重}: \theta_k,$$
$$\text{属性权重}: \bar{\delta}_1, \bar{\delta}_2, \cdots, \bar{\delta}_M$$

式中，$\boldsymbol{x} = (x_1, x_2, \cdots, x_M)$ 为第 k 条规则的输入，M 为规则库中输入的总数；A_m^k $(m = 1, 2, \cdots, M; k = 1, 2, \cdots, L)$ 为在第 k 条规则中 x_m 的参考值，令 $A_m^k \in A_m$，$A_m = \{A_{m,q}, q = 1, 2, \cdots, J_m\}$ 为 x_m 的所有参考值的集合，J_m 为对应参考值的数目；θ_k 为第 k 条规则的权重；$\bar{\delta}_M$ 为第 M 个前提属性的权重；$\beta_{j,k}$ $(j = 1, 2, \cdots, N; k = 1, 2, \cdots, L)$ 为分配给输出结果 D_j 的置信度；"$\wedge$" 为逻辑"与"的关系。

下面将介绍基于 BRB 应用 ER 算法进行推理以及利用历史数据对 BRB 的参数进行学习的方法。

8.2.1　基于证据推理算法的置信规则推理

当输入信息 x 后，利用 ER 算法对 BRB 中的置信规则进行组合，从而得到 BRB 系统的最终输出，这就是置信规则推理方法的基本思想，主要通过以下两步实现。

(1) **置信规则激活权重的计算**：输入信息 x 对第 k 条规则的激活权重通过下式来计算，即

$$\omega_k = \frac{\theta_k \prod\limits_{m=1}^{M} (\alpha_{m,q}^k)^{\bar{\delta}_i}}{\sum\limits_{l=1}^{L} \theta_l \prod\limits_{m=1}^{M} (\alpha_{m,q}^l)^{\bar{\delta}_i}} \tag{8.1}$$

式中，$\alpha_{m,q}^k$ 为实际输入 x_m 与其参考值 $A_{m,q}^k$ 的匹配度，表示在第 k 条规则中分配给 $A_{m,q}^k$ 的置信度。$\alpha_{m,q}^k$ 的获取主要依赖于前提属性的特点以及输入数据的特性。Yang[208] 提出了基于信息等价变换技术的处理策略，对各种输入信息进行变换，以便应用 ER 算法进行推理。

(2) **利用 ER 算法进行推理**：ER 算法主要由以下两步组成。

首先，把输出部分的置信度 $\beta_{j,k}$ $(j=1,2,\cdots,N;k=1,2,\cdots,L)$ 转化为如下基本概率指派，即

$$
\begin{cases}
m_{j,k} = \omega_k \beta_{j,k} \\
m_{D,k} = 1 - \omega_k \displaystyle\sum_{j=1}^{N} \beta_{j,k} \\
\bar{m}_{D,k} = 1 - \omega_k \\
\tilde{m}_{D,k} = \omega_k \left(1 - \displaystyle\sum_{j=1}^{N} \beta_{j,k}\right)
\end{cases}
\tag{8.2}
$$

式中，$m_{j,k}$ 是相对于评价结果 D_j 的基本概率设置；$m_{D,k}$ 是未设置给任意评价结果的基本概率，$m_{D,k} = \bar{m}_{D,k} + \tilde{m}_{D,k}$；$\bar{m}_{D,k}$ 是由第 k 条规则的重要度（激活权重）引起的，如果第 k 条规则是绝对重要的，即 $\omega_k = 1$，此时 $\bar{m}_{D,k} = 0$；$\tilde{m}_{D,k}$ 是由第 k 条规则评价结果的不完整性引起的，如果第 k 条规则评价结果是完整的，即 $1 - \displaystyle\sum_{j=1}^{N} \beta_{j,k} = 0$，此时 $\tilde{m}_{D,k} = 0$。

然后，对 L 条规则进行组合，即可得到对应于评价结果 D_j $(j=1,2,\cdots,N)$ 的置信度。具体过程如下：

假设 $m_{j,I(k)}$ 表示使用 Dempster 组合规则 [207] 对前 k 条规则组合后得到对应于 D_j 的基本概率设置，且满足 $m_{D,I(k)} = 1 - \displaystyle\sum_{j=1}^{N} m_{j,I(k)}$，令 $m_{j,I(1)} = m_{j,1}$ 和 $m_{D,I(1)} = m_{D,1}$。迭代使用 Dempster 组合规则对前 k 条规则进行组合，有

① $m_{j,I(k+1)} = K_{I(k+1)} \left(m_{j,I(k)} m_{j,k+1} + m_{j,I(k)} m_{D,k+1} + m_{D,I(k)} m_{j,k+1}\right)$;

② $m_{D,I(k)} = \bar{m}_{D,I(k)} + \tilde{m}_{D,I(k)}$;

③ $\tilde{m}_{D,I(k+1)} = K_{I(k+1)} \left(\tilde{m}_{D,I(k)} \tilde{m}_{D,k+1} + \tilde{m}_{D,I(k)} \bar{m}_{D,k+1} + \bar{m}_{D,I(k)} \tilde{m}_{D,k+1}\right)$;

④ $\bar{m}_{D,I(k+1)} = K_{I(k+1)} \left(\bar{m}_{D,I(k)} \bar{m}_{D,k+1}\right)$;

⑤ $K_{I(k+1)} = \left(1 - \displaystyle\sum_{j=1}^{N} \sum_{p=1,p\neq j}^{N} m_{j,I(k)} m_{p,k+1}\right)^{-1}$, $k=1,2,\cdots,L-1$。

则推理结果可表示为

$$
\begin{cases}
\hat{\beta}_j = \dfrac{m_{j,I(L)}}{1 - \bar{m}_{D,I(L)}}, \quad j=1,2,\cdots,N \\
\hat{\beta}_D = \dfrac{\tilde{m}_{D,I(L)}}{1 - \bar{m}_{D,I(L)}}
\end{cases}
\tag{8.3}
$$

式中，$\hat{\beta}_j$ 表示对应于评价结果 D_j 的置信度；$\hat{\beta}_D$ 表示未设置给任意评价结果的置信度。

8.2.2 置信规则库参数学习

在 BRB 系统中，包括规则权重 θ_k、前提属性权重 $\bar{\delta}_m$ 和置信度 $\beta_{j,k}$ 等参数。这些参数通常由专家根据先验知识和历史信息给定，然而当系统比较复杂时，专家难以确定这些参数的精确值。Yang 等[158] 提出利用历史数据对初始 BRB 系统中的参数进行学习的方法，使得学习后的 BRB 系统能够更准确地反映系统特性。

BRB 系统参数学习的基本思想和过程如图 8.1 所示。图中，x_t 表示输入；y_t 表示对应的输出；$\hat{y}_t$ 表示由 BRB 系统产生的估计输出；$V = \left[\theta_k, \bar{\delta}_m, \beta_{j,k}\right]^{\mathrm{T}}$ 表示由 BRB 参数构成的向量；$\xi(V)$ 表示 y_t 和 $\hat{y}_t$ 之间的差异。

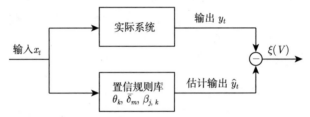

图 8.1 BRB 系统参数学习的基本思想和过程

用于 BRB 参数学习的优化模型可以描述为如下的一般形式，即

$$\begin{cases} \min\left\{\xi(V)\right\} \\ \text{s.t.}\quad A(V) = 0, \quad B(V) \geqslant 0 \end{cases} \tag{8.4}$$

式中，$\xi(V)$ 表示目标函数；$A(V)$ 表示等式约束函数；$B(V)$ 表示不等式约束函数。

8.3 基于置信规则推理的航母编队识别

天波超视距雷达对海面目标进行持续监视，可形成一系列目标航迹的输出。航母编队识别的推理系统要通过对这些航迹输出的处理获取所需要的输入信息。众所周知，航母编队区别于其他目标群的最显著标识是舰船编队和舰载机在同一区域执行任务，若 OTHR 对某一区域探测过程中同时得到这两种目标的信息，是航母编队的可能性会很大；更进一步，舰船编队区别于其他目标主要取决于两个因素：一是速度，二是航迹的平行性；另外，舰载机区别于其他目标主要取决于两个因素：一是速度，二是其航迹会在非陆地区域起始和终结。基于以上约束关系可形成基于 OTHR 探测信息对航母编队推理的逻辑。此外，其他一些外部信息源，如作战条例数据库，给出了航母编队的一些历史活动信息和规则，可以基于此构造独立于 OTHR 探测信息的关于航母编队识别的一个支撑依据。

8.3.1　航母编队识别置信规则库构建

根据前文分析，构造图 8.2 所示的航母编队识别分层 BRB 结构图，在构造的推理系统中，共包括四个子规则库。使用五个输入变量（X_3，X_6，X_7，X_8，X_9）和三个中间变量（X_2，X_4，X_5）对输出变量 X_1 进行推理。为了便于推理，每个变量的参考值均用模糊语义值来表示，分别是高（high，H）、中（medium，M）和低（low，L）。

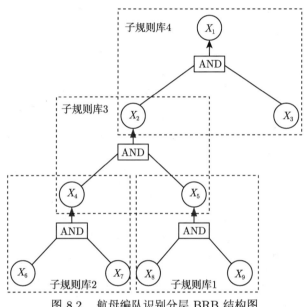

图 8.2　航母编队识别分层 BRB 结构图

图 8.2 中各参数的详细定义如下：

(1) X_1 表示航母编队的置信度；

(2) X_2 表示依据 OTHR 探测信息确定航母编队的置信度；

(3) X_3 表示依据作战条例数据库信息确定航母编队的置信度；

(4) X_4 表示舰船编队目标的置信度；

(5) X_5 表示舰载空中目标的置信度；

(6) X_6 表示依据速度确定舰船编队目标的置信度；

(7) X_7 表示依据多条航迹的平行性确定舰船编队目标的置信度；

(8) X_8 表示依据速度确定舰载空中目标的置信度；

(9) X_9 表示依据航迹起始、终结位置确定舰载空中目标的置信度。

表 8.1 给出了基于图 8.2 所示的分层 BRB 结构图构造的由 36 条规则组成的置信规则库，通常情况下，置信规则库中各条规则的参数（规则权重 θ_k、前提属

性权重 $\bar{\delta}_m$ 和置信度 $\beta_{j,k}$ ）由相关领域专家初始给定，然后利用历史积累数据进行在线学习。

表 8.1　航母编队识别 BRB

规则库	编号	前提属性	初始给定的规则库		参数学习后的规则库	
			权重	评价结构	权重	评价结构
BRB1	1	X_8 is $H \wedge X_9$ is H	1	X_5 is $\{(H,1)\}$	1	X_5 is $\{(H,1)\}$
	2	X_8 is $H \wedge X_9$ is M	1	X_5 is $\{(H,0.5),(M,0.5)\}$	1	X_5 is $\{(H,0.2),(M,0.8)\}$
	3	X_8 is $H \wedge X_9$ is L	1	X_5 is $\{(M,1)\}$	0.5	X_5 is $\{(M,0.3),(L,0.7)\}$
	4	X_8 is $M \wedge X_9$ is H	1	X_5 is $\{(H,0.5),(M,0.5)\}$	0.8	X_5 is $\{(H,0.5),(M,0.5)\}$
	5	X_8 is $M \wedge X_9$ is M	1	X_5 is $\{(M,1)\}$	1	X_5 is $\{(M,1)\}$
	6	X_8 is $M \wedge X_9$ is L	1	X_5 is $\{(M,0.5),(L,0.5)\}$	0.8	X_5 is $\{(M,0.1),(L,0.9)\}$
	7	X_8 is $L \wedge X_9$ is H	1	X_5 is $\{(M,1)\}$	0.5	X_5 is $\{(H,0.2),(M,0.2),(L,0.6)\}$
	8	X_8 is $L \wedge X_9$ is M	1	X_5 is $\{(M,0.5),(L,0.5)\}$	0.8	X_5 is $\{(M,0.4),(L,0.6)\}$
	9	X_8 is $L \wedge X_9$ is L	1	X_5 is $\{(L,1)\}$	1	X_5 is $\{(L,1)\}$
BRB2	10	X_6 is $H \wedge X_7$ is H	1	X_4 is $\{(H,1)\}$	1	X_4 is $\{(H,1)\}$
	11	X_6 is $H \wedge X_7$ is M	1	X_4 is $\{(H,0.5),(M,0.5)\}$	1	X_4 is $\{(H,0.3),(M,0.7)\}$
	12	X_6 is $H \wedge X_7$ is L	1	X_4 is $\{(M,1)\}$	1	X_4 is $\{(H,0.3),(M,0.7)\}$
	13	X_6 is $M \wedge X_7$ is H	1	X_4 is $\{(H,0.5),(M,0.5)\}$	1	X_4 is $\{(H,0.4),(M,0.6)\}$
	14	X_6 is $M \wedge X_7$ is M	1	X_4 is $\{(M,1)\}$	0.4	X_4 is $\{(M,1)\}$
	15	X_6 is $M \wedge X_7$ is L	1	X_4 is $\{(M,0.5),(L,0.5)\}$	1	X_4 is $\{(M,0.1),(L,0.9)\}$
	16	X_6 is $L \wedge X_7$ is H	1	X_4 is $\{(M,1)\}$	0.2	X_4 is $\{(H,0.1)(M,0.3),(L,0.6)\}$
	17	X_6 is $L \wedge X_7$ is M	1	X_4 is $\{(M,0.5),(L,0.5)\}$	1	X_4 is $\{(M,0.3),(L,0.7)\}$
	18	X_6 is $L \wedge X_7$ is L	1	X_4 is $\{(L,1)\}$	1	X_4 is $\{(L,1)\}$
BRB3	19	X_4 is $H \wedge X_5$ is H	1	X_2 is $\{(H,1)\}$	1	X_2 is $\{(H,1)\}$
	20	X_4 is $H \wedge X_5$ is M	1	X_2 is $\{(H,0.5),(M,0.5)\}$	0.6	X_2 is $\{(H,0.4),(M,0.6)\}$
	21	X_4 is $H \wedge X_5$ is L	1	X_2 is $\{(M,1)\}$	1	X_2 is $\{(H,0.2),(M,0.3),(L,0.5)\}$
	22	X_4 is $M \wedge X_5$ is H	1	X_2 is $\{(H,0.5),(M,0.5)\}$	0.6	X_2 is $\{(H,0.2),(M,0.8)\}$
	23	X_4 is $M \wedge X_5$ is M	1	X_2 is $\{(M,1)\}$	0.6	X_2 is $\{(M,1)\}$
	24	X_4 is $M \wedge X_5$ is L	1	X_2 is $\{(M,0.5),(L,0.5)\}$	1	X_2 is $\{(M,0.2),(L,0.8)\}$
	25	X_4 is $L \wedge X_5$ is H	1	X_2 is $\{(M,1)\}$	1	X_2 is $\{(H,0.1),(M,0.2),(L,0.7)\}$
	26	X_4 is $L \wedge X_5$ is M	1	X_2 is $\{(M,0.5),(L,0.5)\}$	1	X_2 is $\{(M,0.2),(L,0.8)\}$
	27	X_4 is $L \wedge X_5$ is L	1	X_2 is $\{(L,1)\}$	1	X_2 is $\{(L,1)\}$
BRB4	28	X_2 is $H \wedge X_3$ is H	1	X_1 is $\{(H,1)\}$	1	X_1 is $\{(H,1)\}$
	29	X_2 is $H \wedge X_3$ is M	1	X_1 is $\{(H,0.5),(M,0.5)\}$	0.2	X_1 is $\{(H,0.3),(M,0.7)\}$
	30	X_2 is $H \wedge X_3$ is L	1	X_1 is $\{(M,1)\}$	0.8	X_1 is $\{(H,0.1)(M,0.3),(L,0.6)\}$
	31	X_2 is $M \wedge X_3$ is H	1	X_1 is $\{(H,0.5),(M,0.5)\}$	1	X_1 is $\{(H,0.2),(M,0.8)\}$
	32	X_2 is $M \wedge X_3$ is M	1	X_1 is $\{(M,1)\}$	0.4	X_1 is $\{(M,1)\}$
	33	X_2 is $M \wedge X_3$ is L	1	X_1 is $\{(M,0.5),(L,0.5)\}$	1	X_1 is $\{(M,0.3),(L,0.7)\}$
	34	X_2 is $L \wedge X_3$ is H	1	X_1 is $\{(M,1)\}$	1	X_1 is $\{(H,0.1)(M,0.2),(L,0.7)\}$
	35	X_2 is $L \wedge X_3$ is M	1	X_1 is $\{(M,0.5),(L,0.5)\}$	1	X_1 is $\{(M,0.2),(L,0.8)\}$
	36	X_2 is $L \wedge X_3$ is L	1	X_1 is $\{(L,1)\}$	1	X_1 is $\{(L,1)\}$

8.3.2   基于多层置信规则库的推理

从 8.3.1 小节可以看出，航母编队识别的 BRB 具有多层结构。多层 BRB 系统的推理可以根据前面描述的单层 BRB 系统的推理方法由下至上逐层推理，即子规则库 BRB1 和子规则库 BRB2 的推理输出分别作为子规则库 BRB3 的输入，然后子规则库 BRB3 的推理输出作为子规则库 BRB4 的输入，最后子规则库 BRB4 进行推理得到最终的输出结果。

多层 BRB 系统的输入是基于 OTHR 输出的航迹信息或作战条例数据库计算得到。然而这些输入是一些确定性的概率值，在推理之前要把这些确定值转换为相对于模糊参考值（H、M、L）的置信度。这里，采用基于规则的信息转换技术[208]。首先给出如下等价规则，即

(1) 1 等价转换为 $\{(H, 1)\}$；

(2) 0.5 等价转换为 $\{(M, 1)\}$；

(3) 0 等价转换为 $\{(L, 1)\}$。

进而可以得出:

(1) 0.95 等价转换为 $\{(H, 0.9), (M, 0.1)\}$；

(2) 0.6 等价转换为 $\{(H, 0.2), (M, 0.8)\}$；

(3) 0.4 等价转换为 $\{(M, 0.8), (L, 0.2)\}$；

(4) 0.1 等价转换为 $\{(M, 0.2), (L, 0.8)\}$。

此外，由于 BRB 系统是基于 ER 算法进行推理的，由 Dempster 组合规则可知各输入量之间必须保证相互独立。

8.3.3   置信规则库参数学习

对于上述编队识别 BRB,用于参数学习的输入观测值为 $x_t = [X_3^t, X_6^t, X_7^t, X_8^t, X_9^t]^{\mathrm{T}}$，输出观测值为 $y_t = [X_1^t]$，$t = 1, 2, \cdots, T$，其中 y_t 为数值形式的观测值，表征是否为航母编队，当是航母编队时 $y_t = 1$，否则 $y_t = 0$。

对于给定的输入 x_t，经过多层 BRB 推理可以产生如下所示的航母编队置信输出，即

$$\hat{y}_t = \left\{ \left(D_j, \hat{\beta}_j(t) \right), j = 1, 2, \cdots, N \right\} \tag{8.5}$$

为了便于比较，需要将公式 (8.5) 的置信输出转化为平均效用，即

$$\hat{y}_t = \sum_{j=1}^{N} \mu(D_j)\hat{\beta}_j(t) \tag{8.6}$$

式中，$\mu(D_j)$ 表示在规则输出部分中 D_j 的效用，可取如下值：

$$\mu(D_j) = \begin{cases} 1, & D_j = H \\ 0.5, & D_j = M \\ 0, & D_j = L \end{cases} \tag{8.7}$$

最终，图 8.1 中的目标函数可以表示为

$$\xi(V) = \frac{1}{T} \sum_{t=1}^{T} (y_t - \hat{y}_t)^2 \tag{8.8}$$

参数的约束主要由系统的需求决定，当系统没有特定需求时，一般可以给定如下最基本的约束形式：

$$\begin{cases} 0 \leqslant \theta_k^z \leqslant 1, & k = 1, 2, \cdots, L_z, \ z = 1, 2, \cdots, Z \\ 0 \leqslant \bar{\delta}_i^z \leqslant 1, & i = 1, 2, \cdots, M_z, \ z = 1, 2, \cdots, Z \\ 0 \leqslant \beta_{j,k}^z \leqslant 1, & j = 1, 2, \cdots, N_z, \ k = 1, 2, \cdots, L_z, \\ & z = 1, 2, \cdots, Z \\ \sum_{j=1}^{N_z} \beta_{j,k}^z = 1, & k = 1, 2, \cdots, L_z, \ z = 1, 2, \cdots, Z \end{cases} \tag{8.9}$$

式中，Z 表示子规则库个数；L_z 表示第 z 个子规则库的规则数目；M_z 表示第 z 个子规则库前提属性的数目；N_z 表示第 z 个子规则库输出参考值的数目。该问题实际上是一个包含 $S_1 = \sum_{z=1}^{Z} (L_z + M_z + N_z \times L_z)$ 个参数和 $S_2 = \sum_{z=1}^{Z} (2L_z + M_z + N_z \times L_z)$ 个约束的非线性优化问题，可以利用 Matlab 软件中的优化工具箱来求解。

8.4 实 验 分 析

本节主要在仿真意义下对算法进行验证。根据 OTHR 的探测和跟踪特性，模拟生成不同时间段的 50 组独立的场景，其中，部分场景中含有航母编队目标，而其他场景则只包含虚假目标（如民船、航班等）。将仿真生成的 50 组数据随机分成两部分，第一部分包含 45 组数据作为学习样本，第二部分的 5 组数据用来对参数学习的结果进行测试。

首先，利用第一部分数据对 BRB 的参数进行学习，参数的初始值按表 8.1 中初始给定的规则库设置。根据经验知识，航母编队识别 BRB 中不同前提属性的权重差别不大，因此为了简化运算，假定 $\delta_i^z = 1(i = 1, 2, \cdots, M_z, z = 1, 2, \cdots, Z)$，并且不对其进行优化。基于公式 (8.8) 和公式 (8.9) 对参数进行优化，可得表 8.1 所示参数学习后的规则库。

然后，为了验证参数学习的有效性，基于第二部分数据分别利用表 8.1 中初始给定的规则库和参数学习后的规则库进行推理，仿真结果如表 8.2 所示。表中第 2 ~ 6 列代表 BRB 系统的输入值；第 7 列代表利用初始给定的规则库的推理结果（置信度/ 0 − 1 决策）；第 8 列代表利用参数学习后的规则库的推理结果（置信度/ 0 − 1 决策）；第 9 列代表仿真设置的真实结果（0 − 1 决策）。

表 8.2　学习前后的评价结果与真实值的比较

测试次数	X_3	X_6	X_7	X_8	X_9	X_{1A}	X_{1B}	X_{1R}
1	0.6	0.9	0.8	0.9	0.8	0.9022/1	0.8098/1	1
2	0.8	0.3	0.2	0.3	0.2	0.5061/1	0.1501/0	0
3	0.3	0.5	0.3	0.5	0.2	0.0638/0	0.2852/0	0
4	0.5	0.5	0.8	0.2	0.2	0.4867/0	0.1438/0	0
5	0.5	0.9	0.3	0.9	0.3	0.5015/1	0.2767/0	0

对于表 8.2 给出如下解释：

(1) 从总的结果可以看出，参数学习后的规则库推理结果的正确率（100%）比学习前的正确率（60%）有了明显提升。

(2) 对于第二组测试，因素 X_3 并不可靠，但从初始给定的子规则库 BRB4 的评价结果可以看出，其对于 X_2 与 X_3 是同等对待的；而在学习后的子规则库 BRB4 的评价结果中，显然将 X_2 看得比 X_3 更重要。因此，当不太可靠的 X_3 的置信度较高，而其他影响因素 X_2 的置信度较低时，根据初始设定的 BRB 系统进行推理会发生误判。

(3) 对于第五组测试，因素 X_6 和 X_8 的置信度较高，因素 X_7 和 X_9 的置信度较低，对应的真实场景是单个货船和单个客机。在学习后的子规则库 BRB1 和子规则库 BRB2 中因素 X_6 和 X_8 远没有反映整体信息的因素 X_7 和 X_9 重要。因此，利用学习后的 BRB 系统推理不会发生误判。

8.5　本章小结

航母编队识别是远程预警中的关键问题。本章基于 OTHR 的探测与跟踪信息，研究了存在多种不确定信息下的航母编队识别问题，提出了一种基于置信规则推理的航母编队识别方法，解决了工程实际的应用需求。基于航母编队中子目标的约束关系构建了航母编队识别置信规则库，在此基础上实现了多层 BRB 的推理，研究了利用历史数据对 BRB 参数进行学习的方法。最后，通过仿真数据验证了该方法可以有效地解决存在多种不确定性下的航母编队识别问题；同时经过参数学习，该方法的性能可以得到进一步提升。

第 9 章 基于置信关联规则的多框架融合目标识别

9.1 引　言

前面几章面向复杂不确定环境下的分类问题，基于置信函数理论研究了针对不同数据特性的单个关联分类模型的构建方法。考虑到单一传感器往往很难保证对不同类型的目标都具有较好的分类能力，人们认识到需要融合来自不同传感器的信息以获得更加可靠的决策结果[209-212]。由于各传感器对目标的分类粒度不同，所获得的分类结果可能是建立在不同的辨识框架下，即分类框架是多尺度的[35,213]。例如，在空中预警目标识别中，所部署的多传感器系统是由敌我识别器（identification friend or foe, IFF）和电子支持量测（electronic support measure, ESM）组成，其中 IFF 传感器是用来识别目标飞行器是否是友好的，而 ESM 传感器是用来提供目标雷达的传输频率与脉冲间隔，进而推断目标的平台类型。可以看出，由这两种类型的传感器所获得的分类结果分别对应不同尺度下的类别框架。此外，由于信息采集过程的随机性、传感器量测误差和数据不充分等因素影响，所获得的这些分类结果往往存在不精确、不可靠等多种不确定性。因此，针对分类框架的多尺度和分类结果的不确定性问题，需要发展出一套多框架分类融合方法，以获得更加精确鲁棒的决策结果。

在多框架分类融合方法研究中，人们关注的重点是如何基于框架间的关联关系来对各分类结果进行融合，以提升决策性能。在框架间的关联关系确定的情况下，Delmotte 等[214] 给出在 TBM 证据框架下对分类结果进行融合与决策的过程，用于解决多传感器目标识别问题。之后，针对同样的问题，Dong 等[213] 通过将粒度计算与置信函数理论相结合来提高决策精度。考虑到这种确定的关联关系在实际应用中存在着一定的局限性，部分学者重点研究如何建模框架间的不确定关联关系，其中最具有代表性的工作是由 Ristic 等[35] 提出的基于专家知识的多框架决策融合（expert-based multi-framework decision fusion, EMDF）方法，该方法为框架间的不确定关联关系提供了一种合理的证据表示方式。在该研究工作的基础上，Benavoli 等[215] 和 Nunez 等[216] 提出了一些改进的不确定关联关系表示方式以更好地适应实际工程需求。无论框架间的关系是否确定，上述这些方法均假定这些关系是由先验专家知识给定的。然而，在很多情况下，框架间的关联关系是未知的，这就给传统的多框架分类融合方法带来了新的挑战。

基于以上考虑，本章提出一种基于置信关联规则的多框架决策融合（rule-based multi-framework decision fusion, RMDF）方法[217]，该方法的主要思想是从获得的历史分类报告中挖掘一组关联规则集来建模框架间的不确定关系，并将所生成的规则与各框架下的不确定分类结果进行融合，从而获得更精确鲁棒的决策结果。首先，为了适应数据的不确定性，提出了度量多框架置信数据库中各项集的支持度与置信度定义，这两种度量方式是二值或者概率数据库中支持度和置信度的拓展。然后，利用所给出的支持度与置信度度量方式，提出了一种基于 Apriori 思想的关联规则挖掘算法，旨在从多框架置信数据库中提取一组可靠的关联规则集，以刻画框架间的不确定关联关系。在规则挖掘之后，基于置信函数理论将提取的规则与各框架下的不确定分类结果进行融合，从而发展出一种基于置信关联规则的多框架决策融合方法，以提高最终的决策性能。

本章的内容安排如下：在 9.2 节中，首先给出多框架置信数据库的构建方法以及对应项集的支持度与置信度定义，在此基础上，重点对所提出的关联规则挖掘算法进行描述；9.3 节讨论如何基于置信函数理论进行多框架分类融合；9.4 节针对空中目标平台类型和敌我属性联合分类问题来评估所提出方法的有效性；最后，9.5 节总结本章的主要工作。

9.2　多框架置信关联规则挖掘

为了克服传统的 EMDF 方法在多框架目标分类过程中依赖先验专家知识的局限性，本节提出应用关联规则挖掘技术从多传感器历史分类报告中发现多框架之间的关联关系。首先，在 9.2.1 小节，构建多框架置信数据库用来存储收集到的多传感器历史分类报告。其次，在 9.2.2 小节，利用所构建的置信数据库，在数据挖掘意义下，定义一种新的支持度和置信度度量，以适应数据的不确定性。最后，在 9.2.3 小节，基于这些新的度量方式，设计一种多框架置信关联规则挖掘算法来实现从数据中学习框架之间的关联关系。

9.2.1　多框架置信数据库构建

作为一种特殊的关系数据库，置信数据库[218] 建立在置信函数理论框架下，用来存储所收集到的一系列不确定数据。实际上，它可以看作其他几种数据库（包括二值数据库、概率数据库和模糊数据库）的一种推广模型[219]。这里使用置信数据库模型来存储在多个框架下所收集到的由 mass 函数表示的多传感器分类报告。假设已将每个框架下收集到的不确定分类报告建模为 mass 函数，则可以构建一个由三元组 $\mathrm{MEDB} = (\mathcal{F}, \mathcal{T}, \mathcal{D})$ 表示的多框架置信数据库，其中

(1) $\mathcal{F}$ 是框架（或列）的集合，即数据库的第 i 列对应于框架 Θ_i $(i = 1, 2, \cdots, M)$ 下所有事务的一组决策。

(2) $\mathcal{T}$ 是事务（或行）的集合，即数据库的第 j 行对应于事务 T_j $(j = 1, 2, \cdots, N)$ 中多个框架下的一组决策。

(3) $\mathcal{D}$ 是决策集（或单元），即第 i 列和第 j 行的单元所存储的表示与框架 Θ_i 和事务 T_j 相关联的决策 mass 函数 m_{ij}。

表 9.1 给出了一个由两个框架 Θ_1、Θ_2 和三个事务 T_1、T_2、T_3 组成的多框架置信数据库的示例。在该示例中，传感器分类报告被建模为一系列 mass 函数，它们表征了多种不确定情形：m_{11} 对应的决策信息是概率框架下的不确定性，m_{21} 对应的决策信息是不精确的，m_{12} 对应的决策信息是精确且确定的，m_{22} 对应的决策信息是完全未知的，而 m_{13} 与 m_{23} 表示的是实际中最常见的情况，其对应的决策信息是不精确且不确定的。

表 9.1　目标分类中多框架置信数据库示例

事务	$\Theta_1 = \{a_1, a_2\}$	$\Theta_2 = \{b_1, b_2, b_3\}$
T_1	$m_{11}(a_1) = 0.6$	$m_{21}(\{b_1, b_2\}) = 1$
	$m_{11}(a_2) = 0.4$	
T_2	$m_{12}(a_1) = 1$	$m_{22}(\Theta_2) = 1$
T_3	$m_{13}(a_1) = 0.5$	$m_{23}(\{b_1, b_2\}) = 0.6$
	$m_{13}(\Theta_1) = 0.5$	$m_{23}(\Theta_2) = 0.4$

与传统的二值数据库不同，在多框架置信数据库中，所有涉及的 mass 函数中的焦元称为置信项，而对应不同框架下焦元的乘积称为置信项集。对于表 9.1 中所给的置信数据库，$\{a_1\}$、$\{a_2\}$、$\{b_1, b_2\}$ 是置信项，$\{a_1\} \times \{b_1, b_2\}$，$\{a_2\} \times \{b_1, b_2\}$ 是置信项集。

9.2.2　多框架置信数据库下支持度与置信度定义

在数据挖掘领域中，支持度和置信度是关联规则的两种重要度量指标。由于采集到的事务数据是用 mass 函数表示的，传统的在二值数据库或概率数据库中定义的支持度和置信度度量将不再适用于本问题。为此，基于上面构建的多框架置信数据库，本节给出新的支持度和置信度度量定义。

定义 9.1（支持度）　给定一个置信数据库 MEDB 和一个置信项集 $X = x_1 \times \cdots \times x_n$，该项集是由来自不同框架 $\Theta_{l_i}(1 \leqslant l_i \leqslant M)$ 的焦元 x_i $(i = 1, 2, \cdots, n)$ 的乘积组成的，则项集 X 在事务 T_j 中的支持度定义为

$$\text{esup}_{T_j}(X) = m^{T_j}(X) \tag{9.1}$$

式中，$m^{T_j}(X)$ 是指在事务 T_j 中分配给 X 的 mass 函数值，它可由分配给 X 中每个置信项的笛卡儿乘积计算得出，即

$$m^{T_j}(X) = \prod_{i=1}^{n} m_{l_i}^{T_j}(x_i) \tag{9.2}$$

则数据库 MEDB 中项集 X 的支持度可表示为

$$\operatorname{esup}_{\mathrm{MEDB}}(X) = \frac{1}{N} \sum_{j=1}^{N} \operatorname{esup}_{T_j}(X) = \frac{1}{N} \sum_{j=1}^{N} \prod_{i=1}^{n} m_{l_i}^{T_j}(x_i) \tag{9.3}$$

式中，N 是数据库中的事务数目。

定义 9.1 给出了一种更具一般性的支持度度量方式，它涵盖了在二值数据库和概率数据库下支持度的定义：

(1) 如果数据库 MEDB 中的每一组事务数据都是绝对 mass 函数（即只含有唯一的焦元），则该支持度就退化为在二值数据库下定义的支持度[105]。

(2) 如果数据库 MEDB 中的每一组事务数据都是贝叶斯 mass 函数（即所有焦元都是单元素），则该支持度就退化为在概率数据库下定义的期望支持度[220]。

基于给定的支持度度量，将支持度值超过给定阈值的项集统称为频繁置信项集。下面将证明每个频繁置信项集的子集也是频繁的，即频繁置信项集满足反单调性。

引理 9.1 置信项集 I 中每一个子集 J 的支持度值不低于项集 I 的支持度值，即

$$\operatorname{esup}_{\mathrm{MEDB}}(J) \geqslant \operatorname{esup}_{\mathrm{MEDB}}(I), \quad J \subseteq I \tag{9.4}$$

证明 给定一个多框架置信数据库 MEDB，考虑两个置信项集 I 和 J，它们满足 $I = J \times X$。根据公式 (9.3) 中给出的支持度定义，则有

$$
\begin{aligned}
\operatorname{esup}_{\mathrm{MEDB}}(I) = \operatorname{esup}_{\mathrm{MEDB}}(J \times X) &= \frac{1}{N} \sum_{j=1}^{N} m^{T_j}(J \times X) \\
&= \frac{1}{N} \sum_{j=1}^{N} m^{T_j}(J)\, m^{T_j}(X) \\
&\leqslant \frac{1}{N} \sum_{j=1}^{N} m^{T_j}(J) = \operatorname{esup}_{\mathrm{MEDB}}(J)
\end{aligned} \tag{9.5}
$$

定义 9.2 (置信度) 给定一个多框架置信数据库 MEDB 和一条规则 $A \Rightarrow C$，其中 A 和 C 是不同框架下的项集，则该规则的置信度为某个事务中包含项集 A 的情况下也包含项集 C 的条件概率。因此，规则 $A \Rightarrow C$ 的置信度定义为

$$\operatorname{econf}_{\mathrm{MEDB}}(A \Rightarrow C) = \frac{\operatorname{esup}_{\mathrm{MEDB}}(A \times C)}{\operatorname{esup}_{\mathrm{MEDB}}(A)} \tag{9.6}$$

将公式 (9.3) 给出的支持度定义代入公式 (9.6)，则置信度公式进一步表示为

$$
\text{econf}_{\text{MEDB}} \left(A \Rightarrow C \right) = \frac{\sum\limits_{j=1}^{N} m^{T_j}(A)\, m^{T_j}(C)}{\sum\limits_{j=1}^{N} m^{T_j}(A)} \tag{9.7}
$$

式中，N 和 $m^{T_j}(A)$ 的含义与定义 9.1 中相同。

根据定义 9.1 和定义 9.2 的支持度和置信度度量，在给定最小支持度阈值和置信度阈值 (σ_{esup}, σ_{econf}) 情况下，如果 $\text{esup}_{\text{MEDB}} \left(A \times C \right) \geqslant \sigma_{\text{esup}}$ 且 $\text{econf}_{\text{MEDB}}$ $(A \Rightarrow C) \geqslant \sigma_{\text{econf}}$，则可以生成一条置信类关联规则 $A \Rightarrow C$。

注 9.1　与传统的在二值数据库下定义的置信度不同，新的置信度度量是定义在多框架置信数据库下，其中每一组事务是由在不同框架下定义的 mass 函数组成。在这种含有不确定信息的数据库中，不同项（集）之间的关联关系通常比二值数据库中蕴含的关联关系相对弱一些。因此，在新度量下挖掘到的规则的置信度值也相对较低。为了更清楚地说明这个问题，这里列举一个具有两个辨识框架的置信数据库情况。假设在该数据库中只含有一组事务，它是由以下 mass 函数组成：$m_1(A) = 0.5$，$m_1(A') = 0.5$ 和 $m_2(C) = 0.6$，$m_2(C') = 0.4$。根据定义 9.2，关联规则 $A \Rightarrow C$ 的置信度仅为 0.6。然而，如果焦元 A 和 C 的 mass 函数值均为 1（即事务数据均为确定的），则置信度就退化为二值数据库下的置信度，对应规则的置信度就变为 1。该例子表明，在置信数据库下，每个置信项的支持度是由 mass 函数值的大小（而不是 1）来度量的，这就导致了不同框架之间相对较弱的关联关系。

9.2.3　多框架置信数据库规则挖掘

利用所定义的支持度和置信度，本节提出一种基于 Apriori 思想的多框架置信关联规则挖掘算法（见算法 9.1 的伪代码），旨在从数据库 MEDB 中学习多个框架之间的关联关系，该算法主要包括以下四个步骤。

算法 9.1　多框架置信关联规则挖掘算法

Require: 数据库 MEDB, 框架数目 M, 事务数目 N, 阈值: $\sigma_{\text{esup}}, \sigma_{\text{econf}}$

1: 初始化 $k \leftarrow 1$; $F_k \leftarrow \{x \mid x \in \text{MEDB}(:,i).\text{focal\_elements} \land \text{esup}_{\text{MEDB}}(x) \geqslant \sigma_{\text{esup}}, i = 1, 2, \cdots, M\}$;

2: **while** $k < M$ 且 $F_k \neq \varnothing$ **do**

3:　　$k \leftarrow k + 1$;

4:　　$C_k \leftarrow \varnothing$;

5:　　**for all** $X, Y \in F_{k-1}$ **do**

6:    **if** $X = x_1 \times \cdots \times x_{k-2} \times x_{k-1}$, $Y = x_1 \times \cdots \times x_{k-2} \times y_{k-1}$, $x_{k-1} \in$ MEDB $(:, i_1).focal\_elements$, $y_{k-1} \in$ MEDB$(:, i_2).focal\_elements$, 且 $1 \leqslant i_1 < i_2 \leqslant M$ **then**

7:        $C_k \leftarrow C_k \bigcup \{x_1 \times \cdots \times x_{k-1} \times y_{k-1}\}$;

8:    **end if**

9: **end for**

10: $P_k \leftarrow \varnothing$;

11: **for all** $Z \in C_k$ **do**

12:    $\mathcal{S} = \{S \mid S \subset Z \text{ 且 } |S| = k-1\}$;

13:    **if** $\mathcal{S} \subset F_{k-1}$ **then**

14:        $P_k \leftarrow P_k \bigcup \{Z\}$;

15:    **end if**

16: **end for**

17: $F_k \leftarrow \varnothing$;

18: **for all** $Z \in P_k$ **do**

19:    **if** $\text{esup}_{\text{MEDB}}(Z) \geqslant \sigma_{\text{esup}}$ **then**

20:        $F_k \leftarrow F_k \bigcup \{Z\}$;

21:    **end if**

22: **end for**

23: $\mathcal{R}_k \leftarrow \varnothing$;

24: **for all** $Z \in F_k$ **do**

25:    **for all** $\varnothing \neq X \subseteq Z$ **do**

26:        **if** $\text{econf}_{\text{MEDB}}(X \Rightarrow Y) \geqslant \sigma_{\text{econf}}$ with $Y = Z \setminus X$ **then**

27:            $\mathcal{R}_k \leftarrow \mathcal{R}_k \bigcup \{X \Rightarrow Y\}$;

28:        **end if**

29:    **end for**

30: **end for**

31: **end while**

32: **return** 一组多框架置信关联规则集 $\mathcal{R} \leftarrow \bigcup\limits_{k=2}^{M} \mathcal{R}_k$

---

(1) **跨框架组合**：为了生成一组频繁置信 k-项集，首先通过组合集合 F_{k-1} 中的两组 $(k-1)$-项集来生成候选置信 k-项集。在组合过程中，需要满足属于同一框架的两个焦元不能同时出现在一个项集 C_k 中的约束条件。

(2) **削减**：对于集合 C_k 中的所有候选置信 k-项集，只保留满足支持度反单调性的项集来构成一组潜在置信 k-项集 P_k。

(3) **验证**：对于集合 P_k 中的所有项集，只保留支持度值超过给定阈值 σ_{esup} 的项集来构成最终的频繁置信 k-项集。

(4) **规则生成**：利用上面得到的频繁项集 F_k，计算每个可能生成的规则的置信度，从而生成一组置信度值超过给定阈值 σ_{econf} 的置信关联规则，记作 $\mathcal{R}_k$。

算法 9.1 生成频繁置信项集的方式与 Apriori 算法[76] 类似，但两者之间存在着本质差别，具体总结为以下两点。

(1) **数据类型**：所提出的算法用于处理包含在所构建的多框架置信数据库中的不确定数据，而传统的 Apriori（或者 U-Apriori）算法是用于处理二值数据[76]（或者概率数据[59]）。因此，为了适应数据的多种不确定性，给出了新的支持度和置信度度量，用于从置信数据库中挖掘出相应关联规则。

(2) **组合方式**：在多框架规则挖掘算法中，项是指事务数据中 mass 函数的焦元，而不是各辨识框架中的单元。在组合生成候选项集过程中，限制任意一个频繁置信项集中的项均来自不同的框架，该条件用以保证所生成的规则能够描述多个框架之间的关联关系。

算法 9.1 的关键步骤是跨框架组合，即任意一对频繁置信 $(k-1)$-项集进行组合的要求是当且仅当其前 $k-2$ 项相同且最后一项来自不同的辨识框架（项之间按照数据库中框架的顺序进行排列）。接下来，将从三个方面说明该算法的正确性：首先，需要证明跨框架组合过程是完整的，即生成的候选置信项集必须能够包含所有的频繁置信项集。根据引理 9.1，所有的频繁置信项集都满足向下闭包性（即每一个频繁置信项集的所有非空子集都是频繁的），因此，对于任意一个频繁置信 k-项集（$f \in F_k$），存在着两个频繁置信 $(k-1)$-项集，其前 $k-2$ 个项相同而第 $k-1$ 个项来自不同框架。将这两个项集组合生成一个候选置信 k-项集 f，即 $f \in C_k$。因此，组合后的项集满足 $C_k \supseteq F_k$。其次，由算法 9.1 的第 6 行可得 $1 \leqslant i_1 < i_2 \leqslant M$，这就保证了每个候选置信项集只生成一次，从而验证了该组合过程是不冗余的。最后，为避免较大的计算复杂度，在削减过程中，利用频繁项集的向下闭包性来删除不必要的候选项。

9.3　多框架融合目标识别

在挖掘出一组反映多个框架之间关联关系的置信关联规则之后，本节提出一种基于置信关联规则的多框架决策融合方法，以在多传感器联合目标分类问题中取得更加精确的分类结果。首先，在 9.3.1 小节给出所提出方法的总体框架；其次，在 9.3.2 小节给出框架中每一模块的具体实现；最后，在 9.3.3 小节，分析该方法的计算复杂度。

9.3.1　总体框架

图 9.1 给出了 RMDF 方法的总体框架，其中输入是在多个框架 $\Theta_1, \Theta_2, \cdots,$ Θ_M 下得到的不确定多传感器分类结果，输出是融合后每个框架下的决策结果。该方法主要包括以下两个阶段。

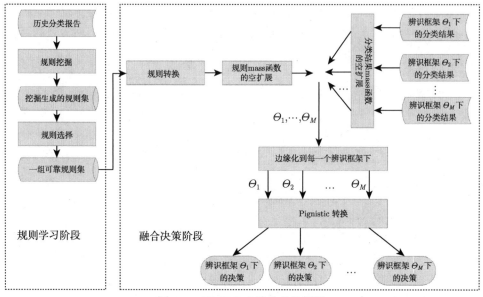

图 9.1　RMDF 方法的总体框架

（1）**规则学习**：在该阶段中，首先，利用 9.2.3 小节中提出的规则挖掘算法从收集到的多传感器历史分类报告中提取一组规则集。然后，利用规则选择策略从生成的规则中选择一组可靠的规则集。

（2）**融合决策**：该阶段利用上面获得的多框架关联规则实现多框架分类结果的融合与决策，主要包含三个过程，即规则转换、传感器分类结果与规则融合和单框架下决策。

注 9.2　在多框架分类融合问题中涉及的不确定性主要体现在两个方面：多框架关联关系的不确定性和传感器分类报告的不确定性。根据上面两个阶段可知，所提出的 RMDF 可以较好地处理这两种不确定性。具体地，在第一个阶段，构建出一个多框架置信数据库用于存储收集到的不同框架下的分类报告，进一步基于该数据库，利用提出的规则挖掘算法来生成一组具有一定置信度的置信关联规则来描述多框架间的不确定关联关系。为了处理传感器分类报告的不确定性，在第二个阶段，将所挖掘到的关联规则与现有的传感器分类报告进行融合，以获得最终的决策结果，这就有效降低了仅利用单个不可靠传感器所带来的决策风险。

9.3.2　框架中各模块的具体实现过程

在 9.2.3 小节已经给出了规则挖掘模块的具体实现过程，接下来将介绍所提方法中其他模块的具体实现过程。

1. 规则选择

经过规则挖掘，可以生成一组满足给定最小支持度和置信度阈值的规则集。考虑到由该阶段所生成的规则数目可能较大，将所有规则进行融合决策是不合理的。一方面，大量的规则数目会造成较高的计算复杂度；另一方面，由于历史传感器分类报告中可能会存在着一些噪声或者干扰因素，挖掘出的部分规则性能较差，这就造成融合后的分类性能可能并不会随着规则数目的增加而增加。因此，在进行融合之前，有必要对生成的规则进行选择。

所采用的规则选择策略的基本思想是提取一组具有较高置信度的相对可靠的规则。首先，根据置信度对所有挖掘到的规则进行排序。给定两条规则 R_1 与 R_2，R_1 具有比 R_2 更高的优先级当且仅当

$$\begin{cases} \text{econf}(R_1) > \text{econf}(R_2), \text{或者} \\ \text{econf}(R_1) = \text{econf}(R_2) \text{ 但是 esup}(R_1) > \text{esup}(R_2), \text{或者} \\ \text{econf}(R_1) = \text{econf}(R_2),\ \text{esup}(R_1) = \text{esup}(R_2) \text{ 但是 } R_1 \text{ 先于 } R_2 \text{ 生成} \end{cases} \tag{9.8}$$

在对集合 $\mathcal{R}$ 中所有挖掘到的规则进行排序之后，可选择出一组可靠的规则集：

$$\text{Rules\_Selected} = \{R \mid R \in \mathcal{R} \text{ 且 econf}(R) \geqslant \rho \max_j(\text{econf}(R_j))\} \tag{9.9}$$

式中，参数 $\rho \in [0,1]$ 是用于限制融合时所选择的规则数目。特别地，当 $\rho = 0$ 时，将所有满足最小置信度阈值的规则保留下来，而当 $\rho = 1$ 时，将只保留具有最大置信度阈值的规则。随着参数 ρ 值的增加，所选择的规则数目会有所降低。因此，一个较小的 ρ 值会生成较多的规则，从而会带来较高的计算复杂度；而一个较大的 ρ 值可能会损失一些重要的规则，从而影响最终的分类精度。为了实现分类精度与计算时间的折中，参数 ρ 的默认值取作 0.5。在实际中，该参数取值通常会由用户根据实际需求而提前给定。

2. 规则转换

为了能够在置信函数理论框架下融合所选择的规则与多传感器分类结果进行决策，首先需要将规则在置信框架下表示出来，即将其转换为相应 mass 函数。本节将传统 EMDF 方法中给出的规则转换公式拓展到更为一般的情况。考虑一个置信度值为 β 的置信关联规则 R：

$$x \in A \subseteq \Theta_{(a)} \Rightarrow x \in C \subseteq \Theta_{(c)} \tag{9.10}$$

式中，A 和 C 分别称为该规则的前提与结论，它们分别是两个不同的框架 $\Theta_{(a)} = \Theta_{a_1} \times \cdots \times \Theta_{a_{n_1}}$ 和 $\Theta_{(c)} = \Theta_{c_1} \times \cdots \times \Theta_{c_{n_2}}$ 的一个子集，而 $\{a_1, \cdots, a_{n_1}, c_1, \cdots, c_{n_2}\}$ 是集合 $\{1, 2, \cdots, M\}$ 的任意一个子集。

根据条件证据理论,规则 R 逻辑等价于条件 mass 函数 $m^{\Theta_{(c)}}[A]$ 在集合 $(A \times C) \cup ((\Theta_{(a)} \backslash A) \times \Theta_{(c)})$ 上的空扩展。利用空扩展公式 (1.20),可以导出:

$$m^{\Theta_{(c)}}[A]^{\uparrow \Theta_{(a)} \times \Theta_{(c)}}((A \times C) \cup ((\Theta_{(a)} \backslash A) \times \Theta_{(c)})) = m^{\Theta_{(c)}}[A](C) \tag{9.11}$$

因此,规则 R 可以表示为构建在乘积空间 $\Theta_{(a)} \times \Theta_{(c)}$ 上具有两个焦元的 mass 函数 $m_R^{\Theta_{(a)} \times \Theta_{(c)}}(\cdot)$:

$$m_R^{\Theta_{(a)} \times \Theta_{(c)}}(X) = \begin{cases} \beta, & \text{若 } X = (A \times C) \cup ((\Theta_{(a)} \backslash A) \times \Theta_{(c)}) \\ 1 - \beta, & \text{若 } X = \Theta_{(a)} \times \Theta_{(c)} \end{cases} \tag{9.12}$$

式中,$\Theta_{(a)} \backslash A$ 表示框架 $\Theta_{(a)}$ 中除了集合 A 中包含的元素以外的所有可能的元素。

下面举一个简单的例子来说明规则是如何转换为相应 mass 函数的。考虑三个框架 $\Theta_1 = \{a_1, a_2, a_3\}$、$\Theta_2 = \{b_1, b_2\}$、$\Theta_3 = \{c_1, c_2, c_3\}$ 以及相应的三个焦元 $A = \{a_1, a_2\}$、$B = \{b_1\}$、$C = \{c_3\}$。对于置信度值为 β 的规则 $A \times B \Rightarrow C$ 来说,利用公式 (9.12),可以得出其相应 mass 函数为

$$m_{A \times B \Rightarrow C}^{\Theta_1 \times \Theta_2 \times \Theta_3}(X)$$

$$= \begin{cases} \beta, & \text{若 } X = \{a_1 b_1 c_3, a_2 b_1 c_3\} \cup (\{a_1 b_2, a_2 b_2, a_3 b_1, a_3 b_2\} \times \Theta_3) \\ 1 - \beta, & \text{若 } X = \Theta_1 \times \Theta_2 \times \Theta_3 \end{cases} \tag{9.13}$$

3. 传感器分类结果与规则融合

假设现在共收集了在不同框架 Θ_i 下的 M 组不确定传感器分类结果,分别表示为 $\{m_i^{\Theta_i}\}_{i=1}^M$。接下来,需要将这些不确定分类结果与所选择的规则进行融合,以获得更加精确的决策结果。本节第二部分给出了将所选择的规则转换为 mass 函数的方法,然而,不同的传感器分类结果以及不同规则可能建立在不同的框架下,这就使得不能直接对这些 mass 函数进行组合。因此,首先执行空扩展操作来将所有涉及的 mass 函数统一到同一个框架下。

将单个框架下各 mass 函数空扩展到全局联合框架中:全局联合框架定义为所有涉及的框架的乘积,即 $\Theta_{1,2,\cdots,M} = \Theta_1 \times \Theta_2 \times \cdots \times \Theta_M$。利用空扩展公式 (1.20),对框架 Θ_i 上的分类结果 $m_i^{\Theta_i}$ 在全局框架 $\Theta_{1,2,\cdots,M}$ 上进行空扩展:

$$m_i^{\Theta_i \uparrow \Theta_{1,2,\cdots,M}}(X) = \begin{cases} m_i^{\Theta_i}(w_i), & X = w_i \times \Theta_{1,2,\cdots,i-1,i+1,\cdots,M} \text{ 且 } w_i \subseteq \Theta_i \\ 0, & \text{其他} \end{cases}$$

$$\tag{9.14}$$

每一个关联规则 R_j 表示的是局部联合框架 $\Theta_{(a_j)}$ 与 $\Theta_{(c_j)}$ 之间的关联关系,其在

全局框架 $\Theta_{1,2,\cdots,M}$ 下的空扩展为

$$m_{R_j}^{\tilde{\Theta}_j \uparrow \Theta_{1,2,\cdots,M}}(Y) = \begin{cases} m_{R_j}^{\tilde{\Theta}_j}(v_j), & Y = v_j \times (\Theta_{1,2,\cdots,M} \setminus \tilde{\Theta}_j) \text{ 且 } v_j \subseteq \tilde{\Theta}_j \\ 0, & \text{其他} \end{cases} \quad (9.15)$$

式中，$\tilde{\Theta}_j = \Theta_{(a_j)} \times \Theta_{(c_j)}$（$\Theta_{1,2,\cdots,M} \setminus \tilde{\Theta}_j$）表示的是不包含在 $\Theta_{(a_j)}$（$\Theta_{(c_j)}$）内的所有其他框架的乘积。

将 $m_i^{\Theta_i \uparrow \Theta_{1,2,\cdots,M}}$ **与** $m_{R_j}^{\tilde{\Theta}_j \uparrow \Theta_{1,2,\cdots,M}}$ **进行组合**：由于来自不同传感器的分类结果之间是相互独立的，因此可以利用 Dempster 组合规则将传感器分类结果与规则组合到统一框架内，即

$$m^{\Theta_{1,2,\cdots,M}} = (\bigoplus_{i=1,2,\cdots,M} m_i^{\Theta_i \uparrow \Theta_{1,2,\cdots,M}}) \oplus m_{R_1}^{\tilde{\Theta}_1 \uparrow \Theta_{1,2,\cdots,M}} \oplus \cdots \oplus m_{R_s}^{\tilde{\Theta}_s \uparrow \Theta_{1,2,\cdots,M}} \quad (9.16)$$

式中，s 是所选择的规则数目。由于 Dempster 组合规则本身满足交换律与结合律，因此，mass 函数组合的顺序是任意的。

4. 单框架下决策

本节第三部分实现了传感器分类结果与规则的融合，得到了联合框架下的融合结果。通常情况下，人们更关心每个框架下的最终决策结果。为此，首先需要将联合框架下的结果边缘化到单框架，然后基于最大 Pignistic 概率规则在每个框架下进行决策。

将联合框架下的结果 $m^{\Theta_{1,2,\cdots,M}}$ **进行边缘化**：为了获得每个框架下的决策结果，需要将定义在全局联合框架下的 mass 函数 $m^{\Theta_{1,2,\cdots,M}}$ 边缘化为单个框架下。利用边缘化公式 (1.22)，可得

$$m^{\Theta_{1,2,\cdots,M} \downarrow \Theta_i}(B) = \sum_{A \downarrow \Theta_i = B} m^{\Theta_{1,2,\cdots,M}}(A) \quad (9.17)$$

式中，$A \downarrow \Theta_i$ 是指元素 A 在框架 Θ_i 上的映射。

基于最大 Pignistic 概率规则进行决策：为了得到每个单框架下的决策结果，使用 Pignistic 转换公式将 mass 函数 $m^{\Theta_{1,2,\cdots,M} \downarrow \Theta_i}$ 转换为概率度量，即

$$\text{BetP}_i(A) = \sum_{B \subseteq \Theta_i} \frac{|A \cap B|}{|B|} m^{\Theta_{1,2,\cdots,M} \downarrow \Theta_i}(B), \quad A \in \Theta_i, i = 1, 2, \cdots, M \quad (9.18)$$

然后利用最大 Pignistic 概率规则，得出每个框架下的决策结果为

$$\theta_i = \arg \max_{\theta \in \Theta_i} \text{BetP}_i(\theta), \quad i = 1, 2, \cdots, M \quad (9.19)$$

9.3.3　计算复杂度分析

为了证明所提出的 RMDF 方法在多传感器联合目标分类问题中的有效性,本节将给出该方法的计算复杂度分析。如 9.3.1 小节所述,该方法主要分为两个阶段:规则学习和融合决策。下面将从这两个阶段分别分析其计算复杂度。

在规则学习阶段,计算复杂度主要体现在多框架置信关联规则挖掘部分。该部分的核心是产生一组满足给定支持度阈值的频繁置信项集,这也是规则挖掘过程中计算量最大的部分。因此,下面主要分析搜索频繁项集操作的计算复杂度。根据算法 9.1,搜索频繁项集操作主要包括以下四个步骤。

(1) **频繁 1-项集的生成**:对于每个置信项集,需要通过扫描数据库中所有的事务数据来记录其 mass 函数值,并更新该项集的支持度值。因此,假设 I 是焦元(置信项)的数目,$\bar{w}$ 是平均事务宽度,N 是事务数目,那么这一步的计算复杂度为 $O(N \cdot I \cdot \bar{w})$。

(2) **跨框架组合**:为了生成候选 k-项集,针对频繁 $(k-1)$-项集的每一对可能的项集,需要判断它们的前 $k-2$ 个项是否均相同,以及最后一项是否来自不同的框架,该过程至多需要 $k-1$ 次比对。在最差情况下,必须尝试判断集合 F_{k-1} 中任意一对可能的组合。因此,这一步的计算复杂度至多为 $O\left(\sum_{k=2}^{M}(k-1)\cdot|F_{k-1}|^2\right)$,其中 M 是最大频繁项集宽度(或者框架数目)。

(3) **削减**:对于每一个候选项集 C_k,需要判断其 $k-2$ 个宽度为 $k-1$ 的子集是否都包含在集合 F_{k-1} 中。对于该候选项集的每一个子集,该过程至多需要 $(k-1)\cdot|F_{k-1}|$ 次比对。因此,总计算复杂度至多为 $O\left(\sum_{k=2}^{M}(k-1)\cdot(k-2)\cdot|C_k|\cdot|F_{k-1}|\right)$。

(4) **验证**:对于 P_k 中的每一个置信项集,需要通过扫描数据库中所有的事务数据来记录该项集中每一项的 mass 函数值,并更新该项集的支持度的值。因此,这一步所需要的总计算复杂度至多为 $O\left(N\cdot\sum_{k=2}^{M}|P_k|\cdot\bar{w}\cdot k\right)$。

从上面的分析可以看出,规则挖掘算法的计算复杂度与事务数目 N 近似呈线性关系。除此之外,它还与变量 $|C_k|$、$|P_k|$ 和 $|F_k|$($|C_k|\geqslant|P_k|\geqslant|F_k|$)紧密相关,而这些变量值是由支持度阈值 σ_{esup} 和置信项的数目 I 决定的。在组合过程中,需要保证属于同一框架下的两个焦元不能同时出现在一个候选项集中,这就使得 $|C_k|$ 的值远小于传统 Apriori 算法中的取值。另外,在涉及多个框架的目标分类问题中,数据库的规模通常较小[35,213,214,221],因此,所提出的规则挖掘算法的计算复杂度对于所研究的目标分类问题是可以接受的。

在融合决策阶段,计算复杂度主要体现在传感器分类结果与规则进行组合的

过程（公式 (9.16)）。组合 M 个传感器分类结果与 s 个规则所需的计算时间取决于相应 mass 函数的结构和数目。令 $\mathcal{F}_i$ 表示 mass 函数 m_i 的焦元集合，则该过程的计算复杂度至多为 $2|\Theta_{1,\cdots,M}|\prod_{i=1}^{M+s}|\mathcal{F}_i|$[222]。一方面，在很多实际应用中，传感器分类结果总是建模为简单 mass 函数[223] 或者贝叶斯 mass 函数[224]。即便不是这样，涉及的 mass 函数的焦元数目也通常较小[35,225]。另一方面，由公式 (9.12) 可知，由规则转换得到的均为简单 mass 函数。因此，组合过程中的计算复杂度会因为所涉及的 mass 函数的特定结构而大大降低。此外，所融合的 mass 函数的规模（即 $M+s$）也通常比较小，这是由于目标分类中涉及的辨识框架的数目 M 通常较小，且经规则选择后需要融合的规则数目 s 也很有限。综上可知，融合决策阶段的计算复杂度相对较低。

9.4　实验分析

在本节中，基于空中预警系统对空中目标进行平台类型和敌我属性的分类来评估所提出的 RMDF 方法在多框架分类融合方面的性能。首先，9.4.1 小节描述空中预警系统多传感器联合目标分类的仿真场景。其次，9.4.2 小节通过一个算例给出 RMDF 方法的具体实现过程。再次，在 9.4.3 小节中，通过对比分析来评估所提出方法的可行性与有效性。最后，9.4.4 小节和 9.4.5 小节分别给出参数分析和运行时间分析。

9.4.1　问题描述

对于空中预警系统来说，能够正确识别出现在预警区域内的每一个非合作飞行目标的平台类型和敌我属性是最重要的任务之一。一般来说，空中目标分类依赖于多个能够提供关于目标平台类型和敌我属性信息的传感器。例如，ESM 传感器能够检测对方目标雷达系统的电磁辐射，包括传输频率、脉冲间隔和脉冲宽度等，这些信号能够用来对目标的平台类型进行分类。对于 IFF 传感器来说，它能够根据接收到的 IFF 响应来区分敌我属性。在该实验中，考虑一个由 ESM 传感器和 IFF 传感器构成的多传感器分类系统，在平台类型 $\mathcal{A}=\{a_1,a_2,\cdots,a_8\}$（如 a_1 是 Mig31，a_2 是 Tu26，a_3 是 F16 等）和敌我属性 $\mathcal{B}=\{f,h\}$（f 是友机，h 是敌机）两个框架下进行目标分类。

假设 ESM 传感器和 IFF 传感器提供的分类报告为框架 $\mathcal{A}$ 和 $\mathcal{B}$ 上关于目标平台类型和敌我属性的 mass 函数形式。框架 $\mathcal{A}$ 和 $\mathcal{B}$ 之间的关系是由一个关系矩阵先验给出的。表 9.2 给出了两框架之间的先验关系矩阵，下面利用该关系矩阵来模拟传感器历史报告。

表 9.2　　两框架之间的先验关系矩阵

敌我属性	平台类型							
	a_1	a_2	a_3	a_4	a_5	a_6	a_7	a_8
f	0.81	0.91	0.13	0.91	0.63	0.1	0.28	0.55
h	0.19	0.09	0.87	0.09	0.37	0.9	0.72	0.45

在很多情况下，由于外界干扰、电子对抗及传感器本身的局限性，所收集到的传感器报告是不确定的，而这种不确定性通常包括以下两种类型：第一，报告本身是错误的；第二，报告本身是不精确的。例如，对于一个平台类型为 a_1 的目标，ESM 报告结果可能为 a_2 或 $\{a_1, a_2\}$。为了表示多种类型的不确定性，采用定义在框架 $\mathcal{A}$ 和 $\mathcal{B}$ 上的一系列 mass 函数来表示各传感器报告。使用变量 ε_{ESM} 和 ε_{IFF} 分别表示 ESM 传感器和 IFF 传感器的错误或者不精确报告的概率，称为误差率。下面举例来进一步说明传感器报告的具体形式。假设所考虑目标的真实平台类型为 a_1，ESM 传感器将以 $1 - \varepsilon_{\text{ESM}}$ 的概率给出建立在框架 $\mathcal{A}$ 上的一组报告：

$$m(a_1) = p, \quad m(\mathcal{A}) = 1 - p \quad (0 < p \leqslant 1) \tag{9.20}$$

而剩余的概率 ε_{ESM} 将被平均分配到错误报告 a_i $(i = 2, 3, \cdots, 8)$ 或者不精确报告 $\{a_i, a_j\}$ $(1 \leqslant i < j \leqslant 8)$。为了能够随机生成这些报告，概率 p 的值服从高斯分布。

9.4.2　算法实现

根据表 9.2 给出的先验关系矩阵，从由 ESM 传感器和 IFF 传感器组成的多传感系统中随机生成 8000 组报告，其中两种传感器的误差率分别设置为 $\varepsilon_{\text{ESM}} = 0.4$ 和 $\varepsilon_{\text{IFF}} = 0.2$。为了存储这些历史报告，构建出一个由 8000×2 个 mass 函数组成的多框架置信数据库。关于最小支持度阈值和最小置信度阈值的选取，采用默认设置 $\sigma_{\text{esup}} = 0.01$ 和 $\sigma_{\text{econf}} = 0.1$。下面给出利用所提出的 RMDF 方法来对空中目标的平台类型与敌我属性进行分类的具体实现过程。

第一阶段：规则挖掘和选择

该阶段主要是利用算法 9.1 从上述构建的数据库中得到一组置信关联规则。首先，从该数据库中搜索所有满足最小支持度阈值的频繁项集。图 9.2 给出了所有搜索到的频繁 2-项集及其支持度值。其次，从上面得到的频繁项集中生成满足置信度阈值的规则，如图 9.3 所示。从图中可以看出，不同规则的置信度值差别较大，因此，只需要选择部分较为可靠的规则进行融合决策。最后，利用规则选择策略，从挖掘到的 11 个规则中选出了 9 个规则，如表 9.3 所示。可以看出，最终学到的 9 个规则与表 9.2 中给定的先验关系是一致的，这就证明了所提出的规则挖掘算法的合理性。然而，受传感器误差的影响，所得置信关联规则的置信度值总是小于事先给定的先验概率值。

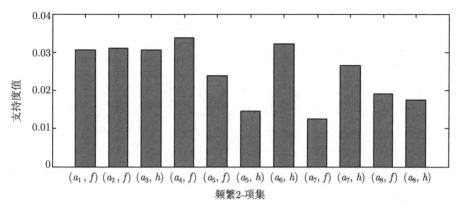

图 9.2　所有搜索到的频繁 2-项集及其支持度值

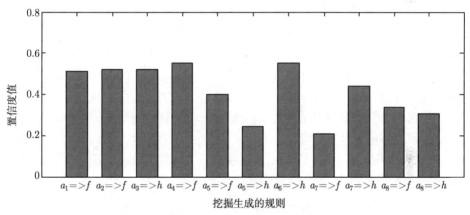

图 9.3　满足置信度阈值的规则及其置信度值

表 9.3　由 RMDF 所确定的置信关联规则

序号	置信关联规则及其支持度和置信度的值
1	如果目标平台类型为 a_6，则其敌我属性为 h。 [esup=3.21%, econf=55.37%]
2	如果目标平台类型为 a_4，则其敌我属性为 f。 [esup=3.37%, econf=54.97%]
3	如果目标平台类型为 a_2，则其敌我属性为 f。 [esup=3.11%, econf=51.94%]
4	如果目标平台类型为 a_3，则其敌我属性为 h。 [esup=3.06%, econf=51.88%]
5	如果目标平台类型为 a_1，则其敌我属性为 f。 [esup=3.06%, econf=51.11%]
6	如果目标平台类型为 a_7，则其敌我属性为 h。 [esup=2.65%, econf=43.91%]
7	如果目标平台类型为 a_5，则其敌我属性为 f。 [esup=2.38%, econf=40.06%]
8	如果目标平台类型为 a_8，则其敌我属性为 f。 [esup=1.92%, econf=33.55%]
9	如果目标平台类型为 a_8，则其敌我属性为 h。 [esup=1.76%, econf=30.70%]

第二阶段：融合决策

假设分别收集了来自两个空中目标的两组传感器分类报告，其中第一组的真实目标属性为 (a_1, f)，而第二组的真实目标属性为 (a_4, f)。

报告 1-A：ESM 传感器给出在辨识框架 $\mathcal{A}$ 下关于目标 1 平台类型的如下 mass 函数：

$$m_1^{\mathcal{A}}(\{a_1, a_6\}) = 0.7653, \quad m_1^{\mathcal{A}}(\mathcal{A}) = 0.2347$$

报告 1-B：IFF 传感器给出在辨识框架 $\mathcal{B}$ 下关于目标 1 敌我属性的如下 mass 函数：

$$m_1^{\mathcal{B}}(f) = 0.5520, \quad m_1^{\mathcal{B}}(\mathcal{B}) = 0.4480$$

报告 2-A：ESM 传感器给出在辨识框架 $\mathcal{A}$ 下关于目标 2 平台类型的如下 mass 函数：

$$m_2^{\mathcal{A}}(a_4) = 0.5913, \quad m_2^{\mathcal{A}}(\mathcal{A}) = 0.4087$$

报告 2-B：IFF 传感器给出在辨识框架 $\mathcal{B}$ 下关于目标 2 敌我属性的如下 mass 函数：

$$m_2^{\mathcal{B}}(h) = 0.2298, \quad m_2^{\mathcal{B}}(\mathcal{B}) = 0.7702$$

在没有规则参与的情况下，可以直接利用 Pignistic 转换公式将上面所有的 mass 函数转换为概率值，并将具有最大概率值的元素作为决策结果。表 9.4 给出了仅利用传感器分类报告得出的 Pignistic 概率值及其决策结果，并将每个目标的决策结果用粗体标记。由结果分析可知，在仅利用传感器分类报告时，无法判断目标 1 的平台类型是 a_1 还是 a_6，而且目标 2 的敌我属性被错误分类。接下来，将分析融合生成的规则后能否正确分类。

表 9.4　仅利用传感器分类报告得出的 Pignistic 概率值及其决策结果

框架	目标 1	目标 2
$\mathcal{A}$	BetP($\boldsymbol{a_1}$) = **0.4120**	BetP(a_1) = 0.0511
	BetP(a_2) = 0.0293	BetP(a_2) = 0.0511
	BetP(a_3) = 0.0293	BetP(a_3) = 0.0511
	BetP(a_4) = 0.0293	BetP($\boldsymbol{a_4}$) = **0.6424**
	BetP(a_5) = 0.0293	BetP(a_5) = 0.0511
	BetP($\boldsymbol{a_6}$) = **0.4120**	BetP(a_6) = 0.0511
	BetP(a_7) = 0.0293	BetP(a_7) = 0.0511
	BetP(a_8) = 0.0293	BetP(a_8) = 0.0511
$\mathcal{B}$	BetP($\boldsymbol{f}$) = **0.7760**	BetP(f) = 0.3851
	BetP(h) = 0.2240	BetP($\boldsymbol{h}$) = **0.6149**

首先，利用规则转换公式 (9.12) 将所有规则转换成相应的 mass 函数。然后，将这些 mass 函数与传感器分类报告进行融合。具体地，对于每一个目标，先利用空

扩展和 Dempster 组合规则将各自框架下的传感器分类报告在联合框架 $\mathcal{A} \times \mathcal{B}$ 下进行组合，再将该组合结果依次与所有规则转换后的 mass 函数进行组合。表 9.5 给出了融合规则与传感器分类报告后得到的 Pignistic 概率值及单框架下决策结果，每个目标的决策结果用粗体标记。通过与表 9.4 中无规则参与情况下的结果进行对比可知，在融合规则后，目标 1 的平台类型和目标 2 的敌我属性均可以被正确且精确地分类，这就说明了所提出的 RMDF 能够有效挖掘多框架间的关联关系，进而提高目标分类性能。

表 9.5　融合规则与传感器分类报告后得到的 Pignistic 概率值及单框架下决策结果

框架	目标 1	目标 2
$\mathcal{A}$	$\text{BetP}(a_1) = \mathbf{0.5345}$	$\text{BetP}(a_1) = 0.0475$
	$\text{BetP}(a_2) = 0.0349$	$\text{BetP}(a_2) = 0.0474$
	$\text{BetP}(a_3) = 0.0228$	$\text{BetP}(a_3) = 0.0572$
	$\text{BetP}(a_4) = 0.0349$	$\text{BetP}(\mathbf{a_4}) = \mathbf{0.5635}$
	$\text{BetP}(a_5) = 0.0349$	$\text{BetP}(a_5) = 0.0494$
	$\text{BetP}(a_6) = 0.2878$	$\text{BetP}(a_6) = 0.0572$
	$\text{BetP}(a_7) = 0.0245$	$\text{BetP}(a_7) = 0.0572$
	$\text{BetP}(a_8) = 0.0259$	$\text{BetP}(a_8) = 0.0460$
$\mathcal{B}$	$\text{BetP}(\mathbf{f}) = \mathbf{0.7760}$	$\text{BetP}(\mathbf{f}) = \mathbf{0.5130}$
	$\text{BetP}(h) = 0.2240$	$\text{BetP}(h) = 0.4150$

9.4.3　对比分析

在本节中，为了验证所提出的 RMDF 方法的有效性，基于 30 次蒙特卡洛仿真，将所提出的方法与 EMDF 方法在不同条件下进行对比。此外，还分别对比了基于表 9.2 给出的先验关系（对应 8 条规则）及在无规则参与下的分类性能。由于所给定的专家知识不可避免地存在不完全或者不精确的情况，为此，关于 EMDF 方法，考虑下面两种情况。

(1) 不完全专家知识（EMDF_{Inc}）：在每一次仿真中，从先验给定的 8 条规则中随机选择其中的 4 条规则进行融合。

(2) 不精确专家知识（$\text{EMDF}_{\text{Inac}}$）：在每一次仿真中，从先验给定的 8 条规则中随机选择其中的 4 条规则进行修改，即将其结论修改为与初始结论相反的目标属性。例如，如果初始规则是 $a_1 \Rightarrow f$，则该规则将被修改为 $a_1 \Rightarrow h$。之后，融合当前得到的 8 条规则与传感器分类报告进行决策。

在该实验中，考虑 ESM 传感器与 IFF 传感器存在以下两种误差变化情况。第一种是固定 ε_{ESM} 的值为 0.2，而 ε_{IFF} 的值在 0.05 到 0.4 之间以 0.05 的间隔变化；第二种是固定 ε_{IFF} 的值为 0.2，而 ε_{ESM} 的值在 0.05 到 0.4 之间以 0.05 的间隔变化。基于上述传感器误差和事先给定的先验关系矩阵，在每一次仿真中随机生成 8000 组历史分类报告用于学习框架之间的关联规则，并利用 800 组测试分类报告计算不同方法分类正确率。

对于每一种传感器误差变化情况，表 9.6 与表 9.7 分别给出了 30 次仿真下所提出的 RMDF 与无规则参与以及融合先验关系这两种策略在框架 $\mathcal{A}$、$\mathcal{B}$ 以及 $\mathcal{A} \times \mathcal{B}$ 下的平均分类正确率，各个框架下的最高平均分类正确率用粗体标记。由表中结果可以看出，RMDF 的分类性能总体上与融合先验关系策略相当，这就证明了该方法对目标平台类型和敌我属性联合分类问题的有效性。同时，所提出方法的分类性能明显优于无规则参与的情况，特别是当传感器误差较大时，联合框架下的平均分类正确率可提高约 15%。

表 9.6 $\quad \varepsilon_{\mathrm{ESM}} = 0.2$ 时在不同 $\varepsilon_{\mathrm{IFF}}$ 下的平均分类正确率

$\varepsilon_{\mathrm{IFF}}$	框架 $\mathcal{A}$			框架 $\mathcal{B}$			联合框架 $\mathcal{A} \times \mathcal{B}$		
	RMDF	无规则 [a]	先验 [b]	RMDF	无规则	先验	RMDF	无规则	先验
0.05	**0.8172**	0.7973	0.8112	**0.9682**	0.9529	0.9513	**0.7940**	0.7600	0.7712
0.1	**0.8184**	0.7991	0.8138	**0.9446**	0.9012	0.9331	**0.7815**	0.7205	0.7651
0.15	**0.8214**	0.8013	0.8158	**0.9204**	0.8510	0.9150	**0.7684**	0.6821	0.7565
0.2	**0.8184**	0.7990	0.8126	0.8931	0.7983	**0.9007**	0.7448	0.6345	**0.7457**
0.25	**0.8211**	0.8013	0.8170	0.8597	0.7490	**0.8774**	0.7255	0.6004	**0.7380**
0.3	**0.8201**	0.8012	0.8140	0.8251	0.6970	**0.8598**	0.6992	0.5593	**0.7261**
0.35	**0.8156**	0.7973	0.8096	0.7920	0.6540	**0.8430**	0.6696	0.5201	**0.7113**
0.4	**0.8142**	0.7971	0.8073	0.7459	0.5959	**0.8206**	0.6356	0.4756	**0.7002**

a 代表无规则参与的分类正确率。

b 代表利用先验关系的分类正确率。

表 9.7 $\quad \varepsilon_{\mathrm{IFF}} = 0.2$ 时在不同 $\varepsilon_{\mathrm{ESM}}$ 下的平均分类正确率

$\varepsilon_{\mathrm{ESM}}$	框架 $\mathcal{A}$			框架 $\mathcal{B}$			联合框架 $\mathcal{A} \times \mathcal{B}$		
	RMDF	无规则	先验	RMDF	无规则	先验	RMDF	无规则	先验
0.05	**0.9544**	0.9497	0.9500	0.9027	0.8014	**0.9088**	0.8669	0.7619	**0.8686**
0.1	**0.9093**	0.9003	0.9046	0.8993	0.7992	**0.9044**	0.8272	0.7200	**0.8273**
0.15	**0.8647**	0.8510	0.8595	0.8925	0.7993	**0.8974**	**0.7852**	0.6812	0.7840
0.2	**0.8172**	0.7984	0.8116	0.8869	0.7972	**0.8928**	0.7402	0.6363	**0.7403**
0.25	**0.7764**	0.7528	0.7705	0.8852	0.8026	**0.8904**	**0.7058**	0.6044	0.7038
0.3	**0.7283**	0.7005	0.7219	0.8779	0.7967	**0.8844**	**0.6620**	0.5589	0.6599
0.35	**0.6823**	0.6495	0.6761	0.8756	0.8015	**0.8812**	**0.6214**	0.5213	0.6191
0.4	**0.6336**	0.5969	0.6254	0.8712	0.8028	**0.8774**	**0.5760**	0.4791	0.5725

图 9.4 与图 9.5 分别给出了所提出的 RMDF 与 EMDF 在不同框架及不同传感器误差下的平均分类正确率及对应的 95% 置信区间。分析图中结果，可以得出以下几点结论：

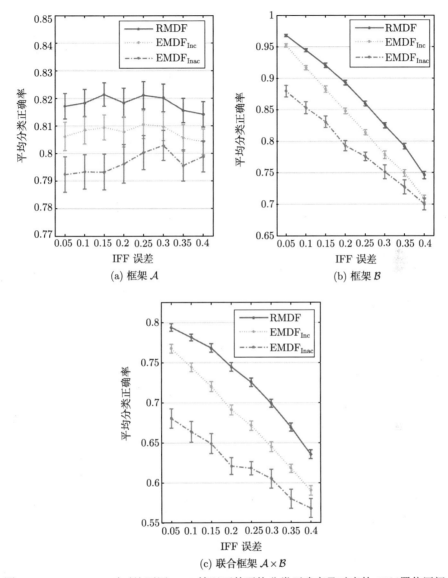

图 9.4　$\varepsilon_{\text{ESM}} = 0.2$ 时对比不同 ε_{IFF} 情况下的平均分类正确率及对应的 95% 置信区间

(1) 无论专家知识是在不完全还是不精确的情况下, RMDF 的分类性能均明显优于 EMDF 方法。

(2) 随着传感器误差的增加, 所提出方法的分类性能会有所下降, 这是因为在较高误差情况下, 由历史分类报告学习出的规则很可能是不准确的, 进而影响融合后的决策结果。

(3) 通过对比框架 $\mathcal{A}$ 和 $\mathcal{B}$ 的分类结果, 可以看出图 9.4(a) 与图 9.5(b) 的分类

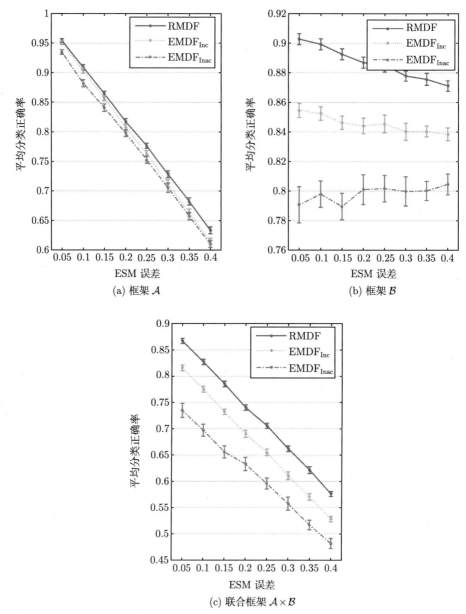

图 9.5　$\varepsilon_{\mathrm{IFF}} = 0.2$ 时对比不同 $\varepsilon_{\mathrm{ESM}}$ 情况下的平均分类正确率及对应的 95% 置信区间

性能比图 9.4(b) 与图 9.5(a) 中的结果更加稳定, 这是因为在图 9.4 中限定了 ESM 传感器的误差是固定的, 而在图 9.5 中限定了 IFF 传感器的误差是固定的。

接下来, 采用一种常用的鲁棒性度量——RLA 来评估所提出的 RMDF 方法的鲁棒性。该度量定义为某个特定误差水平下的精度相对于理想情况下 (无误差

时）精度变化量的百分比[133]，即

$$\mathrm{RLA}_{x\%} = \frac{\mathrm{Acc}_{0\%} - \mathrm{Acc}_{x\%}}{\mathrm{Acc}_{0\%}} \tag{9.21}$$

式中，$\mathrm{RLA}_{x\%}$ 是在误差水平为 $x\%$ 下的相对精度损失量；$\mathrm{Acc}_{0\%}$ 是在理想情况下的分类正确率；$\mathrm{Acc}_{x\%}$ 是在误差水平为 $x\%$ 情况下的分类正确率。表 9.8 与表 9.9 分别给出了不同传感器误差下各方法在 30 次仿真中的平均 RLA 值。为了方便展示，只给出了联合框架 $\mathcal{A} \times \mathcal{B}$ 下的决策结果，各误差水平下的最优平均 RLA 值用粗体标记。从表中结果可以看出，RMDF 的平均 RLA 值与 $\mathrm{EMDF}_{\mathrm{Inac}}$ 基本相当，但明显优于 $\mathrm{EMDF}_{\mathrm{Inc}}$，这就说明所提出的方法可以满足实际目标分类中的鲁棒性需求。

表 9.8　　$\varepsilon_{\mathrm{ESM}} = 0.2$ 时各方法在不同 $\varepsilon_{\mathrm{IFF}}$ 下的平均 RLA 值

方法	$\varepsilon_{\mathrm{IFF}}$							
	0.05	0.1	0.15	0.2	0.25	0.3	0.35	0.4
RMDF	0.0193	**0.0349**	**0.0510**	**0.0801**	**0.1039**	0.1365	0.1730	0.2150
$\mathrm{EMDF}_{\mathrm{Inc}}$	0.0341	0.0633	0.0936	0.1303	0.1551	0.1883	0.2223	0.2569
$\mathrm{EMDF}_{\mathrm{Inac}}$	**0.0151**	0.0391	0.0605	0.1012	0.1053	**0.1242**	**0.1603**	**0.1771**

表 9.9　　$\varepsilon_{\mathrm{IFF}} = 0.2$ 时各方法在不同 $\varepsilon_{\mathrm{ESM}}$ 下的平均 RLA 值

方法	$\varepsilon_{\mathrm{ESM}}$							
	0.05	0.1	0.15	0.2	0.25	0.3	0.35	0.4
RMDF	0.0477	**0.0913**	**0.1357**	0.1869	**0.2247**	**0.2728**	**0.3174**	**0.3672**
$\mathrm{EMDF}_{\mathrm{Inc}}$	0.0459	0.0935	0.1439	0.1928	0.2340	0.2859	0.3329	0.3821
$\mathrm{EMDF}_{\mathrm{Inac}}$	**0.0453**	0.0941	0.1477	**0.1778**	0.2260	0.2756	0.3283	0.3741

9.4.4　参数分析

在所提出的 RMDF 方法中，自由参数包括最小支持度阈值 σ_{esup}、最小置信度阈值 σ_{econf} 和规则选择中的控制参数 ρ，这三个参数共同影响着融合时所用的规则数目。从本质上看，融合的规则数目的大小对分类性能的好坏起着决定性的作用。因此，本节通过改变这三个参数的值来分析规则数目是如何影响分类正确率的。为此，对随机生成的 800 组传感器分类报告在不同规则数目下计算 30 次仿真的平均分类正确率，其中历史分类报告的数目及传感器的误差取值与 9.4.3 小节相同。

现在采用箱线图来刻画 30 次仿真中不同规则数目下的分类正确率（对应框架 $\mathcal{A}$、$\mathcal{B}$ 和 $\mathcal{A} \times \mathcal{B}$）。从图 9.6 可以看出，随着规则数目的增加，分类性能总体上变得更好；但是，当规则数目超过某个特定的值时，分类性能将趋于稳定或有所降低，这是因为具有较低置信度值的规则可能会包含一些无用或者错误的信息。在默认参数设置下，所选择的规则数目是 9（见 9.4.2 小节）。由图 9.6 可知，当规则数目为 9 时，分类性能总体上较好（尽管不是最优的），这验证了方法默认参数设置的合理性。

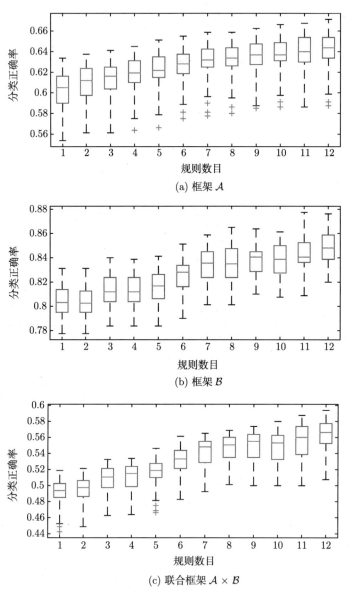

(a) 框架 $\mathcal{A}$

(b) 框架 $\mathcal{B}$

(c) 联合框架 $\mathcal{A} \times \mathcal{B}$

图 9.6   不同规则数目下对应框架 $\mathcal{A}$、$\mathcal{B}$ 和联合框架 $\mathcal{A} \times \mathcal{B}$ 的分类正确率

9.4.5　运行时间分析

为了评估所提出的 RMDF 方法的执行效率,本节给出了不同事务数目和置信项集数目下规则挖掘和融合决策阶段的运行时间。如 9.3.3 小节所述,事务数目和置信项集数目是影响算法计算复杂度的两个重要因素。为此,在固定阈值 $\sigma_{\mathrm{esup}} = 0.01$ 与 $\sigma_{\mathrm{econf}} = 0.1$ 的情况下,可改变传感器分类报告和目标平台类型的数目。需要指出,传感器分类报告的生成方式决定了置信项集数目远大于所考虑的平台类型数目。假设目标的平台类型数目是 n,则框架 $\mathcal{A}$ 中的焦元可能为 $\{a_i\}$ 或 $\{a_i, a_j\}$ $(1 \leqslant i < j \leqslant n)$,而框架 $\mathcal{B}$ 中的焦元可能为 $\{f\}$ 或 $\{h\}$,因此,对应置信项集数目为 $C_n^1 + C_n^2 + 2$。特别地,当平台类型数目取 4、8、12、16 和 20 时,置信项集数目分别为 12、38、80、138 和 212。在实际工程应用中,20 种平台类型足以满足实际目标分类问题的需求[35, 213, 214, 221]。

在固定置信项集数目为 212 的情况下,记录不同事务数目下规则挖掘和融合决策阶段的运行时间,如图 9.7 所示。同样地,在固定事务数目为 20000 的情况下,记录不同置信项集数目下规则挖掘和融合决策阶段的运行时间,如图 9.8 所示。可以明显看出,规则挖掘阶段所用的时间(秒级)远大于融合决策阶段所用的时间(毫秒级)。考虑到两者之间的差距较大,采用对数坐标来更加清楚地展示时间的变化情况。通过对这两个图进行分析,可以得出以下结论:

(1) 在规则挖掘阶段,其运行时间总体上随着事务数目的增加呈线性增长。同时,随着置信项集数目的增加,该阶段的时间也会增加。虽然该阶段的时间对于大规模数据集问题可能相对较长,但是该阶段是离线进行的,并不影响算法的实时性。

(2) 在融合决策阶段,其运行时间随着置信项集数目的增加而增长,但是增长速率总体上较为缓慢。同时,该阶段的时间在不同事务数目下保持不变,这是

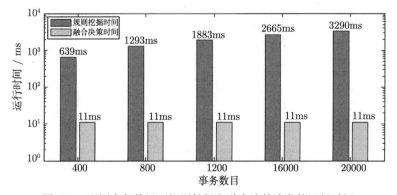

图 9.7　不同事务数目下规则挖掘和融合决策阶段的运行时间

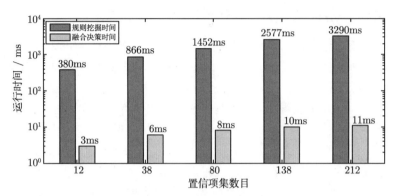

图 9.8　　不同置信项集数目下规则挖掘和融合决策阶段的运行时间

因为其复杂度与选择的规则数目有关，而与事务数目无关。因此，融合决策阶段的时间复杂性总体较小，这就保证了所提出的方法能够满足目标分类问题的实时性需求。

9.5　本 章 小 结

在多框架目标分类问题中，考虑到框架之间的关系通常都是未知的，本章提出一种基于置信关联规则的多框架决策融合方法，以获得更加精确的决策结果。所提出的 RMDF 方法主要包括以下两个阶段：第一个阶段是从一系列历史分类报告中挖掘并选择出可靠的置信关联规则，所提出的规则挖掘算法是基于新的支持度和置信度度量；第二个阶段是将在多个框架下的不确定分类结果与选择出的规则在置信函数理论框架下融合进行决策。为了证明 RMDF 方法的可行性与有效性，针对空中目标平台类型和敌我属性分类问题进行实验验证。实验结果表明，在专家知识不完全或不精确情况下，所提出方法的分类性能明显优于传统的基于专家知识的多框架决策融合方法。

第 10 章　考虑可靠性与重要性的广义决策融合目标威胁评估

10.1　引　言

前面几章面向复杂环境下的目标识别问题，研究了针对多种不确定数据的分类方法。在目标威胁评估过程中，目标的类别信息仅仅反映了其威胁的一个方面，还需要与源于其他属性方面的决策信息进行融合，这是一个典型的多属性决策融合问题。这些实际的多属性决策融合问题往往既包含定量的属性，又包含定性的属性 [226,227]，通常情况下定量的属性由测量设备提供的量测进行刻画，而定性的属性由相关领域的专家给出评估值。不管是客观的设备量测，还是主观的专家知识，其提供的属性值都有可能是不确定的。例如，由测量设备的误差导致的属性值的不可靠性，由专家知识的缺乏导致的属性值的不精确或不完备性等。

为了有效处理不确定的多属性决策融合问题，Yang 等 [207,228,229] 发展了一种证据推理多属性决策融合方法，其核心是基于分布式评估模型发展的证据推理（ER）算法。原始的 ER（original evidential reasoning, OER）算法最初由 Yang 等 [228] 在 1994 年提出；后来，为了构建理论上合理的多属性决策融合方法，Yang 等 [207] 提出了四个合成公理对多属性决策融合过程进行约束，并证明了 OER 算法并不能保证遵循所有的四个合成公理，进而提出了一种能很好地遵循四个合成公理的修正的 ER（modified evidential reasoning, MER）算法。相应地，在后续的多属性决策融合问题中，OER 算法被丢弃而 MER 算法得到了广泛的应用。本章关注的问题是 OER 算法是否一定是错误的，或者更一般地，是否只有满足四个合成公理的决策融合算法才是合理的。

OER 和 MER 这两种算法都是基于分布式评估模型和 Dempster 组合规则发展出来的，主要的差异在于如何对不同属性的权重进行处理。在证据的可靠性与重要性方面的研究为当前对这两种 ER 算法进行分析研究提供了一个新的角度。对于多属性决策融合问题，属性权重的来源有两种，即属性值客观的可靠性和决策者所赋予该属性的主观的重要性。可靠性表征的是证据本身提供正确评估的能力，是证据的客观特性；而重要性表征的是决策者对于证据的偏好程度，是证据的主观特性，然而在 OER 和 MER 这两种算法中均未对这两种特性进行区分。由于在实际应用过程中，不可靠的证据广泛存在，因此对于证据可靠性的研究比较成熟，通常情况下使用经典的 Shafer 折扣运算对不可靠的证据进行处理；相对而言证据的重要性只存在于多属性决策融合这类考虑决策者主观因素的应用中，因此在置信函数领域还鲜有相关研究。

在本章中，首先对多属性决策融合应用中存在的证据的重要性概念进行定义，并提出一种重要性折扣与组合运算法则对具有不同重要度的证据进行融合[230]。其次，从证据的可靠性和重要性角度对 OER 和 MER 这两种算法进行分析，发现 OER 算法实质上遵循可靠性折扣与组合运算法则，而 MER 算法实质上遵循重要性折扣与组合运算法则，即这两种 ER 算法并非有优劣对错之分，而只是将属性的权重看作证据的不同特性；基于这一发现进一步对四个合成公理的合理性给出了一种直观的解释。最后，考虑到实际应用过程中属性的可靠性与重要性共存的情况，给出一种广义 ER（generalized evidential reasoning, GER）算法[231]，该算法提供了一种更一般的不确定多属性决策融合框架。

本章的内容安排如下：在 10.2 节中，将对证据的可靠性和重要性概念进行定义并提出一种重要性折扣与组合运算法则对具有不同重要度的证据进行融合；在 10.3 节中，分别从证据的可靠性和重要性角度对 OER 和 MER 这两种算法进行分析；在 10.4 节中，对提出的广义 ER 算法流程进行介绍；在 10.5 节中，基于提出的广义 ER 算法对战略预警系统目标威胁估计问题进行处理，对其综合考虑属性的可靠性和重要性进行多属性决策融合的能力进行评估分析；最后，10.6 节总结本章的主要工作。

10.2　证据的可靠性与重要性定义

在许多实际应用中，受到主客观因素的制约，所采用的信源通常情况下无法提供完全准确的信息，因此在置信函数理论框架下对这类不可靠证据的建模和处理研究得比较广泛[232,233]。本节首先对证据的可靠性概念以及相应的建模和处理方法进行简要论述；进而给出在多属性决策领域中存在的证据的另外一个重要特性——证据的重要性的定义，并提出考虑证据重要性的建模和处理方法。

10.2.1　证据的可靠性定义

定义 10.1（证据的可靠性[234]）　可靠性，作为证据的一个客观特性，表征的是证据为待解决的问题提供正确的量测或评估的能力。

证据的可靠性可以由可靠度 $\alpha \in [0,1]$ 来度量，其中 $\alpha = 1$ 表示该证据完全可靠，而 $\alpha = 0$ 表示该证据完全不可靠。此外，从上述定义可以看出，作为一种客观特性，证据的可靠性只取决于该证据本身；也就是说，在一个融合过程中，不同证据之间的可靠性是相互独立的。

不可靠的证据广泛存在于很多的实际融合问题中，一般而言，证据可靠度的获取方式主要分为以下两种：

(1) 当证据源的工作特性已知时，可以通过对其工作特性进行合理建模获得 [232,235]。例如，可以基于传感器的量测误差构建相应证据的可靠度，赋予源于较大误差的传感器的证据较低的可靠度，而赋予源于较小误差的传感器的证据较高的可靠度。

(2) 当证据源的工作特性未知时，可以通过计算与其他描述同一问题的证据之间的不一致度近似估计获得 [236,237]。一般而言，如果一个证据与其他证据间的不一致度较大，则该证据具有较低的可靠度。

在置信函数框架中，证据的可靠性通常通过 Shafer 折扣运算进行考虑。对于一个基于辨识框架 Ω 的 mass 函数 m，假如已知其可靠度为 $\alpha \in [0,1]$，则其相应的 Shafer 折扣运算（表示为 $\otimes$）为

$$\alpha \otimes m(A) \triangleq m^\alpha(A) = \begin{cases} \alpha m(A), & A \in 2^\Omega \setminus \Omega \\ \alpha m(\Omega) + (1-\alpha), & A = \Omega \end{cases} \tag{10.1}$$

在上述可靠性折扣运算中，所有焦元的置信指派都受到了折扣，而将折扣掉的置信指派 $1 - \alpha$ 转移到了整个辨识框架 Ω。

经过可靠性折扣后，通常使用 Dempster 组合规则（表示为 $\oplus$）对基于同一辨识框架 Ω 的 mass 函数 $m_1^{\alpha_1}$ 和 $m_2^{\alpha_2}$ 进行组合，即

$$(m_1^{\alpha_1} \oplus m_2^{\alpha_2})(A) \triangleq m_{12}^D(A) = \begin{cases} 0, & A = \varnothing \\ \dfrac{1}{1-\kappa} \displaystyle\sum_{\substack{B,C \in 2^\Omega; \\ B \cap C = A}} m_1^{\alpha_1}(B) m_2^{\alpha_2}(C), & A \in 2^\Omega \setminus \varnothing \end{cases} \tag{10.2}$$

式中，

$$\kappa = \sum_{B,C \in 2^\Omega; B \cap C = \varnothing} m_1^{\alpha_1}(B) m_2^{\alpha_2}(C) \tag{10.3}$$

上述的 Shafer 折扣运算与 Dempster 组合规则组成了证据的可靠性折扣与组合运算法则，即在融合具有不同可靠度的证据时，首先使用 Shafer 折扣运算对原始证据进行操作，然后基于 Dempster 组合规则对折扣后的证据进行融合。

10.2.2　证据的重要性定义

定义 10.2 (证据的重要性)　重要性，作为证据的一个主观特性，表征的是在融合过程中决策者对于证据所对应属性的偏好程度。

与前面定义的证据的可靠性概念不同，证据的重要性是一个相对的概念，即在不与其他证据对比的情况下单独谈论某个证据的重要性是无意义的。证据的重

要性可以由重要度 $\beta \in [0,1]$ 来度量，其中 $\beta = 1$ 表示在融合过程中决策者赋予该证据最大的重要度。

与广泛存在的证据的可靠性不同，证据的重要性只存在于诸如多属性决策融合这类涉及决策者主观偏好的应用中。通常情况下，可以通过对决策者给予各属性的因素程度进行建模获得证据的重要度，常用的建模方法有直接排序（direct rating, DR）法[238]、等级次序（rank ordering, RO）法[239] 和层次分析（analytic hierarchy process, AHP）法[240] 等。

从上面的定义和分析可以看出，证据的重要性是与其可靠性截然不同的一个概念，因此 Shafer 折扣运算不再适用于证据重要性的处理，需要定义一种新的折扣运算对证据的重要性进行考虑。

定义 10.3 (重要性折扣运算)　对于一个基于辨识框架 Ω 的 mass 函数 m，假如已知其重要度为 $\beta \in [0,1]$，则其相应的重要性折扣运算（表示为 $\odot$）为

$$\beta \odot m(A) \triangleq m^{\beta}(A) = \begin{cases} \beta m(A), & A \in 2^{\Omega} \\ 1 - \beta, & A = 2^{\Omega} \end{cases} \tag{10.4}$$

在上述定义的重要性折扣运算中，将折扣掉的置信指派 $1 - \beta$ 分配给了辨识框架 Ω 的幂集，用来代表各焦元 $A \in 2^{\Omega}$ 之间的不确定性；而在 Shafer 折扣运算中，将折扣掉的置信指派 $1 - \alpha$ 转移给了辨识框架 Ω，其代表的只是辨识框架内部各元素 $\omega \in \Omega$ 之间的不确定性。由此可看出，由证据的重要性引起的不确定性存在于更高的层次上。

需要注意的是，经过重要性折扣运算后，原始的 mass 函数增加了一个新的置信指派 $m^{\beta}(2^{\Omega})$，因此需要将 Dempster 组合规则进行扩展以对重要性折扣后的多个证据进行融合。假设 $m_1^{\beta_1}$ 和 $m_2^{\beta_2}$ 为定义在同一辨识框架 Ω 上且经过重要性折扣后的两个证据，则二者基于扩展 Dempster 组合规则的融合过程如下：

$$(m_1^{\beta_1} \oplus m_2^{\beta_2})(A) \triangleq m_{12}^{\mathrm{ED}}(A)$$

$$= \begin{cases} 0, & A = \varnothing \\ \dfrac{1}{1-\kappa}\Big[\displaystyle\sum_{\substack{B,C \in 2^{\Omega}; \\ B \cap C = A}} m_1^{\beta_1}(B)m_2^{\beta_2}(C) \\ \quad + m_1^{\beta_1}(A)m_2^{\beta_2}(2^{\Omega}) + m_1^{\beta_1}(2^{\Omega})m_2^{\beta_2}(A)\Big], & A \in 2^{\Omega} \setminus \varnothing \\ \dfrac{1}{1-\kappa} m_1^{\beta_1}(2^{\Omega})m_2^{\beta_2}(2^{\Omega}), & A = 2^{\Omega} \end{cases} \tag{10.5}$$

式中，

$$\kappa = \sum_{B,C \in 2^{\Omega}; B \cap C = \varnothing} m_1^{\beta_1}(B)m_2^{\beta_2}(C) \tag{10.6}$$

由于扩展 Dempster 组合规则也是基于正交和运算 $\oplus$，因此该组合规则也同时满足交换律和结合律，公式 (10.5) 很容易推广到多个证据的融合。

上述重要性折扣运算与扩展 Dempster 组合规则组成了证据的重要性折扣与组合运算法则，即在融合具有不同重要度的证据时，首先使用重要性折扣运算对原始证据进行操作，然后基于扩展 Dempster 组合规则对折扣后的证据进行融合。由于通常情况下是基于常规的 mass 函数进行决策，因此可以将上述融合结果中分配给辨识框架 Ω 幂集的置信指派 $m(2^{\Omega})$ 按照比例重新分配给其他焦元，从而获得常规的 mass 函数 m，即

$$m(A) = \frac{m^{\mathrm{ED}}(A)}{1 - m^{\mathrm{ED}}(2^{\Omega})}, \quad \forall A \in 2^{\Omega} \tag{10.7}$$

10.3　不确定多属性决策融合算法分析

10.2 节关于证据的可靠性与重要性方面的研究为现在对 ER 不确定多属性决策融合算法的分析研究提供了一个新的角度。本节首先将不确定多属性决策融合问题在置信函数框架下进行表示；其次分别从证据的可靠性和重要性角度对 OER 和 MER 这两种算法进行分析；最后基于所揭示的 ER 算法本质进一步对四个合成公理的合理性给出一种直观的解释。

10.3.1　置信函数框架下的问题表示

图 10.1 给出了一个最基本的具有二层结构的多属性决策融合问题示例，在该问题中已知的信息如下：

(1) 基于每个基本属性 e_i 的不确定评估 $S(e_i) = \{(H_n, \beta_{n,i}) \mid n = 1, 2, \cdots, N\}$，$i = 1, 2, \cdots, L$；

(2) 每个基本属性 e_i 的权重 w_i，$i = 1, 2, \cdots, L$。

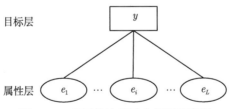

图 10.1　多属性决策融合问题示意图

需要解决的问题是如何考虑各个基本属性的权重对相应的不确定评估进行综合，从而获得一个对于目标 y 的综合评估 $S(y)$。

在置信函数框架下，每个基本属性的不确定评估 $S(e_i)$ 均可以看作支持目标 y 决策的一个证据。令辨识框架 $\mathcal{H} = \{H_1, \cdots, H_n, \cdots, H_N\}$，则每一个证

据 $S(e_i)$ 可由如下的 mass 函数 m_i 来表示：

$$m_i(A) = \begin{cases} \beta_{n,i}, & A = \{H_n\} \\ 1 - \sum\limits_{n=1}^{N} \beta_{n,i}, & A = \mathcal{H} \\ 0, & \text{其他} \end{cases} \quad (10.8)$$

置信指派 $m_i(\{H_n\})$ 代表支持属性 e_i 评估为等级 H_n 的置信度，而 $m_i(\mathcal{H})$ 代表未分配给任何单独等级的剩余置信度。如果 $S(e_i)$ 是一个完备的评估，即 $m_i(\mathcal{H}) = 0$，此时 m_i 为贝叶斯 mass 函数；在其他情况下，$m_i(\mathcal{H})$ 刻画了基于基本属性 e_i 评估过程中的全局不确定性。基于 L 个基本属性可以获得 L 个表征属性不确定评估的 mass 函数 m_i，$i = 1, 2, \cdots, L$。基于上述置信函数框架下问题的表示，该多属性决策融合问题转换为考虑属性权重情况下的证据融合问题。

在上述多属性决策融合问题中，每个基本属性 e_i 的权重 w_i 可以有以下两种来源。

(1) **属性的可靠性**：属性的评估值可能由测量设备或者专家给出，因而测量设备的误差和专家知识的局限性都可能导致不完全可靠的评估值。例如，专家对于某一基本属性的评估经验丰富，因而能够提供可靠度较高的评估值；而对于另外某一基本属性的评估缺乏经验，则其给出的评估值具有较低的可靠性。

(2) **属性的重要性**：决策者对于不同的基本属性可能有不同的偏好程度。例如，在决策融合过程中，决策者认为某一基本属性要比其他属性更为重要，因此应赋予前者较大的权重。

总之，属性权重 w_i 既可以代表评估值的可靠性，又可以代表不同属性之间的相对重要性。接下来的两节将属性权重 w_i 分别看作证据的可靠性和证据的重要性来对上述不确定多属性决策融合问题进行处理。

10.3.2 基于证据推理算法的多属性决策融合方法

ER 方法采用分布式评估模型对不确定的属性评估信息进行建模。考虑图 10.2 所示的具有三层结构的多属性决策融合问题，目标 y 由 L 个基本属性 $E = \{e_1, \cdots, e_L\}$ 以及相应的属性权重 $W = \{w_1, \cdots, w_L\}$ 进行描述。令离散评估等级为 $\mathcal{H} = \{H_1, \cdots, H_n, \cdots, H_N\}$，则对任一备选方案，基于基本属性 e_i 的分布式评估模型可以表示为

$$S(e_i) = \{(H_n, \beta_{n,i}) \mid n = 1, 2, \cdots, N\}, \quad i = 1, 2, \cdots, L \quad (10.9)$$

式中，$\beta_{n,i}$ 代表将基本属性 e_i 评估为等级 H_n 的置信度，满足 $\beta_{n,i} \geqslant 0$ 且 $\sum\limits_{n=1}^{N} \beta_{n,i} \leqslant$

1。当 $\sum\limits_{n=1}^{N} \beta_{n,i} = 1$ 时，称评估 $S(e_i)$ 是完备的；否则称之为不完备的评估，剩余

的置信度代表的是对于评估结果的完全未知。

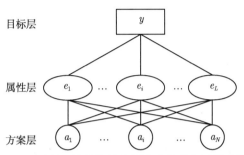

目标层

属性层

方案层

图 10.2 具有三层结构的多属性决策融合问题示意图

上述分布式评估模型能很好地对 10.3.1 小节介绍的多种不确定属性评估信息进行建模。接下来的问题是如何基于 L 个基本属性的分布式评估 $S(e_i)$ $(i = 1, 2, \cdots, L)$ 以及相应的权重 w_i $(i = 1, 2, \cdots, L)$ 获得对于目标 y 的评估结果。

基于上述分布式评估模型，Yang 等 [228] 提出了一种原始证据推理算法对多个属性的评估结果进行融合，该算法流程如下。

(1) **置信分布加权**：对于每个基本属性 e_i 的分布式评估结果 $S(e_i)$，令 $m_{n,i}$ 代表 $S(e_i)$ 支持目标 y 被评估为等级 H_n 的置信度，$m_{\mathcal{H},i}$ 代表不支持目标 y 被评估为任意单独等级的置信度，这些量通过对评估结果 $S(e_i)$ 中的置信分布进行加权获得，即

$$
\begin{cases}
m_{n,i} = w_i \beta_{n,i}, \quad n = 1, 2, \cdots, N \\
m_{\mathcal{H},i} = 1 - \sum_{n=1}^{N} m_{n,i} = 1 - w_i \sum_{n=1}^{N} \beta_{n,i}
\end{cases}
\tag{10.10}
$$

(2) **融合过程**：令 $E_{I(i)} = \{e_1, \cdots, e_i\}$ 代表前 i 个基本属性组成的集合，$m_{n,I(i)}$ 代表集合 $E_{I(i)}$ 中的基本属性支持目标 y 被评估为等级 H_n 的置信度，$m_{\mathcal{H},I(i)}$ 代表集合 $E_{I(i)}$ 中的基本属性不支持目标 y 被评估为任意单独等级的置信度，则 $m_{n,I(i+i)}$ 和 $m_{\mathcal{H},I(i+1)}$ 可按下式递归计算获得

$$
\begin{cases}
\{H_n\} : m_{n,I(i+1)} = K_{I(i+1)} \left(m_{n,I(i)} m_{n,i+1} + m_{n,I(i)} m_{\mathcal{H},i+1} + m_{\mathcal{H},I(i)} m_{n,i+1} \right), \\
\qquad\qquad n = 1, 2, \cdots, N \\
\mathcal{H} : m_{\mathcal{H},I(i+1)} = K_{I(i+1)} \left(m_{\mathcal{H},I(i)} m_{\mathcal{H},i+1} \right) \\
K_{I(i+1)} = \left(1 - \sum_{j=1}^{N} \sum_{p=1; p \neq j}^{N} m_{j,I(i)} m_{p,i+1} \right)^{-1}
\end{cases}
$$

$$\tag{10.11}$$

(3) **综合置信度生成**：当所有的 L 个基本属性的评估结果融合之后，可以获得目标 y 的综合评估结果为

$$
\begin{cases}
\{H_n\} : \beta_n = m_{n,I(L)}, & n = 1, 2, \cdots, N \\
\mathcal{H} : \beta_{\mathcal{H}} = m_{\mathcal{H},I(L)}
\end{cases}
\tag{10.12}
$$

为了构建理论上合理的多属性决策融合方法，Yang 等[207] 后来提出了四个合成公理对多属性决策融合过程进行约束，并认为任何一个合理的多属性决策融合方法都应该遵循如下四个合成公理。

(1) **独立性公理**：如果没有任一基本属性被评估为某一单独等级，那么目标也不会被评估为该等级。

(2) **一致性公理**：如果所有基本属性都被精确地评估为某一单独等级，那么目标也应该被精确地评估为该等级。

(3) **完备性公理**：如果所有基本属性都被完全评估为某一等级集合，那么目标也应该被完全评估为该等级集合。

(4) **不完备性公理**：如果任一基本属性的评估是不完备的，那么目标的评估结果也是不完备的。

Yang 等[207] 进一步证明了 OER 算法不满足后三个合成公理，并进而提出了一种能很好遵循这四个合成公理的 MER 算法，该算法流程如下。

(1) **剩余置信度分解**：将公式 (10.10) 中的剩余置信度 $m_{\mathcal{H},i}$ 分解为两部分，$m_{\mathcal{H},i} = \bar{m}_{\mathcal{H},i} + \tilde{m}_{\mathcal{H},i}$，其中 $\bar{m}_{\mathcal{H},i}$ 表示因属性加权导致未分配给任意单独等级的置信度，$\tilde{m}_{\mathcal{H},i}$ 表示因不完备评价导致未分配给任意单独等级的置信度，分别计算如下：

$$
\bar{m}_{\mathcal{H},i} = 1 - w_i, \qquad \tilde{m}_{\mathcal{H},i} = w_i \left(1 - \sum_{n=1}^{N} \beta_{n,i} \right)
\tag{10.13}
$$

(2) **融合过程**：基于分解的剩余置信度 $\bar{m}_{\mathcal{H},i}$ 和 $\tilde{m}_{\mathcal{H},i}$ 的递归融合过程如下：

$$
\begin{cases}
\{H_n\} : m_{n,I(i+1)} = K_{I(i+1)} \big[m_{n,I(i)} m_{n,i+1} + m_{n,I(i)}(\bar{m}_{\mathcal{H},i+1} + \tilde{m}_{\mathcal{H},i+1}) \\
\qquad\qquad + (\bar{m}_{\mathcal{H},I(i)} + \tilde{m}_{\mathcal{H},I(i)}) m_{n,i+1} \big], \quad n = 1, 2, \cdots, N \\
\mathcal{H} : \tilde{m}_{\mathcal{H},I(i+1)} = K_{I(i+1)} \big(\tilde{m}_{\mathcal{H},I(i)} \tilde{m}_{\mathcal{H},i+1} + \tilde{m}_{\mathcal{H},I(i)} \bar{m}_{\mathcal{H},i+1} + \bar{m}_{\mathcal{H},I(i)} \tilde{m}_{\mathcal{H},i+1} \big) \\
\mathcal{H} : \bar{m}_{\mathcal{H},I(i+1)} = K_{I(i+1)} \big(\bar{m}_{\mathcal{H},I(i)} \bar{m}_{\mathcal{H},i+1} \big)
\end{cases}
\tag{10.14}
$$

式中，$K_{I(i+1)}$ 的计算方式同式 (10.11)。

(3) **置信度归一化**：当所有 L 个基本属性的评估结果融合之后，可以获得目标 y 的综合评估结果为

$$
\begin{cases}
\{H_n\} : \beta_n = \dfrac{m_{n,I(L)}}{1 - \bar{m}_{\mathcal{H},I(L)}}, & n = 1, 2, \cdots, N \\[4mm]
\mathcal{H} : \beta_{\mathcal{H}} = \dfrac{\tilde{m}_{\mathcal{H},I(L)}}{1 - \bar{m}_{\mathcal{H},I(L)}}
\end{cases}
\tag{10.15}
$$

在上述 MER 算法提出之后，OER 算法由于不满足四个合成公理而被丢弃，MER 算法则在后续的多属性决策融合问题中得到了广泛的应用。然而，一个很重要的问题是 OER 算法是否一定是错误的，或者更一般地，是否只有满足四个合成公理的决策融合算法才是合理的？Huynh 等 [241] 对 ER 算法在置信函数框架下进行了分析研究并给出了另外两种同时满足四个合成公理的多属性决策融合算法，但其未揭示出两种 ER 算法的本质；Durbach[242] 对四个合成公理进行了实验测试并发现了一些自相矛盾的结果，但本质原因仍不清楚。因此，十分有必要对这两种 ER 算法的本质差别以及四个合成公理的合理性进行研究。

10.3.3　基于证据可靠性的原始证据推理算法分析

如果将属性权重 w_i 看作属性评估值的可靠度，则可以利用 10.2.1 小节介绍的证据的可靠性折扣与组合运算法则处理上述的不确定多属性决策融合问题，定理 10.1 给出了 OER 算法和证据的可靠性折扣与组合运算法则之间的关系。

定理 10.1　公式 (10.10)～公式 (10.12) 所示的 OER 算法遵循公式 (10.1) 和公式 (10.2) 所示的可靠性折扣与组合运算法则。

证明　首先，基于证据的可靠度 w_i $(i = 1, 2, \cdots, L)$，应用公式 (10.1) 所示的 Shafer 折扣运算对 L 个 mass 函数 m_i 进行处理，得到如下折扣后的 mass 函数 $m_i^{w_i}$：

$$
m_i^{w_i}(A) = w_i \otimes m_i(A)
$$

$$
= \begin{cases}
w_i \beta_{n,i}, & A = \{H_n\} \\[3mm]
w_i \left(1 - \displaystyle\sum_{n=1}^{N} \beta_{n,i}\right) + (1 - w_i) = 1 - w_i \displaystyle\sum_{n=1}^{N} \beta_{n,i}, & A = \mathcal{H} \\[3mm]
0, & \text{其他}
\end{cases}
\tag{10.16}
$$

可以看出在 OER 算法中，公式 (10.10) 所示的加权置信分布与公式 (10.16) 等价，即尽管在 OER 算法中计算加权置信分布的出发点不同，但其实质上遵循着证据的可靠性折扣运算法则。

然后，使用公式 (10.2) 所示的 Dempster 组合规则对上面获得的 L 个折扣后的 mass 函数 $m_i^{w_i}$ $(i = 1, 2, \cdots, L)$ 进行融合以获得对目标 y 的评估结果。由于 Dempster 组合规则满足交换律和结合律，为了降低计算复杂度，将这 L 个折扣后的 mass 函数以递归的方式进行组合。令 $m_{I(i)}^D$ 代表前 i 个 mass 函数的融合结果，则其与第 $i+1$ 个 mass 函数 $m_{i+1}^{w_{i+1}}$ 的融合过程如下：

$$m_{I(i+1)}^D(A) = \left(m_{I(i)}^D \oplus m_{i+1}^{w_{i+1}}\right)(A)$$

$$= \begin{cases} 0, & A = \varnothing \\ \dfrac{1}{1 - \kappa_{I(i+1)}} \displaystyle\sum_{\substack{B,C \in 2^{\mathcal{H}}; \\ B \cap C = A}} m_{I(i)}^D(B) m_{i+1}^{w_{i+1}}(C), & A \in 2^{\mathcal{H}} \setminus \varnothing \end{cases} \quad (10.17)$$

式中，$\kappa_{I(i+1)} = \displaystyle\sum_{B,C \in 2^{\mathcal{H}}; B \cap C = \varnothing} m_{I(i)}^D(B) m_{i+1}^{w_{i+1}}(C)$。由于对于所有参与融合的 mass 函数 $m_i^{w_i}$ $(i = 1, 2, \cdots, L)$，其焦元均为单元素集合 H_n $(n = 1, 2, \cdots, N)$ 或者辨识框架 $\mathcal{H}$，因此合成结果 $m_{I(i+1)}^D$ 的焦元也同样为单元素集合 H_n $(n = 1, 2, \cdots, N)$ 或者辨识框架 $\mathcal{H}$，则上述合成公式可进一步简化为

$$\begin{cases} m_{I(i+1)}^D(\{H_n\}) = \dfrac{1}{1 - \kappa_{I(i+1)}} [m_{I(i)}^D(\{H_n\}) m_{i+1}^{w_{i+1}}(\{H_n\}) + m_{I(i)}^D(\{H_n\}) m_{i+1}^{w_{i+1}}(\mathcal{H}) \\ \qquad\qquad\qquad + m_{I(i)}^D(\mathcal{H}) m_{i+1}^{w_{i+1}}(\{H_n\})], \quad n = 1, 2, \cdots, N \\ m_{I(i+1)}^D(\mathcal{H}) = \dfrac{1}{1 - \kappa_{I(i+1)}} m_{I(i)}^D(\mathcal{H}) m_{i+1}^{w_{i+1}}(\mathcal{H}) \\ \kappa_{I(i+1)} = \displaystyle\sum_{j=1}^N \sum_{p=1; p \neq j}^N m_{I(i)}^D(\{H_j\}) m_{i+1}^{w_{i+1}}(\{H_p\}) \end{cases}$$

$$(10.18)$$

对比公式 (10.11) 和公式 (10.18) 可以看出，OER 算法中的融合过程与 Dempster 组合规则给出了同样的计算结果。因此，当所有的 L 个折扣后的 mass 函数融合后可以得到目标 y 的评估结果为

$$\begin{cases} \{H_n\} : \beta_n = m_{I(L)}^D(\{H_n\}), \quad n = 1, 2, \cdots, N \\ \mathcal{H} : \beta_{\mathcal{H}} = m_{I(L)}^D(\mathcal{H}) \end{cases} \quad (10.19)$$

至此，可以看出公式 (10.10)~ 公式 (10.12) 所示的 OER 算法遵循公式 (10.1) 和公式 (10.2) 所示的可靠性折扣与组合运算法则，即 OER 算法实质上是在置信函数框架下将属性权重看作证据的可靠性的一种实现。

10.3.4　基于证据重要性的修正证据推理算法分析

如果将属性权重 w_i 看作不同属性之间的相对重要度，则可以利用 10.2.2 小节提出的证据的重要性折扣与组合运算法则处理上述不确定多属性决策融合问题，下面的定理给出了 MER 算法与证据的重要性折扣与组合运算法则之间的关系。

定理 10.2　公式 (10.13)~ 公式 (10.15) 所示的 MER 算法遵循公式 (10.4) 和公式 (10.5) 所示的重要性折扣与组合运算法则。

证明　首先，基于证据的重要度 w_i $(i = 1, 2, \cdots, L)$，应用公式 (10.4) 所示的 Shafer 折扣运算对 L 个 mass 函数 m_i 进行处理，得到如下折扣后的 mass 函数 $m_i^{w_i}$：

$$
m_i^{w_i}(A) = w_i \odot m_i(A) = \begin{cases} w_i \beta_{n,i}, & A = \{H_n\} \\ w_i \left(1 - \sum_{n=1}^{N} \beta_{n,i}\right), & A = \mathcal{H} \\ 1 - w_i, & A = 2^{\mathcal{H}} \\ 0, & \text{其他} \end{cases} \tag{10.20}
$$

可以看出在 MER 算法中，公式 (10.13) 所示的分解的置信度 $\tilde{m}_{\mathcal{H},i}$ 和 $\bar{m}_{\mathcal{H},i}$ 分别与公式 (10.20) 中的 $m_i^{w_i}(\mathcal{H})$ 和 $m_i^{w_i}(2^{\mathcal{H}})$ 相等，即尽管在 MER 算法中对剩余置信进行分解的出发点不同，但其实质上遵循着证据的重要性折扣运算法则。

然后，使用公式 (10.5) 所示的扩展 Dempster 组合规则对上面获得的 L 个折扣后的 mass 函数 $m_i^{w_i}$ $(i = 1, 2, \cdots, L)$ 进行融合以获得对目标 y 的评估结果。由于扩展 Dempster 组合规则满足交换律和结合律，为了降低计算复杂度，将这 L 个折扣后的 mass 函数以递归的方式进行组合。令 $m_{I(i)}^{\mathrm{ED}}$ 代表前 i 个 mass 函数的融合结果，则其与第 $i+1$ 个 mass 函数 $m_{i+1}^{w_{i+1}}$ 的融合过程如下：

$$
\begin{aligned}
& m_{I(i+1)}^{\mathrm{ED}}(A) = \left(m_{I(i)}^{\mathrm{ED}} \oplus m_{i+1}^{w_{i+1}}\right)(A) \\
& = \begin{cases} 0, & A = \varnothing \\ \dfrac{1}{1 - \kappa_{I(i+1)}} \Bigg[\displaystyle\sum_{B,C \in 2^{\mathcal{H}}; B \cap C = A} m_{I(i)}^{\mathrm{ED}}(B) m_{i+1}^{w_{i+1}}(C) \\ \quad + m_{I(i)}^{\mathrm{ED}}(A) m_{i+1}^{w_{i+1}}(2^{\mathcal{H}}) + m_{I(i)}^{\mathrm{ED}}(2^{\mathcal{H}}) m_{i+1}^{w_{i+1}}(A) \Bigg], & A \in 2^{\mathcal{H}} \setminus \varnothing \\ \dfrac{1}{1 - \kappa_{I(i+1)}} m_{I(i)}^{\mathrm{ED}}(2^{\mathcal{H}}) m_{i+1}^{w_{i+1}}(2^{\mathcal{H}}), & A = 2^{\mathcal{H}} \end{cases}
\end{aligned} \tag{10.21}
$$

式中，$\kappa_{I(i+1)} = \displaystyle\sum_{B,C \in 2^{\mathcal{H}}; B \cap C = \varnothing} m_{I(i)}^{\mathrm{ED}}(B) m_{i+1}^{w_{i+1}}(C)$。由于对于所有参与融合的 mass 函数 $m_i^{w_i}$ $(i = 1, 2, \cdots, L)$，其焦元均为单元素集合 H_n $(n = 1, 2, \cdots, N)$ 或者辨识框架 $\mathcal{H}$，因此合成结果 $m_{I(i+1)}^{\mathrm{ED}}$ 的焦元也同样为单元素集合 H_n $(n = 1, 2, \cdots, N)$ 或者辨识框架 $\mathcal{H}$，则上述合成公式可进一步简化为

$$
\begin{cases}
m_{I(i+1)}^{\mathrm{ED}}(\{H_n\}) = \dfrac{1}{1-\kappa_{I(i+1)}}[m_{I(i)}^{\mathrm{ED}}(\{H_n\})m_{i+1}^{w_{i+1}}(\{H_n\}) \\
\qquad\qquad\qquad +m_{I(i)}^{\mathrm{ED}}(\{H_n\})(m_{i+1}^{w_{i+1}}(\mathcal{H})+m_{i+1}^{w_{i+1}}(2^{\mathcal{H}})) \\
\qquad\qquad\qquad +(m_{I(i)}^{\mathrm{ED}}(\mathcal{H})+m_{I(i)}^{\mathrm{ED}}(2^{\mathcal{H}}))m_{i+1}^{w_{i+1}}(\{H_n\})],\quad n=1,2,\cdots,N \\
m_{I(i+1)}^{\mathrm{ED}}(\mathcal{H}) = \dfrac{1}{1-\kappa_{I(i+1)}}[m_{I(i)}^{\mathrm{ED}}(\mathcal{H})m_{i+1}^{w_{i+1}}(\mathcal{H})+m_{I(i)}^{\mathrm{ED}}(\mathcal{H})m_{i+1}^{w_{i+1}}(2^{\mathcal{H}}) \\
\qquad\qquad\qquad +m_{I(i)}^{\mathrm{ED}}(2^{\mathcal{H}})m_{i+1}^{w_{i+1}}(\mathcal{H})] \\
m_{I(i+1)}^{\mathrm{ED}}(2^{\mathcal{H}}) = \dfrac{1}{1-\kappa_{I(i+1)}}m_{I(i)}^{\mathrm{ED}}(2^{\mathcal{H}})m_{i+1}^{w_{i+1}}(2^{\mathcal{H}}) \\
\kappa_{I(i+1)} = \displaystyle\sum_{j=1}^{N}\sum_{p=1;p\neq j}^{N}m_{I(i)}^{\mathrm{ED}}(\{H_j\})m_{i+1}^{w_{i+1}}(\{H_p\})
\end{cases}
\tag{10.22}
$$

对比公式 (10.14) 和公式 (10.22) 可以看出, MER 算法中的融合过程与扩展 Dempster 组合规则给出了同样的计算结果。因此，当所有 L 个折扣后的 mass 函数融合后可以得到目标 y 的评估结果为

$$
\begin{cases}
\{H_n\}: \beta_n = \dfrac{m_{I(L)}^{\mathrm{ED}}(\{H_n\})}{1-m_{I(L)}^{\mathrm{ED}}(2^{\mathcal{H}})},\quad n=1,2,\cdots,N \\
\mathcal{H}: \beta_{\mathcal{H}} = \dfrac{m_{I(L)}^{\mathrm{ED}}(\mathcal{H})}{1-m_{I(L)}^{\mathrm{ED}}(2^{\mathcal{H}})}
\end{cases}
\tag{10.23}
$$

至此，可以看出公式 (10.13)~ 公式 (10.15) 所示的 MER 算法遵循公式 (10.4) 和公式 (10.5) 所示的重要性折扣与组合运算法则，即 MER 算法实质上是在置信函数框架下将属性权重看作证据的重要性的一种实现。

10.3.5 合成公理分析

为了对多属性决策融合方法的设计合理性进行检验，Yang 等[207] 提出了多属性决策融合过程应该满足的四个合成公理，即独立性公理、一致性公理、完备性公理和不完备性公理，并基于此对原始的 ER 算法进行修正以同时满足这四个合成公理。然而 Yang 等并未对这四个合成公理的合理性提供有力的证据。本节基于 10.3.3 和 10.3.4 小节中所揭示的 ER 算法本质，对这四个合成公理的合理性给出一种直观的解释。

为了更清楚地对这四个合成公理的合理性进行解释，考虑如下一个简单的多属性决策融合例子。

例 10.1（目标威胁评估）　如图 10.3 所示，给出一个基于三个基本属性（A、B 和 C）的目标威胁评估例子。采用五级评估等级对各个基本属性进行评估，则对于该问题，四个合成公理可以描述如下：

(1) 如果没有基本属性被评估为某一单独等级，如 {很高}，那么综合威胁度也不会被评估为 {很高}。（独立性公理）

(2) 如果所有基本属性都被精确地评估为某一单独等级，如 {很高}，那么综合威胁度也应该被精确地评估为 {很高}。（一致性公理）

(3) 如果所有基本属性都被完全评估为某一等级集合，如 {较高, 很高}，那么综合威胁度也应该被完全评估为 {较高, 很高}。（完备性公理）

(4) 如果任一基本属性的评估是不完备的，如属性 A 没有被完全评估为 {很高}，那么综合威胁度也不会被完全评估为 {很高}。（不完备性公理）

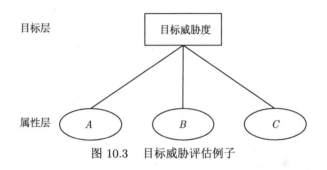

图 10.3　　目标威胁评估例子

Yang 等 [207] 证明了 OER 算法不满足后三个合成公理。由于前面已经证明了 OER 算法实质上遵循可靠性折扣与组合运算法则，下面从属性的可靠性角度对其原因进行解释。以一致性公理为例，假设所有基本属性都被精确地评估为某一单独等级，如 {很高}，但是考虑到专家对于某些基本属性（如属性 A）认知不足，则其对该基本属性给出的评估值有可能是错误的（如目标在属性 A 方面真实的威胁度 {很低}），因此考虑到专家对于基本属性的评估值可能不是完全可靠的，综合威胁度不应该被精确地评估为 {很高}。基于同样的角度也可以对 OER 算法不满足完备性公理和不完备性公理的原因进行解释。简言之，当在多属性决策融合过程中考虑到属性的可靠性时，后三个合成公理不再有效。

相应地，Yang 等 [207] 改进的 MER 算法可以满足所有四个合成公理。由于前面已经证明了 MER 算法实质上遵循重要性折扣与组合运算法则，下面从属性的重要性角度对其原因进行解释。同样以一致性公理为例，假设所有基本属性都被精确地评估为某一单独等级，如 {很高}，由于重要性反映的是决策者对于不同属性的偏好程度而与评估值的可靠性无关，因此在融合过程中只是赋予各基本属性不同的权重而不会改变相应的评估值，那么最后的综合威胁度也应该被精确地评

估为 {很高}。同理也可以对其满足后两个合成公理进行解释。简言之，当在多属性决策融合过程中考虑到属性的重要性时，四个合成公理都是有效的。

通过上面的分析可以看出，Yang 等[207] 提出的多属性决策融合过程的四个合成公理在考虑到属性的重要性时是适用的，而当考虑到属性的可靠性时则不再适用。因此这四个合成公理不能作为检验一个多属性决策融合过程是否合理的依据。

10.4 综合考虑属性可靠性与重要性的广义证据推理算法

正如 10.3 节中所分析到的，在多属性决策融合问题中，属性的权重既可以代表属性评估值的可靠性，又可以代表不同属性之间的相对重要性，而且 OER 算法仅仅考虑了属性的可靠性，MER 算法仅仅考虑了属性的重要性。然而在许多实际的多属性决策融合问题中，属性的可靠性和重要性有可能共存，因此需要对二者进行综合考虑以做出更合理的决策。本节首先在置信函数框架下定义一种证据的可靠性–重要性折扣运算法则；然后基于该法则发展一种综合考虑属性可靠性与重要性的广义证据推理算法，该算法提供一种更一般的不确定多属性决策融合框架。

10.4.1 证据的可靠性–重要性折扣运算

本节研究如何综合考虑证据的可靠性和重要性对其进行折扣运算。通过 10.2 节的分析可知，可靠性和重要性是证据的两个完全不同的特性，而且由重要性引起的不确定性存在于更高的层次上，因此可以首先基于可靠性折扣运算对原始证据进行折扣，然后基于重要性折扣运算做进一步的折扣。

定义 10.4 (可靠性–重要性折扣运算) 对于一个基于辨识框架 Ω 的 mass 函数 m，假如已知其可靠度为 $\alpha \in [0,1]$，重要度为 $\beta \in [0,1]$，则其相应的可靠性–重要性折扣运算为

$$\beta \odot (\alpha \otimes m(A)) \triangleq m^{\alpha,\beta}(A) = \begin{cases} \alpha\beta m(A), & A \in 2^\Omega \setminus \Omega \\ \alpha\beta m(\Omega) + (1-\alpha)\beta, & A = \Omega \\ 1 - \beta, & A = 2^\Omega \end{cases} \quad (10.24)$$

上述定义的可靠性–重要性折扣运算提供了一个更一般的证据折扣框架。当证据的重要度 $\beta = 1$ 时，其退化为 10.2.1 小节介绍的 Shafer 可靠性折扣运算；当证据的可靠度 $\alpha = 1$ 时，其退化为 10.2.2 小节定义的重要性折扣运算；当证据的可靠度和重要度均为 1 时，则原证据保持不变。

10.4.2 广义证据推理算法

重新研究图 10.1 所示的最基本的具有二层结构的多属性决策融合问题，所不同的是每个属性 e_i 的权重由两部分组成，即可靠度 $\alpha_i \in [0,1]$ 和重要度 $\beta_i \in [0,1]$，

$i = 1, 2, \cdots, L$。下面给出综合考虑属性可靠性与重要性的 GER 算法。

(1) **可靠性–重要性折扣**：使用公式 (10.24) 所示的可靠性–重要性折扣运算对公式 (10.8) 所示的 L 个 mass 函数 m_i $(i = 1, 2, \cdots, L)$ 进行折扣：

$$m_i{}^{\alpha_i, \beta_i}(A) = \beta_i \odot (\alpha_i \otimes m_i(A)) = \begin{cases} \alpha_i \beta_i m_i(A), & A = \{H_n\} \\ \alpha_i \beta_i m_i(\mathcal{H}) + (1 - \alpha)\beta, & A = \mathcal{H} \\ 1 - \beta_i, & A = 2^{\mathcal{H}} \end{cases}$$

(10.25)

(2) **证据融合**：使用公式 (10.5) 所示的扩展 Dempster 组合规则对上面 L 个折扣后的 mass 函数 $m_i{}^{\alpha_i, \beta_i}$ $(i = 1, 2, \cdots, L)$ 进行融合，得到如下简化的递归形式：

$$\begin{cases} m_{I(i+1)}^{\mathrm{ED}}(\{H_n\}) = \dfrac{1}{1 - \kappa_{I(i+1)}}[m_{I(i)}^{\mathrm{ED}}(\{H_n\})m_{i+1}^{\alpha_{i+1}, \beta_{i+1}}(\{H_n\}) \\ \qquad\qquad + m_{I(i)}^{\mathrm{ED}}(\{H_n\})(m_{i+1}^{\alpha_{i+1}, \beta_{i+1}}(\mathcal{H}) + m_{i+1}^{\alpha_{i+1}, \beta_{i+1}}(2^{\mathcal{H}})) \\ \qquad\qquad + (m_{I(i)}^{\mathrm{ED}}(\mathcal{H}) + m_{I(i)}^{\mathrm{ED}}(2^{\mathcal{H}}))m_{i+1}^{\alpha_{i+1}, \beta_{i+1}}(\{H_n\})], \quad n = 1, 2, \cdots, N \\[2mm] m_{I(i+1)}^{\mathrm{ED}}(\mathcal{H}) = \dfrac{1}{1 - \kappa_{I(i+1)}}[m_{I(i)}^{\mathrm{ED}}(\mathcal{H})m_{i+1}^{\alpha_{i+1}, \beta_{i+1}}(\mathcal{H}) + m_{I(i)}^{\mathrm{ED}}(\mathcal{H})m_{i+1}^{\alpha_{i+1}, \beta_{i+1}}(2^{\mathcal{H}}) \\ \qquad\qquad + m_{I(i)}^{\mathrm{ED}}(2^{\mathcal{H}})m_{i+1}^{\alpha_{i+1}, \beta_{i+1}}(\mathcal{H})] \\[2mm] m_{I(i+1)}^{\mathrm{ED}}(2^{\mathcal{H}}) = \dfrac{1}{1 - \kappa_{I(i+1)}}m_{I(i)}^{\mathrm{ED}}(2^{\mathcal{H}})m_{i+1}^{\alpha_{i+1}, \beta_{i+1}}(2^{\mathcal{H}}) \\[2mm] \kappa_{I(i+1)} = \displaystyle\sum_{j=1}^{N}\sum_{p=1; p \neq j}^{N} m_{I(i)}^{\mathrm{ED}}(\{H_j\})m_{i+1}^{\alpha_{i+1}, \beta_{i+1}}(\{H_p\}) \end{cases}$$

(10.26)

式中，$m_{I(i)}^{\mathrm{ED}}$ 代表前 i 个 mass 函数的融合结果，当 i 达到 $L - 1$ 时，便得到了所有 L 个 mass 函数的融合结果 $m_{I(L)}^{\mathrm{ED}}$。

(3) **置信度归一化**：将上述融合结果中分配给辨识框架 $\mathcal{H}$ 幂集的置信指派 $m_{I(i)}^{\mathrm{ED}}(2^{\mathcal{H}})$ 按照比例重新分配给其他焦元，从而获得目标 y 的评估结果为

$$\begin{cases} \{H_n\} : \beta_n = \dfrac{m_{I(L)}^{\mathrm{ED}}(\{H_n\})}{1 - m_{I(L)}^{\mathrm{ED}}(2^{\mathcal{H}})}, \quad n = 1, 2, \cdots, N \\[3mm] \mathcal{H} : \beta_{\mathcal{H}} = \dfrac{m_{I(L)}^{\mathrm{ED}}(\mathcal{H})}{1 - m_{I(L)}^{\mathrm{ED}}(2^{\mathcal{H}})} \end{cases}$$

(10.27)

上述的 GER 算法通过综合考虑属性的可靠性和重要性提供了一种更一般的不确定多属性决策融合框架。OER 算法是 GER 算法在所有属性具有相同重要性（$\beta_i = 1, \ i = 1, 2, \cdots, L$）情形下的特例，而 MER 算法是 GER 算法在所有属性具有完全可靠性（$\alpha_i = 1, \ i = 1, 2, \cdots, L$）情形下的特例。

10.5 综合考虑属性可靠性与重要性的战略预警系统目标威胁评估

10.5.1 问题描述

战略预警系统的核心任务之一是基于目标识别结果及其他情报信息对来袭的目标进行威胁评估，即对所有来袭弹道导弹的威胁程度进行排序，为拦截决策和目标分配提供依据。根据相关研究[243-246]，影响弹道导弹威胁程度的因素很多，如导弹类型、发射点位置、射程、关机点速度、再入速度、雷达反射截面积、机动能力、命中精度、剩余飞行时间和攻击区重要度等。对于这些定量或定性的因素，有些是地基雷达、天基红外卫星等预警装备直接探测得到的，有些是基于预警装备的量测利用目标跟踪与识别技术估计得到的，而另外一些可能需要借助外部情报系统才能获得，因此在对这些影响因素进行选择时，需要综合考虑信息获得的难易程度以及对于威胁评估的重要性。基于上述原则选择射程、关机点速度、剩余飞行时间和攻击区重要度这四个主要的因素对来袭目标的威胁进行评估。

(1) **射程**（e_1）：射程是指从导弹的发射点到落点之间的大地距离。弹道导弹包括从几百千米的战术导弹到上万千米的洲际导弹。射程较近的弹道导弹一般进行战术打击，破坏力较弱，因此威胁程度较低；而射程较远的弹道导弹一般进行战略打击，破坏力较强，因此威胁程度较高。

(2) **关机点速度**（e_2）：关机点速度是指弹道导弹发动机关机时的速度，其决定了来袭弹道导弹的再入速度大小和攻击威力大小。一般而言，关机点速度越大，拦截难度也越大，而且杀伤威力也越大，因此威胁程度越高。

(3) **剩余飞行时间**（e_3）：剩余飞行时间是指来袭弹道导弹从被预警装备发现时刻起的位置到落点之间的飞行时间。剩余飞行时间越短，留给反导系统决策和拦截的时间也越短，因此威胁程度越高。

(4) **攻击区重要度**（e_4）：攻击区重要度是指该区域被攻击后，在政治、军事和经济上可能造成的影响大小，它是决定弹道导弹目标有无威胁企图以及威胁程度高低的重要因素。

假设预警系统在一定时间范围内同时探测到 M 个不同的来袭弹道导弹目标，预警系统需要基于上述四个因素（称为基本属性）对目标威胁进行综合评估，给出各来袭目标的威胁度排序，这是一个典型的多属性决策融合问题。图 10.4 给出了目标威胁评估的层级结构。

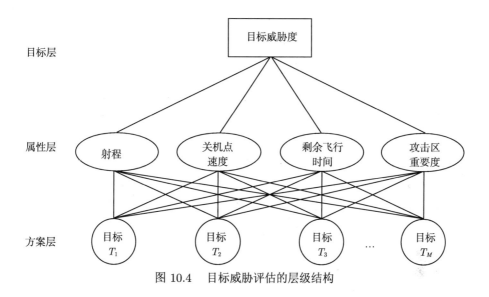

目标层

属性层

方案层

图 10.4　　目标威胁评估的层级结构

10.5.2 属性评估量化及可靠度与重要度计算

利用 GER 算法处理上述目标威胁评估问题的前提是需要将属性的评估值按照统一的模型进行量化，另外还需要计算各个属性的可靠度和重要度。接下来将逐一介绍属性评估的量化方法以及可靠度与重要度的计算方法。

1. 属性评估量化

GER 算法是基于分布式评估模型进行推理融合的，因此在进行决策融合前需要将每个基本属性值转换为分布式评估形式。将目标的威胁度划分为五个等级，从而构成评估等级集合 $\mathcal{H} = \{$很低(H_1), 较低(H_2), 一般(H_3), 较高(H_4), 很高$(H_5)\}$。采用模糊映射的方式将各基本属性的取值空间映射到模糊等级集合，具体如图 10.5 所示。其中，前三个基本属性的取值由预警系统直接给出，而攻击区重要度则由专家根据预警系统预测的目标落点进行综合评估给出（0 代表攻击区重要度最小，10 代表攻击区重要度最高）。例如，对于某来袭弹道导弹目标，假设由预警系统报告出的目标射程为 1000km，关机点速度为 2.8km/s，剩余飞行时间为 450s，由专家根据预警系统预测的目标落点给出的攻击区重要度为 5，则基于图 10.5 所示的模糊映射模型可以得到如下基于各个基本属性的分布式评估。

(1) 射程：$S(e_1) = \{(H_1, 0.42), (H_2, 0.58)\}$；

(2) 关机点速度：$S(e_2) = \{(H_2, 0.20), (H_3, 0.80)\}$；

(3) 剩余飞行时间：$S(e_3) = \{(H_4, 0.50), (H_5, 0.50)\}$；

(4) 攻击区重要度：$S(e_4) = \{(H_3, 1.00)\}$。

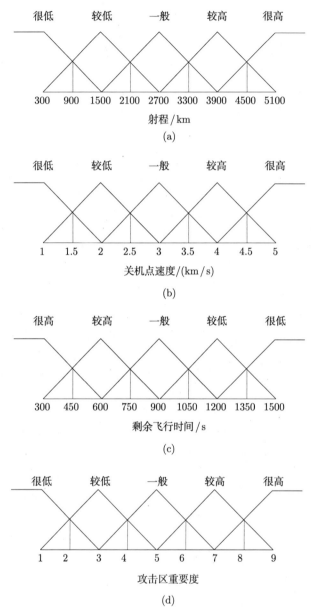

图 10.5   各基本属性的取值空间到模糊等级的映射

2. 属性可靠度计算

在本节考虑的目标威胁评估问题中,属性的可靠度反映的是预警系统提供正确属性评估值的能力,因此可以基于预警系统在各个属性方面的估计误差计算相应的可靠度。估计误差越大,属性评估值的可靠度越低,因此,可靠度是关于估计误差递减的。采用与证据 k 近邻（evidential k-nearest neighbors, Ek-NN）方法 [247] 中类似的单调递减函数来计算各属性的可靠度 $\alpha_i \in (0,1]$：

$$\alpha_i = \exp(-\varepsilon_i/u_i), \quad i = 1,2,3,4 \tag{10.28}$$

式中，ε_i 是属性 e_i 的估计误差；u_i 是属性 e_i 单个模糊区间范围。当属性值估计误差 $\varepsilon_i = 0$ 时，相应的可靠度 $\alpha_i = 1$；而当属性值估计误差 $\varepsilon_i \to \infty$ 时，相应的可靠度 $\alpha_i \to 0$。

预警系统在各个属性方面的估计误差通常取决于预警装备的探测性能以及相应的数据处理性能，假设由预警系统报告出的各个属性值的估计误差如表 10.1 第二列所示，由图 10.5 所示的模糊映射模型得到的单个模糊区间范围如表 10.1 第三列所示，则基于公式 (10.28) 可以计算获得表 10.1 第四列所示的可靠度。

表 10.1 属性可靠度计算

属性（e_i）	估计误差（ε_i）	模糊区间范围（u_i）	可靠度（α_i）
射程	100km	1200km	0.92
关机点速度	0.1km/s	1.0km/s	0.90
剩余飞行时间	60s	300s	0.82
攻击区重要度 [a]	8 km	50 km	0.85

a 由于攻击区重要度是由专家根据预警系统预测的目标落点进行综合评估给出，因此这里的估计误差实际上指的是目标落点估计误差，模糊区间范围指的是攻击区的平均直径。

3. 属性重要度计算

在本节考虑的目标威胁评估问题中，属性的重要度反映的是射程、关机点速度、剩余飞行时间和攻击区重要度这四个基本属性对于目标威胁评估的相对重要程度，通常情况下采用专家咨询的方式确定。层次分析法是一种实用的将决策者的经验判断进行量化的模型，该方法主要包括两个步骤：首先基于决策者对于属性之间的两两比较构造判断矩阵，然后求解该判断矩阵的主特征向量并进行归一化，即得到各个属性的重要度。

假设通过决策者对所考虑的四个属性进行两两比较得到了如表 10.2 前五列所示的判断矩阵，矩阵中每个元素代表对应行属性与对应列属性之间的相对重要性。求解该判断矩阵的主特征向量并进行归一化可以计算获得表 10.2 第六列所示的重要度。

10.5.3 仿真分析

假设我方预警系统在一定时间段内同时探测到 4 个不同的来袭弹道导弹目标，经综合处理后得到表 10.3 所示的包括目标射程、关机点速度、剩余飞行时间

表 10.2　属性重要度计算

属性（e_i）	e_1	e_2	e_3	e_4	重要度（β_i）
e_1	1	1	1/3	1/2	0.31
e_2	1	1	1/3	1/2	0.31
e_3	3	3	1	2	1.00
e_4	2	2	1/2	1	0.58

和攻击区重要度的情报信息。基于这些获得的情报信息，采用属性评估量化模型可以计算得到表 10.4 所示的基于各个属性的目标威胁分布式评估。

表 10.3　目标情报信息

目标批号	射程/km	关机点速度 /(km/s)	剩余飞行时间/s	攻击区重要度
T_1	900	1.4	360	2
T_2	1800	2.4	510	8
T_3	3600	3.9	850	5
T_4	4500	4.2	1010	3

表 10.4　基于各个属性的目标威胁分布式评估

目标批号	射程	关机点速度	剩余飞行时间	攻击区重要度
T_1	$H_1(0.50), H_2(0.50)$	$H_1(0.60), H_2(0.40)$	$H_4(0.20), H_5(0.80)$	$H_1(0.50), H_2(0.50)$
T_2	$H_2(0.75), H_3(0.25)$	$H_2(0.60), H_3(0.40)$	$H_4(0.70), H_5(0.30)$	$H_4(0.50), H_5(0.50)$
T_3	$H_3(0.25), H_4(0.75)$	$H_3(0.10), H_4(0.90)$	$H_3(0.83), H_4(0.17)$	$H_3(1.00)$
T_4	$H_4(0.50), H_5(0.50)$	$H_4(0.80), H_5(0.20)$	$H_2(0.70), H_3(0.30)$	$H_2(1.00)$

　　对于该预警系统目标威胁评估问题，各属性的权重由可靠度和重要度这两个独立的因素决定，因此在进行多属性决策融合时，应采用本章提出的综合考虑属性可靠性和重要性的 GER 算法。此外，为了进行对比，也给出了基于 OER 算法（只考虑属性的可靠性）和 MER 算法（只考虑属性的重要性）的融合结果。图 10.6 给出了三种不同算法的多属性决策融合结果。由于不同的算法在多属性决策融合过程中考虑了不同的关于属性权重的附加信息，因此融合结果具有较大的差异。对比 OER 算法和 MER 算法的融合结果可以看出，对于同一目标，这两种算法给出了截然不同的融合结果，这主要是因为同一属性的可靠度和重要度的大小并不一致，甚至相互冲突。例如，剩余飞行时间这一属性具有最小的可靠度，但是具有最大的重要度。本章提出的 GER 算法在融合过程中同时考虑了属性可靠度和重要度的影响，提供了一种折中的融合结果。

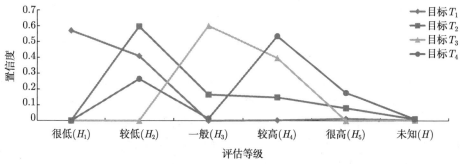

(a) 基于 OER 算法的多属性决策融合结果

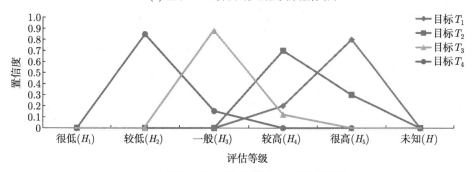

(b) 基于 MER 算法的多属性决策融合结果

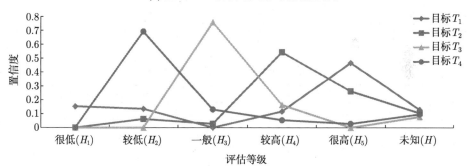

(c) 基于 GER 算法的多属性决策融合结果

图 10.6　基于不同算法的多属性决策融合结果

为了得到最终的决策结果，首先采用公式 (1.29) 所示的 Pignistic 转换将分配给辨识框架 $\mathcal{H}$ 的未知置信 $\beta_{\mathcal{H}}$ 重新分配给单独的评估等级 H_n：

$$\beta'_n = \beta_n + \frac{1}{N}\beta_{\mathcal{H}}, \quad n = 1, 2, \cdots, N \tag{10.29}$$

然后，基于期望效用理论[248] 计算目标威胁度效用值 $u(y)$：

$$u(y) = \sum_{n=1}^{N} \beta'_n u(H_n) \tag{10.30}$$

式中，$u: \mathcal{H} \to [0,1]$ 为效用函数，对于该目标威胁评估问题，其取值如下：

$$u(H_1) = 0.2, \quad u(H_2) = 0.4, \quad u(H_3) = 0.6, \quad u(H_4) = 0.8, \ u(H_5) = 1$$

利用公式 (10.29) 和公式 (10.30)，计算得到表 10.5 所示的各来袭目标的威胁效用值，然后基于威胁效用值大小给出了表 10.6 所示的各来袭目标的威胁度排序。为了进行对比，除了基于三个多属性决策融合算法（OER、MER 和 GER）的评估结果外，还给出了基于单个属性的评估结果。对比各决策结果可以看出，OER 算法给出了与基于目标射程（e_1）和关机点速度（e_2）这两个单独属性一致的决策结果，这主要是因为这两个属性具有较大的可靠性；而 MER 算法给出了与基于剩余飞行时间（e_3）这一单独属性一致的决策结果，这主要是因为这个属性具有较大的重要性；本章提出的 GER 算法则给出了综合考虑属性可靠性和重要性折中的决策结果，因此是一种更全面、合理的多属性决策融合算法。

表 10.5　各来袭目标的威胁效用值

目标批号	单个属性的评估结果				多属性决策融合的评估结果		
	e_1	e_2	e_3	e_4	OER	MER	GER
T_1	0.30	0.28	0.96	0.30	0.30	0.96	0.72
T_2	0.45	0.48	0.86	0.90	0.54	0.86	0.80
T_3	0.75	0.78	0.63	0.60	0.68	0.62	0.63
T_4	0.90	0.84	0.46	0.40	0.72	0.43	0.48

表 10.6　各来袭目标的威胁度排序

单个属性的评估结果				多属性决策融合的评估结果		
e_1	e_2	e_3	e_4	OER	MER	GER
$T_4 \succ$	$T_4 \succ$	$T_1 \succ$	$T_2 \succ$	$T_4 \succ$	$T_1 \succ$	$T_2 \succ$
$T_3 \succ$	$T_3 \succ$	$T_2 \succ$	$T_3 \succ$	$T_3 \succ$	$T_2 \succ$	$T_1 \succ$
$T_2 \succ$	$T_2 \succ$	$T_3 \succ$	$T_4 \succ$	$T_2 \succ$	$T_3 \succ$	$T_3 \succ$
T_1	T_1	T_4	T_1	T_1	T_4	T_4

注：$\succ$ 表示优于。

10.6　本章小结

本章研究了在利用置信函数理论处理多属性决策融合问题中存在的证据的重要性概念，并提出了一种重要性折扣与组合运算法则对具有不同重要度的证据进行融合。基于这一理论基础，对两种常用的不确定多属性决策融合算法，即 OER 算法和 MER 算法，在置信函数框架下进行了重新分析研究，并且发现 OER 算法在融合过程中实质上只考虑了属性的可靠性，而 MER 算法则只考虑了属性的重要性。这些发现揭示了这两种算法的本质，并且可以指导之后在解决具体的多属性决策融合问题时选择合适的算法。此外，考虑到实际应用过程中属性的可靠性与重要性共存的情况，给出了一种 GER 算法，该算法提供了一种更一般的不确定多属性决策融合框架。最后，研究了战略预警系统的目标威胁评估问题，本章提出的 GER 算法能够有效地对属性权重的多种影响因素进行考虑，从而可以提供更全面、合理的决策结果。

参 考 文 献

[1] AGGARWAL C C, REDDY C K. Data Clustering: Algorithm and Applications[M]. Boca Raton: Chapman & Hall/CRC, 2013.

[2] 刘红岩, 陈剑, 陈国青. 数据挖掘中的数据分类算法综述 [J]. 清华大学学报 (自然科学版), 2002, 42(6):727-730.

[3] 李小花, 李姝. 基于数据挖掘的战场目标综合识别技术 [J]. 指挥控制与仿真, 2016, 38(1):16-23.

[4] 李鸿飞, 田康生, 金宏斌. 浅析战略预警空天目标与识别 [J]. 飞航导弹, 2015, 6: 30-33.

[5] 朱敏. 面向医学不平衡数据的特征选择及分类技术研究 [D]. 杭州: 浙江大学, 2018.

[6] EXARCHOS T P, TZALLAS A T, FOTIADIS D I, et al. EEG transient event detection and classification using association rules[J]. IEEE Transactions on Information Technology in Biomedicine, 2006, 10(3):451-457.

[7] 段丹青. 入侵检测算法及关键技术研究 [D]. 长沙: 中南大学, 2007.

[8] 孔祥维, 唐鑫泽, 王子明. 人工智能决策可解释性的研究综述 [J]. 系统工程理论与实践, 2021, 41(2):524-536.

[9] MOLNAR C. Interpretable Machine Learning[M]. Victoria: Leanpub, 2020.

[10] 纪守领, 李进锋, 杜天宇, 等. 机器学习模型可解释性方法、应用与安全研究综述 [J]. 计算机研究与发展, 2019, 56(10):2071-2096.

[11] QIU S, SALLAK M, SCHÖN W, et al. A valuation-based system approach for risk assessment of belief rule-based expert systems[J]. Information Sciences, 2018, 466(1):323-336.

[12] SARKER I H, KAYES A S M. ABC-Ruleminer: User behavioral rule-based machine learning method for context-aware intelligent services[J]. Journal of Network and Computer Applications, 2020, 168:102762.

[13] LIU B, HSU W, MA Y. Integrating classification and association rule mining[C]. ACM SIGKDD International Conference on Knowledge Discovery and Data Mining, New York, 1998: 337-341.

[14] FAZZOLARI M, ALCAL R, HERRERA F. A multi-objective evolutionary method for learning granularities based on fuzzy discretization to improve the accuracy-complexity trade-off of fuzzy rule-based classification systems: D-MOFARC algorithm[J]. Applied Soft Computing, 2014, 24(1):470-481.

[15] NGUYEN D, VO B, LE B. CCAR: An efficient method for mining class association rules with itemset constraints[J]. Engineering Applications of Artificial Intelligence, 2015, 37(1):115-124.

[16] HADI W, ISSA G, ISHTAIWI A. ACPRISM: Associative classification based on PRISM algorithm[J]. Information Sciences, 2017, 417(1):287-300.

[17] GUIL F. Associative classification based on the transferable belief model[J]. Knowledge-Based Systems, 2019, 182(1):1-9.

[18] AZMI M, RUNGER G C, LIU G, et al. Interpretable regularized class association rules algorithm for classification in a categorical data space[J]. Information Sciences, 2019, 483(1):313-331.

[19] ALMASI M, ABADEH M S. CARs-Lands: An associative classifier for large-scale datasets[J]. Pattern Recognition, 2020, 100(1):107128.

[20] NASR M, HAMDY M, HEGAZY D, et al. An efficient algorithm for unique class association rule mining[J]. Expert Systems with Applications, 2021, 164(1):113978.

[21] ABDELHAMID N, THABTAH F. Associative classification approaches: Review and comparison[J]. Journal of Information & Knowledge Management, 2014, 13(3):1-30.

[22] THABTAH F. A review of associative classification mining[J]. The Knowledge Engineering Review, 2007, 22(1):37-65.

[23] VANDROMME M, JACQUES J, TAILLARD J, et al. Extraction and optimization of classification rules for temporal sequences: Application to hospital data[J]. Knowledge-Based Systems, 2017, 122(1):148-158.

[24] HADI W, AL-RADAIDEH Q A, ALHAWARI S. Integrating associative rule-based classification with Naïve Bayes for text classification[J]. Applied Soft Computing, 2018, 69(1):344-356.

[25] HUANG R, LIU J, CHEN H, et al. An effective fault diagnosis method for centrifugal chillers using associative classification[J]. Applied Thermal Engineering, 2018, 136(1):633-642.

[26] SHAO Y, LIU B, WANG S, et al. Software defect prediction based on correlation weighted class association rule mining[J]. Knowledge-Based Systems, 2020, 196(1):1-25.

[27] 焦连猛. 基于置信函数理论的不确定数据分类与决策融合 [D]. 西安: 西北工业大学, 2016.

[28] 甘锐. 面向不确定数据分类的直接区分子序列挖掘技术研究与实现 [D]. 沈阳: 东北大学, 2015.

[29] 刘准钆. 多源不确定数据广义信任分类与智能推理融合 [D]. 西安: 西北工业大学, 2014.

[30] DEMPSTER A. Upper and lower probabilities induced by multivalued mapping[J]. Annals of Mathematical Statistics, 1967, 38(2):325-339.

[31] SHAFER G. A Mathematical Theory of Evidence[M]. Princeton: Princeton University Press, 1976.

[32] NGUYEN H T. An Introduction to Random Sets[M]. Boca Raton: Chapman & Hall/CRC, 2006.

[33] ZADEH L A. Fuzzy sets[J]. Information and Control, 1965, 8(1):338-353.

[34] WALLEY P. Statistical Reasoning with Imprecise Probabilities[M]. London: Chapman & Hall, 1991.

[35] RISTIC B, SMETS P. Target classification approach based on the belief function theory[J]. IEEE Transactions on Aerospace and Electronic Systems, 2005, 41(2):574-583.

[36] 王晓华, 邹杰, 李立, 等. 基于 TBM 双层融合架构的航路属性异常检测 [J]. 电子学报, 2017, 45(3):577-583.

[37] HUI K H, LIM M H, LEONG M S, et al. Dempster-Shafer evidence theory for multi-bearing faults diagnosis[J]. Engineering Applications of Artificial Intelligence, 2017, 57(1):160-170.

[38] YU J, HU M, WANG P. Evaluation and reliability analysis of network security risk factors based on DS evidence theory[J]. Journal of Intelligent & Fuzzy Systems, 2018, 34(2):861-869.

[39] DENŒUX T, SRIBOONCHITTA S, KANJANATARAKUL O. Logistic regression, neural networks and Dempster-Shafer theory: A new perspective[J]. Knowledge-Based Systems, 2019, 176(1):54-67.

[40] DUBOIS D, PRADE H. A set-theoretic view of belief functions: Logical operations and approximations by fuzzy sets[J]. International Journal of General System, 1986, 12(3):193-226.

[41] YAGER R. On the Dempster-Shafer framework and new combination rules[J]. Information Sciences, 1987, 41(2):93-138.

[42] SMETS P. The combination of evidence in the transferable belief model[J]. IEEE Transactions on Pattern Analysis and Machine Intelligence, 1990, 12(5):447-458.

[43] SMETS P. Belief functions: The disjunctive rule of combination and the generalized Bayesian theorem[J]. International Journal of Approximate Reasoning, 1993, 9(1):1-35.

[44] SMETS P, KENNES R. The transferable belief model[J]. Artificial Intelligence, 1994, 66(2):191-234.

[45] DENŒUX T. Conjunctive and disjunctive combination of belief functions induced by nondistinct bodies of evidence[J]. Artificial Intelligence, 2008, 172(2-3):234-264.

[46] KLEMENT E P, MESIAR R, PAP E. Triangular Norms[M]. Dordrecht: Springer, 2000.

[47] LEFEVRE E, COLOT O, VANNOORENBERGHE P. Belief functions combination and conflict management[J]. Information Fusion, 2002, 3(2):149-162.

[48] JØSANG A. The consensus operator for combining beliefs[J]. Artificial Intelligence, 2002, 141(1-2):157-170.

[49] SMARANDACHE F, DEZERT J. Advances and Applications of DSmT for Information Fusion[M]. Rehoboth: American Research Press, 2009.

[50] 孙全, 叶秀清, 顾伟康. 一种新的基于证据理论的合成公式 [J]. 电子学报, 2000, 28(8): 117-119.

[51] 张山鹰, 潘泉, 张洪才. 一种新的证据推理组合规则 [J]. 控制与决策, 2000, 15(5):540-544.

[52] 张山鹰, 潘泉, 张洪才. 证据推理冲突问题研究 [J]. 电子学报, 2001, 22(4):369-372.

[53] HAENNI R. Are alternatives to Dempster's rule of combination real alternatives?[J]. Information Fusion, 2002, 3(3):237-239.

[54] JOUSSELME A L, MAUPIN P. Distances in evidence theory: Comprehensive survey and generalizations[J]. International Journal of Approximate Reasoning, 2012, 53(2):118-145.

[55] JOUSSELME A L, GRENIER D, BOSSÉ E. A new distance between two bodies of evidence[J]. Information Fusion, 2001, 2(2):91-101.

[56] DENŒUX T, SMETS P. Classification using belief functions: The relationship between the case-based and model-based approaches[J]. IEEE Transactions on Systems, Man, and Cybernetics-Part B: Cybernetics, 2006, 36(6):1395-1406.

[57] SMETS P. The degree of belief in a fuzzy event[J]. Information Sciences, 1981, 25(1):1-19.

[58] JAIN A K, DUIN R P W, MAO J. Statistical pattern recognition: A review[J]. IEEE Transactions on Pattern Analysis and Machine Intelligence, 2000, 22(1):4-37.

[59] AGGARWAL C C, YU P S. A survey of uncertain data algorithms and applications[J]. IEEE Transactions on Knowledge and Data Engineering, 2009, 21(5):609-623.

[60] QIN B, XIA Y, PRABHAKAR S, et al. A rule-based classification algorithm for uncertain data[C]. IEEE International Conference on Data Engineering, Shanghai, 2009: 1633-1640.

[61] REN J, LEE S D, CHEN X, et al. Naïve Bayes classification of uncertain data[C]. IEEE International Conference on Data Engineering, Shanghai, 2009: 944-949.

[62] TSANG S, KAO B, YIP K Y, et al. Decision trees for uncertain data[J]. IEEE Transactions on Knowledge and Data Engineering, 2011, 23(1):64-78.

[63] LIGÊZA A. Logical Foundations for Rule-Based Systems[M]. New York: Springer, 2006.

[64] CHI Z, YAN H, PHAM T. Fuzzy Algorithms: With Applications to Image Processing and Pattern Recognition[M]. Singapore: World Scientific, 1996.

[65] STAVRAKOUDIS D G, GALIDAKI G N, GITA I Z, et al. A genetic fuzzy-rule-based classifier for land cover classification from hyperspectral imagery[J]. IEEE Transactions on Geoscience and Remote Sensing, 2012, 50(1):130-148.

[66] MARTINO F D, SESSA S. Type-2 interval fuzzy rule-based systems in spatial analysis[J]. Information Sciences, 2014, 249(1):199-212.

[67] SAMANTARAY S R. Genetic-fuzzy rule mining approach and evaluation of feature selection techniques for anomaly intrusion detection[J]. Applied Soft Computing, 2013, 13(9):928-938.

[68] ZARIKAS V, PAPAGEORGIOU E, REGNER P. Bayesian network construction using a fuzzy-rule based approach for medical decision support[J]. Expert System, 2014, 32(3):344-369.

[69] SANZ J A, GALAR M, JURIO A, et al. Medical diagnosis of cardiovascular diseases using an interval-valued fuzzy rule-based classification system[J]. Applied Soft Computing, 2014, 20(1):103-111.

[70] ISHIBUCHI H, NOZAKI K, TANAKA H. Distributed representation of fuzzy rules and its application to pattern classification[J]. Fuzzy Sets and Systems, 1992, 52(1):21-32.

[71] CHEN Y, WANG J Z. Support vector learning for fuzzy rule-based classification systems[J]. IEEE Transactions on Fuzzy Systems, 2003, 11(6):716-728.

[72] CORDÓN O, HERRERA F, HOFFMAN F, et al. Genetic Fuzzy Systems[M]. Singapore: World Scientific, 2001.

[73] ALCALÁ-FDEZ J, ALCALÁ R, HERERA F. A fuzzy association rule-based classification model for high-dimensional problems with genetic rule selection and lateral tuning[J]. IEEE Transactions on Fuzzy Systems, 2011, 19(5):857-872.

[74] CORDÓN O, JOSÉ DEL J M, HERRERA F. A proposal on reasoning methods in fuzzy rule-based classification systems[J]. International Journal of Approximate Reasoning, 1999, 20(1):21-45.

[75] LIU J, MRATINEZ L, CALZADA A, et al. A novel belief rule base representation, generation and its inference methodology[J]. Knowledge-Based Systems, 2013, 53(1):129-141.

[76] AGRAWAL R, SRIKANT R. Fast algorithms for mining association rules[C]. International Conference on Very Large Data Bases, Santiago, 1994: 487-499.

[77] JENSEN D, COHEN P. Multiple comparisons in induction algorithms[J]. Machine Learning, 2000, 38(3):309-338.

[78] BREIMAN L, FRIEDMAN J, STONE C J, et al. Classification and Regression Trees[M]. Boca Raton: Chapman & Hall/CRC, 1984.

[79] QUINLAN J R. C4.5: Programs for Machine Learning[M]. San Francisco: Morgan Kaufmann Publishers, 1993.

[80] CHEN C H, CHIANG R D, LEE C M, et al. Improving the performance of association classifiers by rule prioritization[J]. Knowledge-Based Systems, 2012, 36(1):59-67.

[81] SONG K, LEE K. Predictability-based collective class association rule mining[J]. Expert Systems with Applications, 2017, 79(1):1-7.

[82] ANTONELLI M, DUCANGE P, MARCELLONI F, et al. A novel associative classification model based on a fuzzy frequent pattern mining algorithm[J]. Expert Systems with Applications, 2015, 42(4):2086-2097.

[83] 霍纬纲. 模糊关联规则及模糊关联分类研究 [D]. 天津: 南开大学, 2011.

[84] CZIBULA G, MARIAN Z, CZIBULA I G. Detecting software design defects using relational association rule mining[J]. Knowledge and Information Systems, 2015, 42(3):545-577.

[85] LU S H, CHIANG D A, KEH H C, et al. Chinese text classification by the Naïve Bayes classifier and the associative classifier with multiple confidence threshold values[J]. Knowledge-Based Systems, 2010, 23(6):598-604.

[86] DELGADO-OSUNA J A, GARCÍA-MARTÍNEZ C, GÓMEZ-BARBADILLO J, et al. Heuristics for interesting class association rule mining a colorectal cancer database[J]. Information Processing and Management, 2020, 57(3):1-15.

[87] LIM A H L, LEE C S. Processing online analytics with classification and association rule mining[J]. Knowledge-Based Systems, 2010, 23(3):248-255.

[88] GACTO M J, ALCALÁ R, HERRERA F. Interpretability of linguistic fuzzy rule-based systems: An overview of interpretability measures[J]. Information Sciences, 2011, 181(20):4340-4360.

[89] ISHIBUCHI H, NAKASHIMA T. Effect of rule weights in fuzzy rule-based classification systems[J]. IEEE Transactions on Fuzzy Systems, 2001, 9(4):506-515.

[90] CHEN Z, CHEN G. Building an associative classifier based on fuzzy association rules[J]. International Journal of Computational Intelligence Systems, 2008, 1(3):262-273.

[91] HU Y, CHEN R, TZENG G. Finding fuzzy classification rules using data mining techniques[J]. Pattern Recognition Letters, 2003, 24(1-3):509-519.

[92] JIAO L, DENŒUX T, PAN Q. A hybrid belief rule-based classification system based on uncertain training data and expert knowledge[J]. IEEE Transactions on Systems, Man and Cybernetics: Systems, 2016, 46(12):1711-1723.

[93] TANDON D, HAQUE M M, MANDE S S. Inferring intra-community microbial interaction patterns from metagenomic datasets using associative rule mining techniques[J]. PLoS ONE, 2016, 11(4):1-16.

[94] XI Y, YUAN Q. Intelligent recommendation scheme of scenic spots based on association rule mining algorithm[C]. International Conference on Robots & Intelligent System, Huaian, 2017: 186-189.

[95] GAN W, LIN C W, FOURNIER-VIGER P, et al. A survey of utility-oriented pattern mining[J]. IEEE Transactions on Knowledge and Data Engineering, 2021, 33(4):1306-1327.

[96] THABTAH F, COWLING P, PENG Y. MMAC: A new multi-class, multi-label associative classification approach[C]. IEEE International Conference on Data Mining, Brighton, 2004: 217-224.

[97] KUNDU G, MUNIR S, ISLAM M M, et al. A novel algorithm for associative classification[C]. International Conference on Neural Information Processing, Vancouver, 2007: 453-459.

[98] CHEN W C, HSU C C, HSU J N. Adjusting and generalizing CBA algorithm to handling class imbalance[J]. Expert Systems with Applications, 2012, 39(5):5907-5919.

[99] CHEN W C, HSU C C, CHU Y C. Increasing the effectiveness of associative classification in terms of class imbalance by using a novel pruning algorithm[J]. Expert Systems with Applications, 2012, 39(17):12841-12850.

[100] LIU B, MA Y, WONG C K. Improving an association rule based classifier[C]. European Conference on Principles of Data Mining and Knowledge Discovery, Lyon, 2000: 504-509.

[101] LI X, QIN D, YU C. ACCF: Associative classification based on closed frequent itemsets[C]. International Conference on Fuzzy Systems and Knowledge Discovery, Jinan, 2008: 380-384.

[102] CHEN G, LIU H, YU L, et al. A new approach to classification based on association rule mining[J]. Decision Support Systems, 2006, 42(2):674-689.

[103] KUNDU G, ISLAM M, MUNIR S, et al. ACN: An associative classifier with negative rules[C]. IEEE International Conference on Computational Science and Engineering, San Paulo, 2008: 369-375.

[104] HUANG Z, ZHOU Z, HE T, et al. Associative classification based on all-confidence[C]. IEEE International Conference on Granular Computing, Kaohsiung, 2011: 289-293.

[105] HAN J, PEI J, YIN Y. Mining frequent patterns without candidate generation[C]. ACM SIGMOD International Conference on Management of Data, Dallas, 2000: 1-12.

[106] LI W, HAN J, PEI J. CMAR: Accurate and efficient classification based on multiple-class association rule[C]. International Conference on Data Mining, San Jose, 2001: 369-376.

[107] BARALIS E, TORINO P. A lazy approach to pruning classification rules[C]. IEEE International Conference on Data Mining, Maebashi, 2002: 35-42.

[108] BARALIS E, CHIUSANO S, GRAZA P. On support thresholds in associative classification[C]. ACM Symposium on Applied Computing, Nicosia, 2004: 553-558.

[109] YIN X, HAN J. CPAR: Classification based on predictive association rule[C]. SIAM International Conference on Data Mining, San Francisco, 2003: 369-376.

[110] LIU B, MA Y, WONG C K. Classification using association rules: Weaknesses and enhancements[C]. International Conference on Data Mining for Scientific and Engineering Applications, Boston, 2001: 591-605.

[111] THABTAH F, COELING P, PENG Y. MCAR: Multi-class classification based on association rule approach[C]. IEEE International Conference on Computer Systems and Application, Cairo, 2005: 1-7.

[112] SOOD N, ZAIANE O. Building a competitive associative classifier[C]. International Conference on Big Data Analytics and Knowledge Discovery, Auckland, 2020: 223-234.

[113] ABUMANSOUR H, HADI W, MCCLUSKEY L, et al. Associative text categorisation rules pruning method[C]. International Symposium on Linguistic and Cognitive Approaches to Dialog Agents, Leicester, 2010: 39-44.

[114] ANTONIE M, ZAÏANE O. Text document categorization by term association[C]. IEEE International Conference on Data Mining, Maebashi, 2002: 19-26.

[115] ANTONIE M, ZAÏANE O. An associative classifier based on positive and negative rules[C]. ACM SIGMOD Workshop on Research Issues in Data Mining and Knowledge Discovery, Paris, 2004: 64-69.

[116] RAJAB K D. New associative classification method based on rule pruning for classification of datasets[J]. IEEE Access, 2019, 7(1):157783-157795.

[117] ABDELHAMID N, AYESH A, THABTAH F, et al. MAC: A multiclass associative classification algorithm[J]. Journal of Information and Knowledge Management, 2012, 11(2):1250011.

[118] ALONSO J M, MAGDALENA L. Special issue on interpretable fuzzy systems[J]. Information Sciences, 2011, 181(20):4331-4339.

[119] SÁEZ J A, LUENGO J, HERRERA F. On the suitability of fuzzy rule-based classification systems with noisy data[J]. IEEE Transactions on Fuzzy Systems, 2012, 20(1):1-19.

[120] BINAGHI E, MADELLA P. Fuzzy Dempster-Shafer reasoning for rule-based classifiers[J]. International Journal of Intelligent Systems, 1999, 14(6):559-583.

[121] DENŒUX T. Modeling vague beliefs using fuzzy-valued belief structures[J]. Fuzzy Sets and Systems, 2000, 116(2):167-199.

[122] LIU J, YANG J B, WANG J, et al. Fuzzy rule-based evidential reasoning approach for safety analysis[J]. International Journal of General Systems, 2004, 33(2-3):183-204.

[123] YANG J B, LIU J, WANG J, et al. Belief rule-based inference methodology using the evidential reasoning approach-RIMER[J]. IEEE Transactions on Systems Man and Cybernetics-Part A: Systems and Humans, 2006, 36(2):266-285.

[124] KONG G L, XU D L, RICHARD B. A belief rule-based decision support system for clinical risk assessment of cardiac chest pain[J]. European Journal of Operational Research, 2012, 219(3):564-573.

[125] ZHOU Z J, HU C H, YANG J B, et al. Online updating belief rule based system for pipeline leak detection under expert intervention[J]. Expert Systems with Applications, 2009, 36(4):7700-7709.

[126] TANG D W, YANG J B, CHIN K S. A methodology to generate a belief rule base for customer perception risk analysis in new product development[J]. Expert Systems with Applications, 2011, 38(5):5373-5383.

[127] YANG J B, WANG I M, XU D L, et al. Belief rule-based methodology for mapping consumer preferences and setting product targets[J]. Expert Systems with Applications, 2012, 39(5):4749-4759.

[128] JIAO L, PAN Q, DENŒUX T, et al. Belief rule-based classification system: Extension of FRBCS in belief functions framework[J]. Information Sciences, 2015, 309(1):26-49.

[129] NEBOT V, BERLANGA R. Finding association rules in semantic web data[J]. Knowledge-Based Systems, 2012, 25(1):51-62.

[130] 沈斌. 关联规则技术研究 [M]. 杭州: 浙江大学出版社, 2012.

[131] LIU W. Analyzing the degree of conflict among belief functions[J]. Artificial Intelligence, 2006, 170(11):909-924.

[132] SMETS P. Analyzing the combination of conflicting belief functions[J]. Information Fusion, 2007, 8(4):387-412.

[133] SÁEZ J A, GALAR M, LUENGO J, et al. Tackling the problem of classification with noisy data using multiple classifier systems: Analysis of the performance and robustness[J]. Information Sciences, 2013, 247(1):1-20.

[134] ZHU X, WU X. Class noise vs. attribute noise: A quantitative study[J]. Artificial Intelligence Review, 2004, 22(3):177-210.

[135] DEMŠAR J. Statistical comparisons of classifiers over multiple data sets[J]. Journal of Machine Learning Research, 2006, 7(1):1-30.

[136] GARCÍA S, FERNÁNDEZ A, LUENGO J, et al. Advanced nonparametric tests for multiple comparisons in the design of experiments in computational intelligence and data mining: Experimental analysis of power[J]. Information Sciences, 2010, 180(10):2044-2064.

[137] JIAO L, GENG X, PAN Q. A compact belief rule-based classification system with evidential clustering[C]. International Conference on Belief Functions, Compiègne, 2018: 137-145.

[138] JIAO L, GENG X, PAN Q. Compact belief rule base learning for classification with evidential clustering[J]. Entropy, 2019, 21(1):443.

[139] MASSON M H, DENOEUX T. ECM: An evidential version of the fuzzy c-means algorithm[J]. Pattern Recognition, 2008, 41(4):1384-1397.

[140] DUA D, KARRA T E. UCI Machine Learning Repository[EB/OL]. [2021-12-01]. http://archive.ics.uci.edu/ml.

[141] BEZDEK J C. Pattern Recognition with Fuzzy Objective Function Algorithms[M]. New York: Plenum Press, 1981.

[142] ALMEIDA R J, DENŒUX T, KAYMAK U. Constructing rule-based models using the belief functions framework[C]. International Conference on Information Processing and Management of Uncertainty in Knowledge-Based Systems, Berlin, 2012: 554-563.

[143] WANG J, NESKOVIC P, COOPER L N. Improving nearest neighbor rule with a simple adaptive distance measure[J]. Pattern Recognition Letters, 2007, 28(2):207-213.

[144] YANG M S, NATALIANI Y. Robust-learning fuzzy c-means clustering algorithm with unknown number of clusters[J]. Pattern Recognition, 2015, 71(1):45-59.

[145] WU C H, OUYANG C S, CHEN L W, et al. A new fuzzy clustering validity index with a median factor for centroid-based clustering[J]. IEEE Transactions on Fuzzy Systems, 2015, 23(3):701-718.

[146] LEI Y, BEZDEK J C, CHAN J, et al. Extending information-theoretic validity indices for fuzzy clustering[J]. IEEE Transactions on Fuzzy Systems, 2017, 25(4):1013-1018.

[147] BEZDEK J C. Cluster validity with fuzzy sets[J]. Journal of Cybernetics, 1974, 3(3):58-73.

[148] JIROUŠEK R, SHENOY P P. A new definition of entropy of belief functions in the Dempster-Shafer theory[J]. International Journal of Approximate Reasoning, 2018, 92(1):49-65.

[149] PAN L, DENG Y. A new belief entropy to measure uncertainty of basic probability assignments based on belief function and plausibility function[J]. Entropy, 2018, 20(11):842.

[150] XIAO F. An improved method for combining conflicting evidences based on the similarity measure and belief function entropy[J]. International Journal of Fuzzy Systems, 2018, 20(4):1256-1266.

[151] PAL N R, BEZDEK J C, HEMASINHA R. Uncertainty measures for evidential reasoning II: New measure of total uncertainty[J]. International Journal of Approximate Reasoning, 1993, 8(1):1-16.

[152] DENŒUX T, MASSON M H. EVCLUS: Evidential clustering of proximity data[J]. IEEE Transactions on Systems, Man, and Cybernetics-Part B: Cybernetics, 2004, 34(1):95-109.

[153] COVER T, HART P. Nearest neighbor pattern classification[J]. IEEE Transactions on Information Theory, 1967, 13(1):21-27.

[154] CORTES C, VAPNIK V. Support-vector networks[J]. Machine Learning, 1995, 20(3):273-297.

[155] HELBIG H. Knowledge Representation and the Semantics of Natural Language[M]. New York: Springer, 2006.

[156] MARCUS S. Automating Knowledge Acquisition for Expert Systems[M]. New York: Springer, 2013.

[157] TANG W, MAO K Z, MAK L O, et al. Adaptive fuzzy rule-based classification system integrating both expert knowledge and data[C]. IEEE International Conference on Tools with Artificial Intelligence, Athens, 2012: 814-821.

[158] YANG J B, LIU J, XU D L, et al. Optimal learning method for training belief rule based systems[J]. IEEE Transactions on Systems, Man, and Cybernetics-Part A: Systems and Humans, 2007, 37(1):569-585.

[159] ZHOU Z J, HU C H, YANG J B, et al. A sequential learning algorithm for online constructing belief-rule-based systems[J]. Expert System with Applications, 2010, 37(2):1790-1799.

[160] CHANG L, ZHOU Z J, YOU Y, et al. Belief rule based expert system for classification problems with new rule activation and weight calculation procedures[J]. Information Sciences, 2016, 336(1):75-91.

[161] JIAO L, GENG X, PAN Q. A compact belief rule-based classification system with interval-constrained clustering[C]. International Conference on Information Fusion, Cambridge, 2018: 2270-2274.

[162] YANG L H, LIU J, WANG Y M, et al. A micro-extended belief rule-based system for big data multiclass classification problems[J]. IEEE Transactions on Systems, Man, and Cybernetics: Systems, 2021, 51(1):420-440.

[163] GENG X, LIANG Y, JIAO L. EARC: Evidential association rule-based classification[J]. Information Sciences, 2021, 547(1):202-222.

[164] CHEN T, SHANG C, YANG J, et al. A new approach for transformation-based fuzzy rule interpolation[J]. IEEE Transactions on Fuzzy Systems, 2020, 28(12):3330-3344.

[165] ALCALÁ-FDEZ J, FERNÁNDEZ A, LUENGO J, et al. Keel data-mining software tool: Data set repository, integration of algorithms and experimental analysis framework[J]. Journal of Multiple-Valued Logic and Soft Computing, 2011, 17(1):255-287.

[166] DENŒUX T. A neural network classifier based on Dempster-Shafer theory[J]. IEEE Transactions on Systems, Man and Cybernetics-Part A: Systems and Humans, 2000, 30(2):131-150.

[167] YANG X, YU W, WANG R, et al. Fast spectral clustering learning with hierarchical bipartite graph for large-scale data[J]. Pattern Recognition Letters, 2020, 130(1):345-352.

[168] ZOU H. Classification with high dimensional features[J]. Wiley Interdisciplinary Reviews: Computational Statistics, 2019, 11(1):1453.

[169] LI G, QI X, CHEN B, et al. Fast learning network with parallel layer perceptrons[J]. Neural Processing Letters, 2017, 47(2):549-564.

[170] ABPEYKAR S, GHATEE M. Neural trees with peer-to-peer and server-to-client knowledge transferring models for high-dimensional data classification[J]. Expert Systems with Applications, 2019, 137(1):281-291.

[171] OJHA V K, ABRAHAM A, SNÁŠEL V. Ensemble of heterogeneous flexible neural trees using multiobjective genetic programming[J]. Applied Soft Computing, 2017, 52(1):909-924.

[172] CASILLAS J, CORDÓN O, DEL JESÚS M J, et al. Genetic feature selection in a fuzzy rule-based classification system learning process for high-dimensional problems[J]. Information Sciences, 2001, 136(1-4):135-157.

[173] AYDOGAN E K, KARAOGLAN I, PARDALOS P M. HGA: Hybrid genetic algorithm in fuzzy rule-based classification systems for high-dimensional problems[J]. Applied Soft Computing, 2012, 12(2):800-806.

[174] GENG X, LIANG Y, JIAO L. Evidential association classification for high-dimensional data[C]. International Conference on Cloud Computing and Big Data Analytics, Chengdu, 2021: 100-105.

[175] GARCÍA S, LUENGO J, SÁEZ J A, et al. A survey of discretization techniques: Taxonomy and empirical analysis in supervised learning[J]. IEEE Transactions on Knowledge and Data Engineering, 2013, 25(4):734-750.

[176] KAVŠEK B, LAVRAČ N. Apriori-SD: Adapting association rule learning to subgroup discovery[J]. Applied Artifical Intelligence, 2006, 20(7):543-583.

[177] CORUS D, DANG D C, EREMEEV A V, et al. Level-based analysis of genetic algorithms and other search processes[J]. IEEE Transactions on Evolutionary Computation, 2018, 22(5):707-719.

[178] ALCALÁ R, ALCALÁ-FDEZ J, HERRERA F. A proposal for the genetic lateral tuning of linguistic fuzzy systems and its interaction with rule selection[J]. IEEE Transactions on Fuzzy Systems, 2007, 15(4):616-635.

[179] ESHELMAN L, SCHAFFER J. Foundations of Genetic Algorithms[M]. Amsterdam: Elsevier, 1993.

[180] ELOUEDI Z, MELLOULI K, SMETS P. Belief decision trees: Theoretical foundations [J]. International Journal of Approximate Reasoning, 2001, 28(2-3):91-124.

[181] AMINI M R, GALLINARI P. Semi-supervised learning with an imperfect supervisor[J]. Knowledge and Information Systems, 2005, 8(4):385-413.

[182] COUR T. Learning from partial labels[J]. Journal of Machine Learning Research, 2011, 12(1):1225-1261.

[183] DENŒUX T. Maximum likelihood estimation from uncertain data in the belief function framework[J]. IEEE Transactions on Knowledge and Data Engineering, 2013, 25(1):119-130.

[184] SCHWENKER F, TRENTIN E. Pattern classification and clustering: A review of partially supervised learning approaches[J]. Pattern Recognition Letters, 2014, 37(1):4-14.

[185] NGUYEN N, CARYANA R. Classification with partial labels[C]. ACM SIGKDD International Conference on Knowledge Discovery and Data Mining, Las Vegas, 2008: 1-9.

[186] ZHOU Y, HE J, GU H. Partial label learning via Gaussian processes[J]. IEEE Transactions on Cybernetics, 2017, 47(12):4443-4450.

[187] YU F, ZHANG M L. Maximum margin partial label learning[J]. Machine Learning, 2017, 106(1):573-593.

[188] SCHERER S, KANE J, GOBL C, et al. Investigating fuzzy-input fuzzy-output support vector machines for robust voice quality classification[J]. Computer Speech and Language, 2013, 27(1):263-287.

[189] NGUYEN Q, VALIZADEGAN H, HAUSKRECHT M. Learning classification models with soft-label information[J]. Journal of the American Medical Informatics Association, 2014, 21(3):501-508.

[190] QUOST B, DENŒUX T, LI S. Parametric classification with soft labels using the evidential EM algorithm: Linear discriminant analysis versus logistic regression[J]. Advances in Data Analysis and Classification, 2017, 11(4):659-690.

[191] MUTMAINAH S, HACHOUR S, PICHON F, et al. On learning evidential contextual corrections from soft labels using a measure of discrepancy between contour functions[C]. International Conference on Scalable Uncertainty Management, Compiègne, 2019: 382-389.

[192] CÔME E, OUKHELLOU L, DENŒUX T, et al. Learning from partially supervised data using mixture models and belief functions[J]. Pattern Recognition, 2009, 42(3):334-348.

[193] DENŒUX T. Logistic regression, neural networks and Dempster-Shafer theory: A new perspective[J]. Knowledge-Based Systems, 2019, 176(1):54-67.

[194] DENŒUX T. ARC-SL: Association rule-based classification with soft labels[J]. Knowledge-Based Systems, 2021, 225(1):107116.

[195] FAYYAD U M, IRANI K B. Multi-interval discretization of continuous-valued attributes for classification learning[C]. International Joint Conference on Artificial Intelligence, Chambéry, 1993: 1022-1027.

[196] KANADE T, COHN J F, TIAN Y. Comprehensive database for facial expression analysis[C]. IEEE International Conference on Automatic Face and Gesture Recognition, Xi'an, 2000: 46-53.

[197] DUBUISSON S, DAVOINE F, MASSON M. A solution for facial expression representation and recognition[J]. Signal Processing: Image Communication, 2002, 17(9):657-673.

[198] ESPANDOTO M, MARTINS R M, KERREN A, et al. Towards a quantitative survey of dimension reduction techniques[J]. IEEE Transactions on Visualization and Computer Graphics, 2021, 27(3):2153-2173.

[199] 孟宪民, 祝利, 张波. 航母战斗群电子防空初探 [J]. 舰船电子对抗, 2006, 29(1):3-6.

[200] 周文瑜, 焦培南. 超视距雷达技术 [M]. 北京: 电子工业出版社, 2008.

[201] MUSMAN S, KERR D, BACHMANN C. Automatic recognition of ISAR ship images[J]. IEEE Transactions on Aerospace and Electronic Systems, 1996, 32(4):1392-1404.

[202] 郑春红, 焦李成, 郑贵文. 基于 GA 的遥感图像目标 SVM 自动识别 [J]. 控制与决策, 2005, 20(11):1212-1215.

[203] PARK S H, PARK K K, JUNG J H, et al. Construction of training database based on high frequency RCS prediction methods for ATR[J]. Journal of Electromagnetic Waves and Applications, 2008, 22(5-6):693-703.

[204] 万树平. 基于 Vague 集的多传感器目标识别方法 [J]. 控制与决策, 2009, 24(7):1897-1899.

[205] 邓勇, 朱振福, 钟山. 基于证据理论的模糊信息融合及其在目标识别中的应用 [J]. 航空学报, 2005, 26(6):754-758.

[206] JIAO L, PAN Q, FENG X, et al. A belief-rule-based inference method for carrier battle group recognition[C]. Chinese Intelligent Automation Conference, Yangzhou, 2013: 261-271.

[207] YANG J B, XU D L. On the evidential reasoning algorithm for multiple attribute decision analysis under uncertainty[J]. IEEE Transactions on Systems, Man, and Cybernetics-Part A: Systems and Humans, 2002, 32(3):289-304.

[208] YANG J B. Rule and utility based evidential reasoning approach for multiattribute decision analysis under uncertainties[J]. European Journal of Operational Research, 2001, 131(1):31-61.

[209] HALL D L, LLINAS J. Handbook of Multisensor Data Fusion[M]. Boca Raton: Chapman & Hall/CRC, 2017.

[210] TAGHAVI E, SONG D, KIRUBARAJAN T, et al. Object recognition and identification using ESM data[C]. International Conference on Information Fusion, Heidelberg, 2016: 1-8.

[211] 韩崇昭, 朱洪艳, 段战胜. 多源信息融合 [M]. 2 版. 北京: 清华大学出版社, 2010.

[212] 潘泉, 程咏梅, 梁彦, 等. 多源信息融合理论及应用 [M]. 北京: 清华大学出版社, 2013.

[213] DONG Y, LI X, DEZERT J. Combination of sources of evidence with distinct frames of discernment[C]. International Conference on Information Fusion, Cambridge, 2018: 1-8.

[214] DELMOTTE F, SMETS P. Target identification based on the transferable belief model interpretation of Dempster-Shafer model[J]. IEEE Transactions on Systems, Man and Cybernetics-Part A: Systems and Humans, 2004, 34(4):457-471.

[215] BENAVOLI A, CHISCI L, FARINA A, et al. Modelling uncertain implication rules in evidence theory[C]. International Conference on Information Fusion, Cologne, 2008: 1-7.

[216] NUNEZ R, DABARERA, SCHEUTZ M, et al. DS-based uncertain implication rules for inference and fusion applications[C]. International Conference on Information Fusion, Turkey, 2013: 1934-1941.

[217] GENG X, LIANG Y, JIAO L. Multi-frame decision fusion based on evidential association rule mining for target identification[J]. Applied Soft Computing, 2020, 94(1):106460.

[218] LEE S. Imprecise and uncertain information in databases: An evidential approach[C]. International Conference on Data Engineering, Tempe, 1992: 614-621.

[219] SAMET A, LEFÈVRE E, YAHIA S. Evidential database: A new generalization of databases[C]. International Conference on Belief Functions, Oxford, 2014: 105-114.

[220] CHUI C, KAO B, HUNG E. Mining frequent itemsets from uncertain data[C]. PAKDD International Conference on Knowledge Discovery and Data Mining, Nanjing, 2007: 47-58.

[221] BUEDE D, GIRARDI P. A target identification comparison of Bayesian and Dempster-Shafer multisensor fusion[J]. IEEE Transactions on Systems, Man and Cybernetics-Part A: Systems and Humans, 1997, 27(5):569-577.

[222] WILSON N. Algorithms for Dempster-Shafer theory[C]. Handbook of Defeasible Reasoning and Uncertainty Management, Boston, 2000: 421-475.

[223] DENG X, LIU Q, DENG Y, et al. An improved method to construct basic probability assignment based on the confusion matrix for classification problem[J]. Information Sciences, 2016, 340-341(1):250-261.

[224] AGUILAR P A C, BOUDY J, ISTRATE D, et al. A dynamic evidential network for fall detection[J]. IEEE Journal of Biomedical and Health Informatics, 2014, 18(4):1103-1113.

[225] CALDERWOOD S, MCAREAVEY K, LIU W, et al. Context-dependent combination of sensor information in Dempster-Shafer theory for BDI[J]. Knowledge and Information System, 2017, 51(1):259-285.

[226] XU Z. On method for uncertain multiple attribute decision making problems with uncertain multiplicative preference information on alternatives[J]. Fuzzy Optimization and Decision Making, 2005, 4(2):131-139.

[227] JESEN F V, NIELSEN T D. Probabilistic decision graphs for optimization under uncertainty[J]. Quarterly Journal of Operations Research, 2011, 9(1):1-18.

[228] YANG J B, SINGH M G. An evidential reasoning approach for multiple attribute decision making with uncertainty[J]. IEEE Transactions on Systems, Man, and Cybernetics, 1994, 24(1):1-18.

[229] YANG J B, WANG Y M, XU D L, et al. The evidential reasoning approach for MADA under both probabilistic and fuzzy uncertainties[J]. European Journal of Operational Research, 2006, 171(1):309-343.

[230] JIAO L, PAN Q, LIANG Y, et al. Combining sources of evidence with reliability and importance for decision making[J]. Central European Journal of Operations Research, 2016, 24(1):87-106.

[231] JIAO L, GENG X, PAN Q. An extended evidential reasoning algorithm for multiple attribute decision analysis with uncertainty[C]. IEEE International Conference on Systems, Man, and Cybernetics, Banff, 2017: 1268-1273.

[232] MERCIER D, QUOST B, DENŒUX T. Refined modeling of sensor reliability in the belief function framework using contextual discounting[J]. Information Fusion, 2008, 9(2):246-258.

[233] ZENG Z, WEN M, KANG R. Belief reliability: A new metrics for products' reliability[J]. Fuzzy Optimization and Decision Making, 2013, 12(1):15-27.

[234] SMARANDACHE F, DEZERT J, TACNET J M. Fusion of sources of evidence with different importances and reliabilities[C]. International Conference on Information Fusion, Edinburgh, 2010: 1-8.

[235] HAENNI R, HARTMANN S. Modeling partially reliable information sources: A general approach based on Dempster-Shafer theory[J]. Information Fusion, 2006, 7(4):361-379.

[236] DENG Y, SHI W, ZHU Z, et al. Combining belief functions based on distance of evidence[J]. Decision Support Systems, 2004, 38(3):489-493.

[237] LIU Z G, DEZERT J, PAN Q, et al. Combination of sources of evidence with different discounting factors based on a new dissimilarity measure[J]. Decision Support Systems, 2011, 52(1):133-141.

[238] ROBERTS R, GOODWIN P. Weight approximations in multi-attribute decision models[J]. Journal of Multi-Criteria Decision Analysis, 2002, 11(6):291-303.

[239] BARRON F H, BARRETT B E. Decision quality using ranked attribute weights[J]. Management Science, 1996, 42(11):1515-1523.

[240] ISHIZAKA A, LUSTI M. How to derive priorities in AHP: A comparative study[J]. Central European Journal of Operations Research, 2006, 14(4):387-400.

[241] HUYNH V N, NAKAMORI Y, HO T B, et al. Multiple-attribute decision making under uncertainty: The evidential reasoning approach revisited[J]. IEEE Transactions on Systems, Man, and Cybernetics-Part A: Systems and Humans, 2006, 36(4):804-822.

[242] DURBACH I N. An empirical test of the evidential reasoning approach's synthesis axioms[J]. Expert Systems with Applications, 2012, 39(12):11048-11054.

[243] 王献锋, 闻宏伟, 王风山. 战术弹道导弹 (TBM) 的威胁值评定 [J]. 弹箭与制导学报, 2003, 23(1):188-190.

[244] 羊彦, 张继光, 景占荣, 等. 战术弹道导弹防御中的威胁评估算法 [J]. 空军工程大学学报, 2008, 9(2):30-34.

[245] 张鑫, 万新敏, 李争, 等. 运用 AHP 和云重心评价法的弹道导弹威胁评估 [J]. 空军雷达学院学报, 2010, 24(5):340-343.

[246] 全杰. 弹道导弹目标威胁评估模型和算法 [J]. 现代防御技术, 2014, 42(4):24-30.

[247] DENŒUX T. A k-nearest neighbor classification rule based on Dempster-Shafer theory[J]. IEEE Transactions on Systems, Man, and Cybernetics, 1995, 25(5):804-813.

[248] BARBERÀ S, HAMMOND P, SEIDL C. Handbook of Utility Theory[M]. New York: Springer, 2004.

编　后　记

　　"博士后文库"是汇集自然科学领域博士后研究人员优秀学术成果的系列丛书。"博士后文库"致力于打造专属于博士后学术创新的旗舰品牌，营造博士后百花齐放的学术氛围，提升博士后优秀成果的学术影响力和社会影响力。

　　"博士后文库"出版资助工作开展以来，得到了全国博士后管委会办公室、中国博士后科学基金会、中国科学院、科学出版社等有关单位领导的大力支持，众多热心博士后事业的专家学者给予积极的建议，工作人员做了大量艰苦细致的工作。在此，我们一并表示感谢！

"博士后文库"编委会